中南大学"双一流"学科发展史

中南大学

机械工程学科发展史

（1952—2019）

肖来荣　段吉安 ◎ 主　编
黄　凯　帅词俊 ◎ 副主编

中南大学出版社
www.csupress.com.cn
·长沙·

中南大学
机械工程学科发展史
（1952—2019）

编 委 会

组　编	中南大学文化建设委员会办公室
撰　稿	中南大学机电工程学院
主　编	肖来荣　段吉安
副主编	黄　凯　帅词俊
编　委	（按姓氏拼音排序）

陈欠根　邓　华　段吉安　高云章

何建仁　胡均平　胡昭如　黄　凯

黄明辉　李登伶　李晓谦　蔺永诚

刘德福　刘少军　刘世勋　刘义伦

毛大恒　帅词俊　孙小燕　谭建平

王艾伦　吴万荣　吴运新　夏建芳

夏毅敏　肖来荣　严宏志　易幼平

云　忠　湛利华

编者的话

　　为进一步推动学校文化和"双一流"学科建设，中南大学文化建设委员会办公室和出版社决定对学校部分学科发展史进行修订，机械工程学科幸列其中。"征文考献，守土者之责。"接到任务后，我们本着鉴昔知今、承前启后的精神开始对《中南大学机械工程学科发展史(1952—2013)》进行修订，主要对机械工程学科近几年的发展情况和前进轨迹进行了系统的梳理和回顾，特别是对"双一流"学科建设以来所取得的成绩与经验进行了梳理和总结。

　　历史是一面镜子。机械工程学科几十年来从无到有、从小到大，筚路蓝缕，一步一个台阶走来，每一项成绩的取得无不凝聚着历届师生的心血和智慧，殊为不易。一部学科发展史就是一部师生奋斗史，一部师生创业史！再次编撰出版《中南大学机械工程学科发展史(1952—2019)》，就是希望进一步增进人们对中南大学机械工程学科建设发展的了解与研查，更期望激励吾辈同仁以史为鉴、传承创新，感创业之艰辛、惜今日之不易，为本学科的建设和发展凝心聚力，共同创造更加辉煌的明天。

　　在修订过程中，遵照忠于史实、面向未来的原则，我们对原书的部分章节内容进行了些许调整，对代表性成果奖励、论文专利等进行了适当增减。由于编者水平有限，时间仓促，难免会有遗漏与偏颇之处，还望读者同仁谅解和指正。

　　本书的编写，得到了学院内外许多老师和校友的大力支持和帮助，有的老师和校友为学科史的编写提供了许多珍贵的材料，有的老师和校友就编写内容多次提出了具体的修改意见和建议，对资料的收集整理和编写帮助甚大，在此表示由衷的感谢！学校出版社为本次修订提供了精心指导和大力支持，学院所有采编人员牺牲了大量休息时间默默无闻地工作，在此也一并表示感谢！

编者

2019 年 11 月 22 日

目 录

学科介绍

1.1 机械工程学科发展历程

1.1.1 历史沿革

中南矿冶学院于 1952 年成立。在创立之初，学校设置了独立的机械公共课教学组，负责全校机械设计和机械制图课程的教学工作。1955 年，学校新增矿山机电专业，开始招收五年制本科学生，同年还招收了机械制图两年制专修科学生。1958 年学校增设冶金机械专业并开始招收本科学生。1959 年矿山机电专业分设为矿山机械设备和矿山电气设备两个专门化(后改为矿山机电机械专门化和矿山机电电气专门化)，1960 年矿山机械专业招收了四年制研究生 4 名。学校于 1963 年起开始招收矿山机电专业五年制函授学生，1972 年初开始招收矿山机械、冶金机械两个专业的三年制工农兵学员，1977 年开始招收机械类专业四年制本科学生，1981 年开始招收机械类专业函授、夜大和成教本专科学生。

1978 年我国恢复招收研究生，并于 1981 年起正式实施《中华人民共和国学位条例》。在这个大背景下，学校矿山机械专业和冶金机械专业分别于 1980 年和 1982 年开始招收硕士研究生，两专业于 1982 年获得硕士学位授予权，冶金机械专业于 1986 年获得博士学位授予权，1995 年机电控制与自动化专业获得硕士学位授予权。1997 年后，学校根据新版学科设置目录，陆续将专业学科调整为机械设计及理论学科、机械电子工程学科和车辆工程学科。1998 年学校获准设立机械工程学科博士后科研流动站，同年开始招收机械工程领域工程硕士研究生。2000 年获得机械工程一级学科博士学位授予权和车辆工程领域工程硕士授予权，2001 年机械设计及理论学科获批成为国家重点学科。2002 年与 2003 年学院经湖南省、教育部批准，分别设立"芙蓉学者"和"长江学者"特聘教授岗位。2007 年机械制造及其自动化学科获批为国家重点学科，同时机械工程一级学科获批为一级学科国家重点学科。2000 年以来，机械制造及其自动化学科和机械电子工程学科还分别成为湖南省"十五""十一五"重点学科，机械设计及理论学科 2010 年成为湖南省优势特色重点学科。2011 年机械工程一级学科成为湖南省"十二五"重点学科和优势特色重点学科。

1981 年以后，学校本科专业也数经调整，先后设立过矿山机械、冶金机械、机械工程、设备工程、模具设计与制造、机械电子工程等专业。1996 年根据国家教委引导性专业目录，按照"大专业、多方向"的方针，学校将本学科的机械设计与制造、机械电子工程、设备工程与管理等三个专业合并成机械工程及自动化专业进行招生，其中机械设计及制造本科专业在 1996 年成为湖南省重点建设专业。1998 年教育部发布本科专业新目录，本学科本科专业对应调整为机械设计制造及其自动化，同年获批开办工业设计本科专业，2003 年获批增设微电子制造本科专业，2010 年新增车辆工程本科专业。机械设计制造及其自动化本科专业于 2001 年被授予湖南省重点示范专业，2009 年获批为国家级特色专业，2010 年获批为国家卓越工程师培养计划学科专业。

中南大学机械学科的建设和发展从 1952 年成立中南矿冶学院开始，共为国家培养了博士后人员 70 余名，博士研究生 270 余名，硕士研究生 2800 余名，本专科各类学生 14000 余名。学科的发展大体可以分为 4 个阶段：

第一个阶段从 1952 年中南矿冶学院成立机械公共课教学组，负责承担全校机械类公共基础课的教学任务开始，以 1953 年成立机械教研室、1955 年设置矿山机电专业招生为标志，至 1970 年因"文化大革命"中断招生、"文化大革命"前最后一批学生毕业为止。此阶段是机械学科起步阶段，中南矿冶学院成立起即集中了一批机械学科的师资力量，以培养本科生为主，1960 年招收了 4 名矿山机械专业四年制研究生。这一阶段学科建设任务重点是本科专业人才培养和教学实验室的建立，主要工作是教学研究及实验室建设。在当时历史条件下，专业设置几经调整，只有矿山机电专业逐步稳定下来。当时机械学科专业师资队伍中拥有教授 1 人、副教授 2 人。从体制上来说，学科专业设置几经反复，学校机械学科还是没有完全集中到一个组织机构进行建设与管理。

第二个阶段从 1970 年筹备机械系起到 1994 年。学校机械学科专业完全集中进行建设与管理，从而在管理体制上理顺了关系。"文化大革命"中，招收培养了五届机械专业工农兵学员。1977 年，学校开始招收机械专业四年制本科生。国家恢复研究生招生后，冶金机械、矿山机械相关学科专业先后获得硕士、博士授予权，机械学科从以培养本科生为主，逐步向本科生、研究生培养并重转化。科学研究工作以冶机及铝箔科研室的成立为标志，组织结构逐步从单纯的教学组织开始演变为教学科研组织并存、部分教师以科研为主的教学、科研两个中心，涌现出一批具有重大影响的科研成果，推动了科学理论的发展，拓宽了科研方向，促进了国家经济建设。科学研究与人才培养的紧密结合，又推动了学科建设的发展，本学科点逐步成为学校比较重要的发展力量之一，开始形成以钟掘院士为学科带头人的学科团队和高质量的学术梯队。

第三个阶段为 1995 年由原机械工程系改建成立中南工业大学机电工程学院，到 2002

年中南大学机电工程学院成立前。机械学科在钟掘院士带领的学科团队的共同努力下，学科建设和科研工作进入快速发展时期，本学科点成为学校发展迅速并具有重要影响的学科之一，也成为国内领先的一流学科点之一。在这一阶段，学科建设工作取得巨大成绩，先后获批机械工程学科博士后科研流动站、机械工程一级学科博士学位授予权，机械设计及理论学科获批为国家重点学科等。科学研究在突出行业特点、保持学科特色方面做出了突出贡献，取得了基础理论研究和应用开发双丰收的优异成绩，形成了本学科以创新现代大型工业机械为目标、以研究复杂机电系统设计理论与技术融合中的基本科学技术问题为中心的特色方向。

第四个阶段为 2002 年成立中南大学机电工程学院至今，机械学科保持了稳定快速发展的态势，各方面工作都取得了优异的成绩。继 2001 年机械设计及理论学科成为国家重点学科后，2007 年机械制造及其自动化学科获批成为国家重点学科，同时机械工程一级学科成为一级学科国家重点学科。在这一阶段，学院通过凝聚力量，培养和引进相结合，形成了强大的人才队伍；通过加大投入，狠抓硬件条件建设，建成了包括高性能复杂制造国家重点实验室在内的一批重点实验室和工程中心。同时，学院承担国家重大研究项目的能力也提升到了一个新台阶，新承担国家及省部级以上项目 200 余项，获得国家科技进步一等奖 1 项、二等奖 2 项，国家技术发明二等奖 1 项，中国高校十大科技进展 2 项，省部级科技成果奖励 67 项，获得发明专利授权近 400 项。

1.1.2　艰苦奋斗，夯实基础(1952—1969)

1)创建专业,组建师资队伍

1952 年中南矿冶学院没有设置机械学科专业，只成立了机械公共课教学组，负责承担全校机械类公共基础课的教学任务。1955 年学校在采矿系增设矿山机电专业，同时成立矿山机械设备教研室，该专业成为当时学校开设的 8 个本科专业之一。教研组在主任白玉衡教授的带领下，制订了矿山机电专业的教学计划并开始招收该专业五年制本科学生，机械学科专业师资队伍和教学组织由此逐步得到加强。1958 年学校成立矿冶机电系，由白玉衡教授任系主任，负责矿山机电、工业企业电气化及自动化、冶金机械三个专业的建设和人才培养工作，1959 年学校又增设了工业电子学、自动远动和超常量测量三个专业并开始招生。此时的矿冶机电系设有矿山机械设备、机械原理及零件、机械制图、金属工艺、工业企业电气化及自动化、电工、物理等教研组，师资队伍得到极大补充，有 170 多名教师承担机电学科专业及全校相关公共基础课的教学工作。1960 年矿山机械专业招收了 4 名四年制研究生。1961 年，为贯彻执行中央"调整、巩固、充实、提高"的方针，学校撤销了自动远动专业，工业电子学、超常量测量和冶金机械专业停止招生。1966 年至 1971 年期间，受"文化大革命"的影响，学校停止招生。

建校初期，机械学科专业的师资力量比较薄弱，尤其体现在建设矿山机电和冶金机械两个专业的起始阶段。这一阶段，为保证教学质量，学校一方面采取组织教师集体备课、试讲等方法来提高师资水平，另一方面有计划地将一批教师选送到北京矿业学院、重庆大学等兄弟院校跟随苏联专家听课进修，进行矿山机械、冶金机械等专业学术前沿知识的学习，为本学科专业建设打下了坚实的基础，这些教师后来也成为我国相关领域的学术带头人。1963年学校制订了师资培养提高规划，要求专业课、基础课讲授以及毕业设计指导等主要环节的教学任务均由讲师及以上的教师担任，为此学校在机械原理及零件教研室等进行试点，提出了教师过教学关、科研关和外语关的"三关"要求。通过培养提高，教师的科研意识和科研能力得到普遍增强。这一时期本学科师资队伍中有教授1人、副教授2人。

2）积极探索教学改革

从1952年中南矿冶学院建校至1965年，机械学科专业从无到有，白手起家，逐步建立起自己的教学体系。20世纪50年代开始，学校对教学计划和教学大纲多次进行修订和补充完善，积极组织教师翻译苏联教材、编写讲义，为专业的开办和课程讲授创造条件。例如矿山机械设备教研室的教师先后翻译和编写了采掘机械、凿岩机械、矿山通风排水设备、矿山运输、矿山机械制造工艺学等近10种专业课程油印及铅印的讲义和教材，其中黎佩琨主编的《矿山运输》教材由中国工业出版社公开出版发行，吴建南编写的《矿山机械设备修理与安装》教材由学校印刷厂铅印发行，并被数个学校的相关专业所采用。

为了使教学过程形象化，让学生深刻理解讲授的内容，广大教师开动脑筋，制作了许多教学模型和挂图等教学资料进行直观教学，其中大型的机械模型就有109座。这些教学资料在帮助学生弄清生产工艺过程、设备结构原理等方面起到了极为重要的作用，解决了当时教学的急需。采用直观教学以后，被称为"头痛几何"的"投影几何"教学得到极大改善，这一教学方法减少了学生学习中的困难，受到高等教育部的表扬。在教学改革方面，学校于1954年首次进行了机械零件课程设计的试点，1955年专业课程提升运输机械也开出了课程设计。1962年制图教研室根据新的教学大纲3次修订教学日历，使之符合大纲要求，并从备课、讲授、习题、实验到辅导答疑、相互听课，开展了一系列的教学改革活动。通过采取各种措施，学科教学质量不断提高，多年来"头痛几何"的帽子从1967级开始摘掉了。1960年学校招收矿山机械专业4名四年制研究生，至1964年学校共有研究生导师19人，其中机械学科有白玉衡和朱承宗2位导师。

在实践性教学环节方面，学校大力加强实验室建设，编写实验指导书，要求新担任实验课或担任新实验的教师，必须在事先做好实验准备，以保证和提高实验质量。此外，学校制定制度，规定实验人员必须在实验课指导教师的指导下进行工作。建校初期，为满足实验室教学实验设备的需求，机械学科专业的教师与实验人员一起，亲自动手画结构挂图、用木材设计制作设备模型。例如矿山机械实验室在夏纪顺老师的组织和带领下，几年中就先后做出了诸如刮板运输机、斗式装载机、电铲、电动装岩机等许多大型机械实物模型，在实验教学和直观教学中发挥了巨大的作用，受到苏联专家的高度评价。至 1965 年，学校建成了采掘机械、压气排水、矿山电工、提升运输、机械原理及机械零件、热工、金属工艺、机械制图等实验室。

3) 逐步开展科学研究

建校初期，机械学科的教师主要从事教学和相关实验室的建设工作。1956 年中央发出"向现代科学大进军"的号召，学校在 12 年规划中对科研提出了明确的要求，科研工作逐步开展起来。但当时由于机械学科教师数量少，专业还处于起步阶段，所以科研以消化吸收国外技术为主，大部分专业课教师都参与了相关学科的科研课题，也在机械学科方向进行了一些探索研究。1960 年学校建立了包括机电在内的六个研究室，在岩石破碎冲击理论、矿山采掘及运输机械、机械设计及其理论等方面进行了一些科研课题的研究，公开发表了一些研究论文，取得了一定的科研成果。其中具有重要影响的成果为梁在义的"超平面投影法及图解 n 元线性方程"课题，该课题在 1964 年被国家科委授予成果公布奖。

从 1955 年增设矿山机电专业、1958 年增设冶金机械专业招生开始，到 1960 年矿山机械招收四年制研究生，再到 1966 年因"文化大革命"开始中断招生，本学科共招收了矿山机械专业四年制研究生 4 名，矿山机电、矿山机械、冶金机械、工业电子学、自动远动和超常量测量专业五年制大学生 1226 名，机械制图专修科学生 29 名，这一时期共有 2 名研究生、969 名五年制大学生和 28 名专科学生毕业。

1.1.3 教研并重，硕果频出(1970—1994)

1) 健全机构，加强基础建设

1970 年学校筹备成立机械系，设有矿山机械专业连队、冶金机械专业连队、力学教研室、机械基础课教研室、机械厂等，负责机械学科专业人才培养、全校相关公共基础课教学和金工实习。1977 年，撤销"文化大革命"时期实行的连队制，力学教研室离开机械系回归基础学科部，机械厂划归学校管理。此时机械系设有矿山机械、冶金机械、机械制图、机械原理及零件、机械制造工艺教研室和冶机及铝箔科研室。1980 年，学校成立单辊驱动箔材轧机工艺设备及其理论中心。1984 年学校成立机械工程研究所，设有箔带轧制、监测和液压凿岩设备 3 个研究室。1988 年 1 月经中国有色金属工业总公司批准，学校设置机电工程学院，涵盖了机械工程系和机械工程研究所、自动控制工程系和计算机应用自动控制研究所、计算机科学系和管理工程系，由校领导兼任学院院长。1989 年学校获批建立中国有色金属工业设备测试与故障诊断中心。

1972 年至 1976 年期间，学校连续招收了五届矿山机械、冶金机械专业三年制工农兵学员。1977 年"文化大革命"结束后高考恢复，学校开始招收矿山机械、冶金机械专业四年制本科生。1980 年开始陆续招收矿山机械、冶金机械专业硕士研究生，1984 年，矿山机械、冶金机械专业获得硕士学位授予权，1986 年冶金机械获博士学位授予权。

1978 年，新建成的机械楼投入使用。由于该楼是在"文化大革命"时期开始建设的，当时是从强调开门办学、专业下伸逐步过渡到与厂矿合办专业的方针，致使当时新建设的机械楼只有 3000 多平方米，机械学科的实验室用房缺乏，人员无法集中，在一段时间里制约了机械学科的发展速度。

2）大力加强师资队伍建设

1977 年后，学校加强了师资队伍和教科研室的建设，千方百计提高原有教师水平，广大教师的积极性也被调动起来了。老教师作为教学科研和教学改革的主要力量，充分发挥其专长，在组织制订、完善教学大纲和教材编写方面做了大量工作。许多中年教师通过参加校内举办的各种学习班，迅速掌握了计算机使用知识，并将计算机及时运用到课程改革和科学研究中，为提高教学质量和科研水平打下了坚实的基础。青年教师，除通过在职读研和参加学校研究生进修班的学习外，有些还被选送出国深造或到外校进行培训和委培。1978 年至 1994 年期间，本学科选送出国并学成回校的教师共 9 人，其中有 7 人成为学科的学术带头人，是当时学科建设与发展的骨干力量。

1952 年以来，先后有 23 名教授和所在学科的全体教师为学科的发展和成长付出了辛勤的努力，使得学科有了明确的研究方向，逐步建成了具有自己特色的研究领域，取得了一批重要的科研成果，在学校乃至省内的影响日益扩大，在国内外同行中也已具有初步的影响。机械学科有 3 名教师担任了学校在"文化大革命"后重新组成的首届学术委员会委员，有 1 名教授被聘为湖南省教师职称评审委员会机械学科组组长，1 名教授担任了湖南省科协副主席。至 1994 年，本学科形成了拥有 11 名教授、5 名博士生导师、28 名副教授及一批中青年骨干教师的人才队伍。他们之中有 2 人被授予国家级"有突出贡献的科技专家"称号，1 人被评为全国高校先进科技工作者，1 人被评为全国有色金属工业系统先进工作者，2 人被评为湖南省优秀科技工作者，1 人被评为湖南省优秀教师，1 人被授予"湖南省有突出贡献的专利发明家"称号，有 8 人享受国务院政府津贴。

3）不断深化教学改革

1970 年开始筹备并成立机械系后，学校恢复了冶金机械专业的设置，加上矿山机械专业，本学科承担了 2 个专业的专业建设、人才培养和全校机械公共基础课的教学，并根据当时实际情况制订了教学计划并组织了基础课教材的编写工作，为 1972 年招收工农兵学员做好了准备。1972 年开始，矿山机械、冶金机械专业连续招收并培养了五届共计 511 人的三年制工农兵学员。

"文化大革命"后，学校在恢复和整顿教学组织、教学秩序，建立和健全必要的规章制度的同时，不断深化教学改革。本学科多次对专业设置进行了调整，对教学大纲进行了数次修订和完善，突出了"机械原理零件""制图""金工"等技术基础课的改革和实验室建设，取得了一批优秀的教学成果，使上述几门课程的教学达到了省内或国内同行中的一流水平。其中由梁镇淞老师等人从 1981 年开始承担的"机械原理及机械零件课程教学内容、方法改革的探索与实践"项目，编辑了教材，并分别在"机械原理""机械零件"和"机械设计基础"等课程中进行了大量教改实践，收到明显效果。"机械原理零件实物教材及实物实验室建设"1985 年获评中国有色金属工业总公司教改成果特等奖，"机械原理零件教学改革组"1986 年被国家教委及全国总工会授予教育系统"先进集体"称号，该项目 1989 年获得国家级优秀教学成果奖；由胡昭如等人组织承担的"金工课程的建设与改革"，将金工课程与整个机械制造系列课程结合在一起，形成一个有机的整体，使课程教学日臻规范，教学质量稳步提高，先后获得学校教改成果一等奖和湖南省教学成果二等奖，"金工实习"在全省机械类专业教学质量评估中获得"优秀"；陈家新等人对我校计算机绘图课程在教学大纲的修订，教学内容、实践环节的设置，以及课程设计、毕业设计相结合等方面进行了大量成功的探索研究，提高了计算机绘图教学的水平，获得了学校教改成果奖。

教材建设作为学科的一项重要建设工作，在广大教师的积极努力下也取得了显著成绩。从基础课到专业课，本学科共编写和公开出版了数十部讲义和教材。在 1967—1981年期间，由学校老师主编、出版社公开发行的 10 多种教材中，本学科公开出版的有周恩浦主编的《矿山机械（选矿机械）》、李仪钰主编的《矿山机械（提升运输机械）》和齐任贤主编的《液压传动和液力传动》等 3 部全国高校统编教材。这一时期，本学科还有数十名教师参加了各种手册、教材与专著的编撰工作，如王庆祺等参加编写的《机械设计手册》，周恩浦、张智铁等参加编写的《机械工程手册》，都获得了 1978 年全国科学大会奖，并分获全国优秀畅销书奖和全国优秀科技图书一等奖；程良能任副主编，肖世刚、陈贻伍任编委、冶金机械教研室部分教师参加编撰的《有色金属冶炼设备》第一、二、三卷，获得部级科技进步二等奖；还有夏纪顺主编、矿山机械教研室数位教师参加编撰的《采矿手册（第 5卷）》，以及受中国有色金属总公司装备局和设备管理协会委托，矿山机械教研室 10 余位教师为主审编写出版了《矿山机械使用维修丛书》（共 10 册）等。他们的这些工作有力支撑了本学科的建设与发展，为扩大学科的知名度做出了不可磨灭的贡献。至 1994 年，本学科教师已经公开出版的各种教材、专著共 60 多部。

"文化大革命"结束学校恢复招生后，矿山机械专业 1980 年招收了 1 名硕士研究生，冶金机械专业 1982 年招收了 4 名硕士研究生，机械学科正式进入了研究生培养的行列。1984 年经国务院批准，矿山机械、冶金机械专业同时获得硕士学位授予权，1986 年冶金机械专业又获得了博士学位授予权，扩大了机械学科研究生教育的层次和规模。本学科十分重视强化研究生培养过程，加强研究生教学改革，提高培养质量，强调研究生在拓深基础理论的同时，必须结合科研精心选择论文课题，并实行多学科联合培养、与研究院所联合培养的方法，使研究生在学习的同时，直接为国家做出贡献。如古可、钟掘教授带领研究生在西南铝加工厂解决了一系列国家重大课题，其中2800轧线改造前期论证一项就为国家节省外汇300余万美元，大型初轧机支承辊疲劳强度分析一项为引进工程节省外汇500万美元，其研究生教改成果1987年获得中国有色金属工业高等教育教改成果一等奖。

4) 面向行业系统开展科学研究

1970年学校恢复科研工作，机械学科教师坚持为国家经济建设服务，急国家所急，结合生产第一线课题开展科学研究。广大教师积极主动争取并承担了多项国家和省部级科研项目，科研成果不断涌现。冶机及铝箔科研室在古可、钟掘的带领下，深入进行轧机驱动理论与实践的研究工作，提出了变相单辊驱动理论，指导了轧机设计和轧机的正常运行操作，发现并论证高速轧机中存在机电耦合振荡系统和极限轧制中存在附加封闭力流变态驱动，分别用于解决轧机振动与产品质量问题，并成功解决了武汉钢铁公司1700 mm轧机弧齿部件易损坏，致使设备不能连续正常运转的难题，创造了上亿元的经济效益，荣获国家首次颁发的科技进步一等奖。冶机及铝箔科研室还出版了《论轧机驱动与节能》等数种专著。由于铝箔科研室在科研工作上所取得的突出科研成果，1980年学校成立了代表当时学校科研的6个方向之一的单辊驱动箔材轧机工艺设备及其理论中心。杨襄璧等结合生产第一线的实际需求，坚持不懈在液压凿岩装备、技术和理论方面进行了数年的研究，提出了液压冲击机构设计的抽象变量理论，形成了具有特色的理论体系和设计计算体系，先后获得了国家技术发明三等奖和国家科技进步三等奖等多项奖项。在1970—1984年间，本学科科学研究所取得的重要成果还有：具有高效率、机动灵活等优点的20、40马力低污染内燃机，使用寿命从800~1000 h提高到2900 h以上的新型油隔离活塞泵阀座，辉光离子氮化炉及其处理挤压模具，精密半自动周边磨床，耐磨新材料的研究，有色金属连铸机装备及理论研究的成果应用，在破磨设备及其理论研究上取得的成果等。1978—1984年期间有16项成果获得18项省部级奖励，为成立机械工程研究所打下了坚实的基础。

1984年机械工程研究所的成立，使教学与科研结合得更加紧密，科研方向不断拓宽，所承担科研任务的档次日渐提高，科研条件也进一步得到改善。在1985年至1994年这一时期，学科依托行业优势，在金属材料制备理论、工艺与装备，摩擦润滑理论与技术，故障诊断与监测，工程机械与液压控制，机床制造与模具设计，设备维修理论与管理，新型抗磨材料的研究等方面进行了大量科学研究工作，取得了丰硕的成果。如软铝加工连续挤压生产线获得了国家科技进步三等奖，预剪机列精确剪切系统获部级二等奖，均匀磁场烧结法及烧结炉获得全国发明展览会银奖，精密模锻新工艺及润滑剂获得部级一等奖，铝板带箔轧制及铜管棒拉伸系列高效润滑剂研制获得省级二等奖，YYG-90A型液压凿岩机、CGJ25-2Y型中深全液压掘进钻车获部级二等奖，双臂工业机器人研制获部级二等奖等。

其间共获得国家科技进步一等奖 1 项、三等奖 2 项，国家发明三等奖 1 项，省部级奖 25 项。在取得科研获奖成果的同时，还公开出版了数部基础理论研究成果的专著和译著，扩大并提高了机械学科的影响和地位。1989 年获批建立中国有色金属工业设备测试与故障诊断中心，机械学科承担的矿冶装备现代化研究成为学校科研 9 大主攻研究方向之一。

这一时期，教学改革的不断深化和科学研究的蓬勃发展，极大地促进了人才培养工作的进一步发展，培养方向得以不断拓宽。本科专业设置从原有的矿山机械和冶金机械两个专业，逐步扩展到矿山机械、冶金机械、设备工程及管理、机械设计及制造、机械电子工程等五个专业。学科的教师通过从事科研活动，总结研究成果，编写水平较高的教材，及时更新教材内容，把科研成果引入了教学，把学生带到本学科的前沿，各层次人才培养的质量得以不断提高。这一时期，共培养博士研究生 6 人，硕士研究生 130 多人，各类本专科学生 3000 余人。

1.1.4 凝心聚力，加快发展（1995—2001）

1995 年经学校批准由原机械工程系改建成立中南工业大学机电工程学院，钟掘教授任院长，下设冶金机械、机械设计与制造、机械电子工程、设备工程与管理、液压机械工程等 5 个学科研究所，有教职工 101 名，其中博士生导师 5 名，教授 10 名。同年，学科带头人钟掘教授当选为中国工程院院士，并当选为湖南省第一届学位委员会委员。1995 年机械设计及制造本科专业获批成为湖南省重点建设专业，所申报的机电控制与自动化硕士点于 1995 年获得批准。1997 年后陆续根据新版学科设置目录，分别将专业学科相应调整为机械设计及理论学科博士点、机械电子工程学科硕士点和车辆工程学科硕士点。1997 年学科承担的"211 工程"重点学科"九五"建设子项"金属薄带塑性成形技术、装备与控制实验室"和"211 工程"公共服务体系"九五"建设项目"机械基础教学实验中心"正式启动。1998 年获准设立机械工程学科博士后科研流动站，同年开始招收机械工程领域工程硕士研究生，获批开办工业设计本科专业，获批建立中国有色金属工业总公司金属塑性加工摩擦与润滑重点实验室，长沙工业高等专科学校机电科整体并入中南工业大学机电工程学院。2000 年获得机械工程一级学科博士学位授予权，获得车辆工程领域工程硕士授予权。2001 年机械设计及理论学科获批成为国家重点学科，机械制造及其自动化学科和机械电子工程学科获批成为湖南省"十五"重点学科，车辆工程学科成为学校重点建设学科，机械设计制造及其自动化本科专业被批准为湖南省重点示范专业，获批准成立教育部铝合金强流变技术与装备工程研究中心。

1）学科建设蓬勃发展

至 2001 年，在学科带头人钟掘院士的带领下，凝聚了一批在机械工程学科有着深厚研究基础和较高学术造诣的老中青结合的学术带头人和学术骨干，形成了本学科"以创新现代大型工业机械为目标、以研究复杂机电系统设计理论与技术融合中的基本科学与技术问题为中心"的特色方向。机械学科的学科建设进入快速发展阶段，本学科点成为我校发展迅速并具有重要影响的学科之一，也成为国内领先的一流学科点之一。在短短的6年内，学院先后完成了机电控制与自动化硕士学位授予权的获批，机械设计及理论学科博士点、机械电子工程学科硕士点和车辆工程学科硕士点的调整，机械工程学科博士后科研流动站的设立，机械工程一级学科博士学位授予权的获批，机械设计及理论学科被批准为国家重点学科，机械制造及其自动化学科和机械电子工程学科获批成为湖南省"十五"重点学科，车辆工程学科成为学校重点建设学科等大量的学科建设工作。机械设计及制造本科专业在1995年成为湖南省重点专业后，2001年机械设计制造及其自动化本科专业又被授予湖南省重点示范专业，增加了工业设计本科专业，还获准招收机械工程领域工程硕士研究生。

学科建设的快速发展为科研平台的基础建设创造了良好的条件，学院先后获批建设中国有色金属工业总公司金属塑性加工摩擦与润滑重点实验室和教育部铝合金强流变技术与装备工程研究中心。从1997年承担"211工程"重点学科"九五"建设子项目开始，学科不间断地承担了"211工程"和"985工程"重点学科创新平台建设任务，极大地改善了学科的硬件条件，为争取并完成各类国家级重大项目提供了有力的支撑和保证。

2）科学研究特色显著

科学研究在突出行业特点、保持学科特色方面做出了突出贡献，取得了基础理论研究和应用开发双丰收的优异成绩。钟掘院士基于对复杂机电装备的深厚研究积累和体验，提出了"复杂机电系统耦合与解耦设计理论与方法"创新学术思想，构架了复杂机电系统全局耦合理论体系，形成了耦合与解耦分析和并行设计理论体系，增强了解决"复杂机电装备"领域中的关键理论与技术问题的能力，在国家重大装备建设中发挥了基础支撑作用。"复杂机电系统"和"耦合设计"的概念得到同行的广泛认同，广泛出现在各种期刊论文和诸多著作中，被列入国家自然科学基金委的机械学科"十一五/十二五"规划。它指明了我国发展先进制造技术、增强国力的主攻方向和目标，成为指引机械制造科学与技术发展的一面旗帜。钟掘院士与课题组成员一起发明了电磁铸轧技术与装备和快凝铸轧技术，为我国高性能铝材高效生产提出了新模式。学科承担了国家973项目、国家863项目、国家"九五"攻关项目、国家高技术产业发展项目、国务院大洋专项等一批具有代表学科发展前沿和先进水平的国家重大科研项目，使我校在本学科的研究水平处于国内领先行列。科研年进校经费从1995年的不足150万元到2001年的突破1000万元，共获得国家科技进步二等奖2项，省部级奖29项，中国高等学校十大科技进展1项。而且，在承担科研项目的同时，学院获得的专利数量也在逐年增加，1988—2001年期间共获得国家发明专利授权8项、实用新型专利授权39项。

在科学研究取得成绩的同时，科技产业的发展也形成了学校本学科的特色。如系列金属加工润滑剂产品被列为国家重点新产品计划和国家火炬计划，逐步取代了进口，占领了国内近 40% 的市场；液压静力沉桩机获得中国知识产权局和世界知识产权组织联合颁发的中国优秀专利奖和中国发明协会金奖，并被评为湖南省年度十佳专利实施项目之一，逐步得到推广和应用；抗磨材料在冶金和有色金属行业的广泛应用，成为国家重点推广项目。这些产品和其他产品一道形成了在行业和相关领域中的特色。

至 2001 年学院有中国工程院院士 1 人，博士生导师 15 人，国家重点基础研究规划项目(973)首席科学家 1 人，国家"十五"深海技术发展项目首席科学家 1 人，教授及相应职称 21 人，硕士生导师 32 人。这一时期，共培养博士后人员 9 名，博士研究生 22 名，硕士研究生 120 多名，本专科各类学生 1800 余名。

1.1.5　做大做强，再上台阶(2002—2019)

2002 年，原中南工业大学机电工程学院与原长沙铁道学院机电工程学院中的机械学科、专业合并组建成立中南大学机电工程学院，全面负责承担学校机械学科建设和人才培养工作。合并组建之初学院下设 8 个研究所、9 个教研室和 2 个中心，有在岗教职工 205 人，其中中国工程院院士 1 人，博士生导师 15 人。2002 年，"211 工程"重点学科"十五"建设项目和"985 工程"一期重点学科建设项目启动，学院经湖南省批准设立"芙蓉学者"特聘教授岗位。2003 年经教育部批准，学院设立"长江学者"特聘教授岗位，新增"数字装备与计算制造""信息器件制造技术与装备"2 个自主设置学科博士点和微电子制造工程本科专业。2005 年"现代复杂装备设计与极端制造"教育部重点实验室被批准立项建设。机械电子工程学科和机械制造及其自动化学科通过湖南省"十五"重点学科建设验收，均被评为"优秀"。2007 年机械制造及其自动化学科被批准为国家重点学科，并且机械工程一级学科被批准为一级学科国家重点学科。2009 年机械设计制造及其自动化专业成为国家级特色专业。2010 年新增车辆工程本科专业，机械设计及理论学科成为湖南省优势特色重点学科，机械设计制造及其自动化本科专业被批准为国家卓越工程师教育培养计划学科专业。2011 年高性能复杂制造国家重点实验室获得科技部批准立项建设，机械工程一级学科为湖南省"十二五"重点学科和优势特色重点学科。2012 年，在全国第三轮一级学科评估中，本学科点进入全国排名前 10 名的行列，新增山河智能装备股份有限公司(简称山河智能公司)等 3 个国家级工程实践教育中心。2013 年高性能复杂制造国家重点实验室顺利通过科技部验收，参与申报的"有色金属先进结构材料与制造协同创新中心"进入"2011 计划"，入选"国家创新人才推进计划创新人才培养示范基地"。2014 年新成立微系统制造科学与工程系，高性能复杂制造国家重点实验室完成了国家重点实验室科研仪器设备经费预算申报工作，国家高性能铝材与构件制造创新中心投入近 2 亿元建成了 7 条中试线，启动了中南大学"创新驱动计划"建设项目申报。2015 年，学院超额完成"十二五"省重点学科的各项指标，顺利完成"十二五"省重点学科验收工作并获"优秀"，顺利完成第四轮国家一级学科（机械工程）水平预评估工作，成功申报校"创新驱动计划"建设项目2项，顺利完成国家"先进制造领域"工程博士的专项评估。2016年，学院瞄准国家重大需求与学科发展前沿，结合本学科自身基础与优势，制定学院"十三五"学科发展规划，理清了创新发展的思路，明确了未来重点发展的三大方向；根据我国国防建设与人才培养的需求，完成国防特色学科——机械制造（成形制造）的申报工作。2017年，学院机械工程学科在全国第四轮一级学科评估中获评A-类，顺利完成机械工程学科"双一流"建设方案的撰写，并成功进入学校重点发展的"一流学科"行列。学院提出了"轻质大型构件高性能制造、新一代信息器件微纳制造以及重大基础作业智能装备与机器人"三个方向，并成功进入学校战略先导方向的整体布局，轻质大型构件高性能制造正式启动。2018年，学院机械工程学科成功获批为湖南省"国内一流学科"建设学科。2019年，获湖南省技术发明一等奖1项，中国有色金属工业科学技术一等奖1项，上银优秀机械博士论文金奖1项、优秀奖1项，"航天超大型铝合金材料与构件制造产业化项目"科研成果转化达2亿元。

1）学科建设特色鲜明

2002年以来，中南大学机械工程学科在钟掘院士的带领下，凝心聚力，顺利完成了三校合并后的学科整合工作。机械工程一级学科在2007年被批准为一级学科国家重点学科后，于2011年又被批准为湖南省"十二五"一级学科重点学科和优势特色重点学科，在2017年在全国第四轮一级学科评估中获评A-类，成功进入学校重点发展的"一流学科"行列，又于2018年成功获批为湖南省"国内一流学科"建设学科。本学科点依托学校在有色冶金、矿山与铁道运输行业优势，瞄准学科国际研究前沿与热点领域，在高性能材料制备装备、特种作业装备与机器人、复杂空间曲面数字化制造、高性能材料与零件强场制造、信息器件微纳制造、大型作业装备集成制造、现代制造过程的信息融合与控制等方面，系统开展科学前沿探索与工程应用研究，形成了以"现代复杂机电装备和极端制造"为标志的鲜明学科特色和具有国内领先水平的5个特色研究方向：①高性能材料与大构件强场制造原理与装备；②信息器件精细制造技术与装备；③复杂空间曲面数字化设计制造原理与装备；④极端服役作业装备功能原理与系统集成；⑤复杂机电系统设计方法与过程智能控制。

在此阶段，本学科点的整体学科水平与学术地位得到大幅提升。钟掘院士与国内本领域专家凝练提出了"极端制造"的学术思想与理论框架，阐明了"极端制造"的基本内涵、主要研究方向和关键科学问题。"极端制造"的概念和思想经过数十位院士和知名专家讨论通过，已列入国家中长期科技规划纲要的"前沿技术"和"基础研究"中。近年来本学科点获邀承担了国家、部委相关机械装备设计与制造领域的科技规划制定，包括：国家中长期科技规划专题三《制造业发展科技问题研究》，国家中长期科技规划专题十四《基础科学问题研究》，国家"973"计划先进制造方向"十二五"规划，国家自然科学基金委机械学科"十一五/十二五"规划，国家发改委"十一五/十二五"《振兴我国装备制造业的途径与对策》，教育部、有色金属工业、国防工业与深海技术等行业部门中长期规划中与机械装备相关领域内容的制定，国家 863 计划先进制造领域主题的"十一五/十二五"发展规划，已成为参与机械工程领域国家计划制定的核心单位之一，本学科点已成为我国机械工程研究领域一支重要力量。

2017 年以来，学院顺利完成机械工程学科"双一流"建设方案的撰写，成功进入学校重点发展的"一流学科"行列，成功申报中南大学工科学院"双一流"建设条件支撑专项立项，成功获批为湖南省"国内一流学科"建设学科。学院制定《机械工程学科 2019—2021 年一级学科发展需求预算》，确定机械工程学科的发展目标、重点研究方向与重大举措，并确立机械工程学科特色研究方向 2020 年进入世界一流行列的总体目标，全面开展机械工程一流学科创新能力提升计划建设，向世界一流学科发起冲刺。

2) 产学研结合助力经济社会发展

通过学科建设和科学研究及成果推广，本学科点为国家/区域经济建设、科学进步与社会发展做出了重要贡献，具体表现在如下几个方面：

(1) 研制成功了具有国际领先水平的铝合金快凝铸轧机列、电磁铸轧技术与装备、高强厚板超声搅拌焊接装备、大型筒体全数控旋压装备、超声铸造技术与装备等大型成套设备，支撑了产业发展与技术升级；用现代技术研制了我国最宽铝厚板 1+4 热连轧机组、世界最大的八万吨等重大基础制造设备与技术，极大地提高了国家重大战略基础装备的工作能力与工作精度，引领我国高性能材料与大构件制造走向现代化。形成了多项具有自主知识产权的核心技术，成果在国际学术界产生重要影响，使本学科点在相关研究领域成为国家的重要研究与技术创新基地。

(2) 研制成功 YK2212、YK2245、YK2045、YK2010 等多个系列的六轴五联动数控大型螺旋锥齿轮铣齿机和数控磨齿机并实现产业化，填补了国内空白，被中国机械工业联合会誉为中国数控机床产业的六大跨越之一，打破了美、德两国的垄断，使我国成为第三个能够产业化生产系列螺旋齿轮制造装备的国家。2011 年研发的 H2000C 数控螺旋锥齿轮铣齿机和 H2000G 数控螺旋锥齿轮磨齿机，是目前世界上加工尺寸最大的高端数控螺旋锥齿轮机床，代表着我国螺旋锥齿轮加工技术装备的最高水平，本学科点是我国全数控螺旋锥齿轮数控装备主要的技术创新基地。

(3) 针对先进信息器件制造业这一集国家利益、人类智慧和最新科技于一体的战略性产业，将机械系统运动与动力学研究推向到多元交互的微尺度、微米级行为研究，初步形成了典型光电子与微电子器件的微结构制造工艺与技术，建立了光电子、微电子器件功能界面与制造界面的融合分析理论及相关调控技术，提出了下一代技术突破的先进器件制造原型和单元技术，并开始应用与影响新兴产业的发展。在光电子与微电子器件封装制造方面，已成为我国在光电子与微电子器件制造技术与装备领域的重要研究与技术创新基地。

（4）成功研制开发了全液压驱动凿岩设备、矿山重型自动装卸装备、大型旋挖钻及潜孔钻机与大型液压静力压桩机等装备，在特种工程装备集成设计制造方面形成了新世纪主流的先导技术和成套装备，已获得多项标志性成果及产业化应用。在复杂海底环境自行式作业机器人设计，不同种类深海资源采集技术与装置设计、深海复杂流场采矿系统动力学行为分析和系统控制研究、深海资源勘查装备研制开发、深海水下传感装置研制开发等方面取得国际有特色与优势的成果与突破性进展，是全国高校中唯一的国务院大洋项目首席科学家单位。本学科点已成为我国工程建设、资源开采技术与装备研究的三大基地之一，在国际深海矿产资源开发技术及装备研究领域有着重要地位。

（5）以本学科为技术支撑的学科性公司"山河智能装备股份有限公司"（上市公司）年产值已近50亿元，2005年中国工程机械行业综合指数排名第5位；以本学科方向的技术成果为支撑的中大创远有限公司与哈量凯帅公司，成功实现铣齿机、磨齿机系列产品的我国自主研发的设计与制造，年生产产值达6亿元。以本学科为技术支持的湖南红宇耐磨新材料股份有限公司2012年8月成功在深交所创业板上市，成为我校第三家以本校学科为依托，通过转化自有科技成果而成功登陆我国A股市场的上市企业，也是我校产学研合作首家创业板的上市企业；长沙神润科技有限公司开发铝板带箔与铜管棒型材塑性加工润滑添加剂等产品，已覆盖和占有国内40%的市场份额。以本学科作为主要技术支撑的湖南创元铝业、晟通公司年产值180亿以上。这些直接以本学科为技术支撑的学科性公司的发展，直接推动了地区经济与产业的发展与技术升级。

（6）铝合金环筒件是运载火箭与战略武器的重要组成部分和主承力构件，其轻质化、整体化、精确化制造是新一代运载火箭与战略武器发展的重要目标与方向。该研究成果普遍适用于航天运载、战略武器等所需的大型环筒结构件的高性能制造，大幅提升了我国大型铝合金环筒件制造技术水平及产品综合性能，能满足新一代箭/弹体结构件的研制需求，能产生巨大的军事、社会及经济效益。由本学科钟掘院士领衔完成的航天超大型铝合金材料与构件制造的研究成果已作价2亿元入股湖南中创空天新材料股份有限公司，并获2019年中国有色金属工业科学技术奖一等奖。

3）人才队伍不断壮大

学科建设的发展和科学研究水平的提高大力促进了人才队伍建设，大力提升了团队的总体水平和创新能力。本学科的研究队伍建设，特别在团队的整体创新能力、杰出青年人才培养、杰出人才凝聚等方面成效显著。本学科点在2002年、2003年分别获准设立"芙蓉学者"特聘教授岗位和"长江学者"特聘教授岗位，现有专任教师和研究人员160余人，其中中国工程院院士1名，国家973项目首席科学家3人，国家特聘教授4名，"长江学者"5

名，"万人计划"领军人才 4 名，国家优秀青年基金获得者 1 名，国务院学科评议组成员 1 名，国家创新人才推进计划重点领域创新团队——"航空航天用高性能大规格铝材与构件制造创新团队"，教育部创新团队——"现代复杂装备与极端制造"，国家"新世纪百千万人才工程"入选学者 3 名，教育部新世纪优秀人才 12 名，"芙蓉学者"特聘教授 3 名，国家"十二五"863 计划主题专家 1 名，中国大洋协会"十五"深海技术发展项目首席科学家 1 名，国家专业指导委员会委员 3 名，湖南省科技领军人才 2 名，教授及研究员 61 名，博士生导师 40 余人。

2002—2013 年期间，在本学科人才队伍、研究基地与条件建设得到较大发展的基础上，学科承担国家重大研究项目的能力提升到了一个新台阶。新承担了包括国家 973 计划首席项目、国家重点研发计划项目、国家自然科学基金重大项目课题、国家自然科学基金重点项目、国家 863 计划、国家攻关计划、国防预研计划、国家大洋专项等国家及省部级以上项目 200 余项，承担校企合作及地方政府项目 300 余项。特别是钟掘院士领衔申报的国家重大科研仪器设备研制专项计划项目"材料与构件深部应力场及缺陷无损探测中子谱仪研制"成功获批（7600 万元），填补了我校在该项计划领域的空白，预示着本学科在基础科学研究方面的巨大突破。获得国家科技进步一等奖 1 项、二等奖 3 项，国家技术发明二等奖 1 项，中国高校十大科技进展 2 项，省部级科技成果奖励 67 项。钟掘院士、何清华教授获科技部"十一五"国家科技计划执行突出贡献奖，刘少军教授获中国大洋协会成立二十周年突出贡献奖。此外还获得国家发明专利授权 500 余项。

2013 年以来引进专用教师 33 人，其中国家级人才 2 人，特聘教授 6 人，特聘副教授 7 人。从国内外知名大学、企业引进客座教授 6 人；从国内外知名大学、企业引进兼职教授 3 人。新增长江特聘教授 2 人；"973"项目首席科学家 1 人；国家万人计划入选者 4 人；新世纪人才 1 人；科技部科技领军人物 1 人；科技部"万人计划"科技创新领军人才 2 人；科技部"创新人才推进计划"中青年科技创新领军人才 2 人；湖南省科技领军人才 1 人；湖南省杰出青年基金获得者 1 人。新增国家科技进步二等奖 1 项，新增省部级科技成果奖励 25 项；省部级及以上教学成果奖励 6 项。何清华教授获评"优秀中国特色社会主义事业建设者"，何清华教授被评为全国优秀科技工作者，刘义伦教授被评为全国优秀教育工作者，朱文辉教授获第七届"中国侨届贡献奖"，汪炼成教授获"CASA 第三代半导体卓越创新青年"称号，何清华教授、朱建新教授获颁"庆祝中华人民共和国成立 70 周年"纪念章。

4）科研平台建设创辉煌

学科发展也促进了研究基地与平台建设，提升和改善了研究条件。2008 年建筑面积达 3.6 万 m^2 的新机电大楼的启用，解决了长期制约学科实验室发展的难题。通过"211 工程"和"985 工程"项目平台建设和科研项目等的投入，新增了一系列高水平的教学科研仪器设备，仪器设备总量从 1999 年的 1216 台件、原值 607 万元增加到现在的 10948 台件、总值超过 1.7 亿元，大型精密贵重仪器设备数量大幅增加，构建了多个高水平实验平台，极大地改善了教学科研的硬件条件，提高了高水平科研和高层次人才培养的保障水平。研究基地与平台的建设也取得了突破性进展，在新增了教育部重点实验室"现代复杂装备设计与极端制造"的基础上，2011 年获准立项建设的高性能复杂制造国家重点实验室于 2013 年顺利通过验收。2013 年以来本学科拥有独立或联合建设的国家高性能铝材与构件创新中心、国家创新人才推进计划创新人才培养示范基地、深海矿产资源开发利用技术国家重点实验室、铝合金强流变技术与装备教育部工程研究中心、国家自然科学基金委重大研究计划纳米制造的基础研究联合实验室、中国有色金属行业金属塑性加工摩擦润滑重点实验室、湖南省岩土施工与控制工程技术研究中心、湖南省高效球磨及耐磨材料工程技术研究中心、湖南省铝加工工程技术研究中心等一批国家及省部级重点实验室和工程研究中心。在与本学科的学科性公司——山河智能公司一起建立了一个湖南省首批研究生培养创新基地，获批建立了 3 个国家级工程实践教育中心和 1 个湖南省机械工程大学生创新训练中心等平台基地的基础上，新增湖南省耐磨材料工程技术研究中心，机械基础实验平台、工业训练中心、实验教学平台三个平台；新增长丰猎豹实习基地；新增科技部创新人才培养基地 1 个、湖南省校企合作人才培养示范基地 1 个。

目前，学院设有成形制造与装备研究所、微系统制造科学与工程系、机械制造及其自动化系、机械电子工程系、工程装备与控制系、车辆工程系、机械设计系、工业训练中心、机器人与智能装备研究所。现有机械工程博士后科研流动站，机械工程一级学科博士、硕士点，机械制造及其自动化、机械设计及理论、机械电子工程、车辆工程、数字装备与计算制造、信息器件制造技术与装备等六个二级学科博士、硕士点，机械工程、车辆工程、工业工程等三个工程硕士点，以及机械设计制造及其自动化、微电子制造工程、车辆工程等三个本科专业。

本学科点面向国家需求，建设学科大平台，承担国家的大课题，努力解决国民经济发展和国防建设中的重大科学和技术问题，在探索科学真理的实践中培养和造就了国家急需的一大批高层次创新型人才。本学科点人才培养的规格和水平不断提升，成为高素质人才培养基地，总共为国家培养了博士后研究人员 70 余名，博士研究生 271 名，各类硕士研究生 2800 多名，本专科学生 14000 余名。

1.2 学科发展大事记

1952 年：中南矿冶学院成立，学校决定设立机械公共课教学组。

1953 年：成立机械教研室，郑仲皋任主任，负责全校制图、热工、机械原理及零件等课程。

1954 年：学校首次进行了机械零件课程设计的试点，并在全校课程中开始推广课程设计。

1955 年：在采矿系增设矿山机电专业，由机械教研室增设机械制图两年制专修科。

1956 年：《中南矿冶学院学报》创刊，白玉衡、郑仲皋任编委，白玉衡当选校工会第四届委员会主席。

1958 年：矿冶机电系成立，白玉衡教授任系主任，增设了工业企业电气化及自动化、冶金机械两个专业。

1959 年：矿冶机电系增设工业电子学、自动远动、超常量测量、高温高真空技术冶金设备 4 个新专业。

1960 年：学校招收四年制研究生 34 名，其中矿山机械专业 4 名。学校先后建立新材料、地质、采矿、选矿、冶金、机电等 6 个研究室。

1961 年：撤销自动远动、高温高真空技术冶金设备 2 个专业，超常量测量、工业电子学、冶金机械 3 个专业从本年起停止招生。

1962 年：学校负责汇总修订包括超常量测量在内的 9 个专业的教学计划和教学大纲。

1963 年：学校组织在机械原理及零件教研室试点制订师资培养提高规划。函授部从本年开始陆续招收矿山机电专业五年制函授学生。

1964 年：梁在义主持的"超平面投影法及图解 n 元线性方程"项目被国家科委授予成果公布奖。

1965 年：本学科建成压气排水、采掘机械、矿山电工、提升运输、机械原理及机械零件、热工、机械制图等实验室。

1966 年："文化大革命"开始，中断招生，共有五年制在校学生 272 人。

1970—1971 年：筹备并成立机械系，下设矿山机械专业连队、冶金机械专业连队、力学教研室、机械基础课教研室、机械厂。

1972 年：开始招收矿山机械、冶金机械专业三年制工农兵学员。

1976 年：卢达志等 9 位教师与长沙有色金属加工厂共同进行"辉光离子氯化处理用工模具"课题。

1977 年：恢复招收四年制本科学生，恢复基础课部。

1978 年：新落成的 3000 多平方米的机械楼投入使用。古可、钟掘等主持的"新型铝箔轧机单辊驱动的研究"、矿机科研组的"台车支臂液压自动平行机构的研究"等 4 项科技成果获湖南省科学大会奖，王庆祺等参加编写的《机械设计手册》，周恩浦、张智铁等参加编写的《机械工程手册》，获得全国科学大会奖。

1979 年：机械系下设矿山机械、冶金机械、机械制图、机械原理及零件、机械制造工艺教研室和冶机及铝箔科研室。矿山机械、冶金机械本科专业合并为机械工程专业。

1980 年：矿山机械专业招收硕士研究生 1 名。学校决定逐步建立单辊驱动箔材轧机工艺设备及其理论中心。古可、钟掘的"铝箔轧机单辊驱动理论研究"获得湖南省重大理论成果一等奖，古可、钟掘等的"辊式磨粉机负载特性及动力传递规律测试研究"获陕西省重大科技成果一等奖。

1981 年：学校主持召开全国高等工科院校《金属工艺学》教材编委扩大会和金属工艺学教学经验交流会。

1982 年：冶金机械专业招收硕士研究生 4 名。夏纪顺出任校首届学位评定委员会委员。

1983 年：原机械工程本科专业恢复为矿山机械、冶金机械本科专业。

1984 年：矿山机械工程、冶金机械专业获得硕士学位授予权。机械工程研究所成立，下设箔带轧制、故障诊断与监测、液压凿岩设备等 3 个研究室。古可被国家科委授予"国家级有突出贡献的科技专家"称号。

1985 年：古可、钟掘主持的"轧机变相单辊驱动技术及其开发"项目获得国家首次颁发的国家科学技术进步一等奖。梁镇淞等承担的"机械原理零件实物教材及实物实验室建设"获得中国有色金属工业总公司教改成果特等奖。经湖南省人民政府批准，钟掘晋升为教授，并被评为中国有色金属工业总公司先进工作者。

1986 年：冶金机械专业获得博士学位授予权。

1987 年：梁镇淞、卢达志晋升为教授。

1988 年：机电工程学院成立，涵盖了机械工程系和机械工程研究所、自动控制工程系和计算机应用自动控制研究所、计算机科学系和管理工程系，院长由校领导兼任。钟掘被授予"国家有突出贡献的中青年专家"称号，当选为湖南省科协副主席。

1989 年：机械系下设矿山机械、冶金机械、机械制造、机械制图、机械设计、液压传动、测试技术、电算等 8 个教研室和原理零件等 9 个教学科研实验室。中国有色金属工业设备测试与故障诊断中心建立。梁镇淞等承担的"机械原理及机械零件课程教学内容、方法改革的探索与实践"项目获得国家级优秀教学成果奖。

1990 年：本科专业调整为矿山机械、冶金机械、设备工程。古可被国家教委、国家科委授予"先进科技工作者"称号。

1991 年：钟掘、古可、杨襄璧等享受政府特殊津贴。

1992 年：机械系将液压传动、电算合并为应用技术教研室，新增设备工程教研室。

1993 年：机械系将下设教学机构调整为矿山机械、冶金机械、机械电子、基础等 4 个教研室。

1994 年：本科专业调整为机械设计及制造、机械电子工程、设备工程与管理 3 个专业招生。

1995 年：原机械工程系改建成立中南工业大学机电工程学院，下设冶金机械、机械设计与制造、机械电子工程、设备工程与管理和液压机械工程等 5 个学科研究所和工程图学、机械学等 2 个教研室。12 月学院获批机电控制与自动化硕士授予权，机械设计及制造本科专业被批准为湖南省重点建设专业。钟掘教授当选为中国工程院院士，并当选为湖南省第一届学位委员会委员。由何清华等发明的"液压静力压桩机"获得中国专利局和世界知识产权组织联合颁发的中国专利优秀奖，中国发明协会金奖，中国新技术新产品博览会金奖。

1997 年：冶金机械、矿山机械工程调整为机械设计及理论学科，机电控制及自动化调整为机械电子工程学科。学科成为首批机械工程领域工程硕士培养点之一。学科承担的"211 工程"重点学科"九五"建设子项"金属薄带塑性成形技术、装备与控制实验室"和"211 工程"公共服务体系"九五"建设项目"机械基础教学实验中心"正式启动。

1998 年：机械工程学科博士后科研流动站成立。车辆工程学科获得硕士学位授予权。本科专业调整为机械设计制造及其自动化专业，获批开办工业设计本科专业。"金属塑性加工摩擦润滑实验室"被增列为总公司重点实验室。长沙工业高等专科学校机电科整体并入机电工程学院。

1999 年：钟掘院士任国家 973"提高铝材质量的基础研究"项目的首席科学家。冶金机械研究所被评为湖南省普通高等学校科技工作先进集体，何清华被评为湖南省普通高等学校科技工作先进个人。

2000 年：机械工程一级学科获博士学位授予权。钟掘院士被评为"全国先进工作者"，获国务院颁发的五一劳动奖章。

2001 年："211 工程""九五"重点学科建设子项目"金属薄带塑性成形技术、装备与控制实验室"和公共服务体系建设子项目"机械基础教学实验中心"完成国家验收。机械制造及其自动化、机械电子工程学科被批准为湖南省"十五"重点学科，车辆工程学科获批成为校级"十五"重点建设学科。机械设计制造及其自动化专业被授予湖南省重点示范专业。教育部"铝合金强流变技术与装备工程研究中心"成立。山河智能公司被认定为"国家 863 智能机器人产业化基地"。

2002 年：机械设计及理论学科获批成为国家重点学科。机械工程一级学科在全国首次评估中名列全国 11、全省第 1。新增车辆工程领域硕士学位授权点，机械设计及理论学科获批设置湖南省"芙蓉学者计划"特聘教授岗位。机械基础教学实验中心被批准为湖南省高校基础课示范实验室。完成组建成立中南大学机电工程学院的工作。完成"十五""211 工程"重点学科建设项目材料与器件超常装备设计理论与技术集成的申报立项。

钟掘院士主持的"铝带坯电磁铸轧装备与技术"项目获国家技术发明二等奖，另获中国高校十大科技进展 1 项。钟掘院士被聘为第五届教育部科学技术委员会副主任，荣获全国"新世纪巾帼发明家"称号。

2003 年：机械工程学科经教育部批准设立"长江学者"特聘教授岗位，新增"数字装备与计算制造""信息器件制造技术与装备"2 个自主设置学科博士点和微电子制造工程本科专业。"985 工程"重点学科建设项目材料与器件超常装备设计理论与技术集成，以及 2 个省级重点学科建设项目和机械基础教学实验中心建设项目启动建设。

2004年：李涵雄获得国家杰出青年基金，谭建平入选首批"新世纪百千万人才工程"国家级人选，何清华获"第四届湖南光召科技奖"、被评为"湖南省劳动模范"。

2005年：机械电子工程学科和机械制造及其自动化学科在湖南省"十五"重点学科建设验收中均被评为"优秀"。李涵雄被聘为"长江学者"特聘教授。"985工程"二期"复杂装备极端制造与智能化"科技创新平台建设正式启动，工业制造训练中心被评为湖南省高校优秀实习教学基地，何清华被评为湖南省优秀专利发明人。

2006年：机械电子工程学科和机械制造及其自动化学科被认定为湖南省"十一五"重点学科。山河智能公司成功上市。学科联合组建的湖南省铝加工工程技术研究中心获批准立项建设。钟掘领衔的"中国铝业升级的重大创新技术与基础理论"获中国高校十大科技进展。

2007年：机械制造及其自动化学科被评为国家重点学科，机械工程一级学科被批准为一级学科国家重点学科。钟掘院士领衔的"铝资源高效利用与高性能铝材制备的理论与技术"项目获国家科技进步一等奖。

2008年：钟掘院士牵头承担的国家产业跃升计划项目"高性能铝材工程化研究与创新能力建设"正式启动。"211工程"三期重点学科建设项目"极端制造与复杂机电装备"启动建设。

2009年：机械设计制造及其自动化专业被评为国家级特色专业，1门课程被评为国家精品课程，新增车辆工程本科专业。建筑面积达3.6万平方米的新机电大楼落成正式启用。

2010年：机械设计及理论学科被评为湖南省优势特色重点学科，建立国家自然科学基金委重大研究计划"纳米制造的基础研究"联合实验室。启动实施新一轮"985工程""极端制造与复杂机电装备"科技创新平台建设。机械设计制造及其自动化本科专业被批准为国家卓越工程师教育培养计划学科专业。

2011年：高性能复杂制造国家重点实验室获得科技部批准立项建设，机械工程一级学科被确定为湖南省"十二五"重点学科和"十二五"湖南省优势特色重点学科，机械工程学科作为学校主干学科之一获全国首批先进制造领域工程博士专业学位授予权。研制成功世界上最大的H2000C数控螺旋锥齿轮铣齿机和H2000G数控螺旋锥齿轮磨齿机。钟掘、何清华获科技部"十一五"国家科技计划执行突出贡献奖。

2012年：首次招收2名先进制造领域工程博士研究生。在第三轮全国一级学科评估中，本学科点整体水平位列第10，首次跨入全国排名前10名的行列。

2013年："有色金属先进结构材料与制造协同创新中心"作为我国首批14个协同创新中心之一成功进入"2011计划"。本学科获邀承担了国家973计划先进制造方向"十二五"规划、国家自然科学基金委机械学科"十二五"规划、国家863计划先进制造领域主题的

"十一五/十二五"发展规划的制定。完成了"211 工程"三期项目建设的总结验收工作；"985 工程"建设项目的阶段建设总结工作；机械工程一级学科在全国第三轮一级学科评估中，进入全国前 10 名，排名位置提高 6 位。高性能复杂国家重点实验室顺利通过验收，新增国家 973 计划课题国家支撑计划项目子课题等科研课题 19 项。获得省部级科技成果二等奖 2 项；获授权发明专利 7 项。发表科技论文 300 多篇。

2014 年：首台大直径全断面硬岩隧道掘进机问世，获得"工程机械的航空母舰"之称，打破国外长期垄断局面。争取到近 6600 万元的重点实验室仪器设备专项计划的支持。圆满完成了国家高性能铝材与构件制造创新中心投入近 2 亿元 7 条中试线建设。新增湖南省耐磨材料工程技术研究中心。第一个国家 973 计划项目"20/14 nm 集成电路晶圆级三维集成制造的基础研究"落户本院。新增国家 973 计划首席科学家项目 1 项；新增国家 973 计划课题、科技重大专项等项目 24 项。获得省部级科技成果一等奖 3 项，二、三等奖 3 项；申请发明专利 49 项，发表科技论文 360 多篇。

2015 年："机械工程实验教学中心"成功入选"国家级实验教学示范中心"。新增国家自然科学基金重点项目面上项目等项目 50 余项，发表科技论文 300 多篇，获授权发明专利 41 项。获国家科学技术科技进步二等奖 1 项、教育部高校科研优秀成果科技进步一等奖 1 项、江西省科学技术科技进步二等奖 1 项，获湖南省技术发明一等奖 1 项、自然科学二等奖 1 项。

2016 年：完成了工业 4.0 智能制造教学系统设计、工程招标工作，新增国家自然科学基金面上项目、青年项目等 26 项。获湖南省技术发明奖一等奖 1 项、自然科学二等奖 1 项、科技进步二等奖 1 项、科技进步三等奖 1 项，获天津市自然科学奖三等奖 1 项，发表科技论文 300 多篇，获授权发明专利 80 项。

2017 年：机械工程学科在全国第四轮一级学科评估中获评 A-类；"轻质大型构件高性能制造、新一代信息器件微纳制造以及重大基础作业智能装备与机器人"三个方向成功进入学校战略先导方向的整体布局。新增国家自然科学基金面上项目、青年基金项目 20 项；发表科技论文 260 余篇；获授权国家发明专利 57 项。获湖南省技术发明一等奖 1 项，湖南省科技进步二等奖 1 项、三等奖 1 项。

2018 年：新增国家重大专项课题 1 项、"十三五"重点研发计划课题 1 项，国家自然科学基金面上项目、青年基金项目等 50 项。获湖南省科技进步二等奖 1 项、自然科学二等奖 1 项，四川省科技进步二等奖 1 项；中国有色金属工业协会科技进步奖一等奖 1 项、技术发明奖一等奖 1 项。发表科技论文 312 篇，获国家发明专利授权 90 项。

2019 年：本学科软科排名从 2017 年的第 200～300 名上升至 2019 年的第 100～150 名。航天超大型铝合金材料与构件制造研究成果已作价 2 亿元入股湖南中创空天新材料股份有限公司。制定《关于成立科研研究所的暂行规定》，成立 23 个科研研究所。获第九届上银优秀机械博士论文奖金奖、佳作奖各一项，是我院首次同时有两位博士生获得上银优秀博士论文奖。新增国家科技重大专项 1 项、国家重点研发计划课题 2 项等科研项目 90 余项。获湖南省技术发明一等奖 1 项、中国施工企业管理协会科技进步奖一等奖 1 项、中国产学研合作促进会创新成果奖二等奖 1 项、有色金属工业协会技术进步奖一等奖 1 项、有色金属工业协会技术发明奖二等奖 1 项。发表科技论文 500 余篇，获国家发明专利授权 119 项。

第 2 章 学科人物

2.1 院士风范

钟　掘，女，汉族，1936 年出生，河北献县人，中共党员，1960 年毕业于北京钢铁学院 (现为北京科技大学)。

钟掘院士 1960 年以来先后任中南矿冶学院 (现中南大学) 助教、讲师、副教授、教授、博士生导师、机械系副系主任、系主任、矿冶机械设备研究所所长、机械研究所所长、机电工程学院院长等。1995 年 5 月当选为中国工程院院士，担任教育部科技委主任及教育部科技委战略研究指导委员会主任，国家重点基础研究计划专家顾问组成员，科技部奖励委员会委员，教育部奖励委员会委员，国家杰出青年基金评审委员会委员，中国有色金属学会常务理事，中国机械工程学会理事，湖南省科协副主席，湖南省奖励委员会委员，中南大学教授、博士生导师，中南大学学位委员会委员、学术委员会委员，轻合金研究院院长，冶金机械研究所所长等职。

先后任国务院学位委员会第四届学科评议组成员、国务院学位委员会第五届学科评议组召集人之一、国家发明奖及科技进步奖冶金材料评审组成员、中国科协委员、国家自然科学基金工程材料学部专家委员会委员、国家自然科学基金工程与材料学部咨询委员会委员、国家自然科学基金机械学科评委、国家重点基础研究发展 (973) 计划综合交叉组咨询专家组组长、国家计委专项 "我国铝板带箔加工业发展规划" 专家组组长、国家深海资源开发技术发展专家组组长、湖南省科技进步奖评审委员会副主任、湖南省学位委员会委员、中国振动工程学会故障诊断学会常务理事、湖南省机械工程学会荣誉理事长、湖南省故障诊断与失效分析学会理事长等。获得国家科技进步一等奖 2 项、二等奖 2 项，国家技术发明二等奖 1 项等 20 多项科研成果奖励，7 项国家发明专利授权，获 "全国先进工作者" " '十一五' 国家科技计划执行突出贡献奖" "何梁何利基金科学与技术进步奖" "光召科技奖"

"全国十佳女职工"等荣誉，并获国务院颁发的五一劳动奖章。被授予"国家有突出贡献的中青年专家"称号，享受政府特殊津贴。

钟掘院士长期担任机械学科学位评定分委员会主席。她非常重视师资队伍的建设工作，培养造就了一批思想活跃、学术水平较高的年轻教师，较快形成了一支结构合理的高质量学科梯队。在研究生培养工作上，她始终强调研究生要"以研究为主"，要结合实际科研课题开展研究，并严格要求研究生必须具备在实验室进行严密的科学实验与微观论证的能力，坚持把培养质量放在首位，为国家培养了大批优秀的高层次人才，其中钟院士指导的1篇博士学位论文还被评为全国优秀博士学位论文。为提升学科整体水平和地位，从博士点的申请和国家重点学科的争取，到省部、国家重点实验室的建设立项，都是在钟院士的具体组织和具体指导下进行的。近三十年来，机械学科从只有部分培养硕士研究生的学科专业发展成为本学科领域中门类齐全的培养点，在培养层次和规模、质量和水平上都发生了巨大的变化，并发展成为国内外知名的一级学科国家重点学科，跨入了国内一流学科之列，都离不开钟院士呕心沥血的付出和全体教师艰辛的努力。

钟掘院士长期从事机械工程和材料制备领域的教学与科研工作，在科学研究工作中，始终瞄准国家经济发展、国防建设中亟待解决的重大难题和本学科领域发展前沿，不断地研究新问题，探索新发明，进行新创造。在机械设计理论、材料制备技术与装备等方面进行的开拓性研究与工程实践，为我国相应科技领域的发展做出了重要贡献。

2.1.1　基础研究与技术发明

（1）担任973项目"提高铝材质量的基础研究"首席科学家，组织国内高校、研究院、企业的百余专家针对国家重大需求，从铝土矿浮选、冶金、材料、加工等铝材制备全过程开展基础研究，形成多项理论成果、技术发明，将我国冶金用铝土矿保证年限由20年提高到60年，电解铝和氧化铝节能20%，国家重大工程用重要铝合金性能提高10%，全面推动我国铝工业的技术进步和结构调整，项目科技成果转化生产力三年增加利润97亿元，2007年获国家科技进步一等奖。

（2）提出轧机变相单辊驱动理论与技术。发现并论证轧机驱动系统的异常严重损坏是因为其间出现巨大附加力流，应用这一认识论证了武钢引进新日铁热连轧机不能投产的异常重大故障是日方技术造成系统中出现异常附加载荷，据此向日方技术索赔成功。基于此理论提出轧机单辊驱动技术，从本质上消除了巨大力流产生机制，根除了轧机异常损坏问题，产品品质和成品率提高25%～30%，已在冶金机械等5个行业应用，1985年获国家首次颁发的国家科技进步一等奖。

（3）将电磁场引入铝材铸轧过程，提出了铝合金电磁铸轧理论，发明了电磁铸轧技术与装备，为高性能铝材生产创造了一种新的节能、高效、高品质生产方式。建立电磁铸轧理论与发明技术装备系统。发现铝合金在电磁场环境下凝固与轧制，可以获得等轴细晶和良好晶界组织的规律，发明了铝合金电磁铸轧技术与装备，使铸轧铝板晶粒度达到一级，强度、可加工性分别提高 10% 和 30%，解决了我国对量大面广高性能铝热轧板需求问题，在有色加工行业应用，2002 年获国家技术发明二等奖。

（4）提出复杂机电系统耦合设计理论与方法，为现代复杂机电系统的设计提供了理论基础，在机械与制造学科中产生重要影响并被广泛采用，促进了复杂机电装备设计与运行监控理论的发展，被国家自然科学基金委制造学科纳入"十一五"战略规划。2007 年出版专著《复杂机电系统耦合设计理论与方法》。

（5）发明高效短流程快速铸轧技术与装备，将铸轧生产速度提高为原来的 2～4 倍，晶粒细化，产品强度提高 10%，推动我国铸轧技术的提升和扩大可加工铝合金品种，获省部级科技进步一等奖、中国高校 2001 年十大科技进展。

2.1.2　技术创新与工程应用

（1）完成我国大型铝加工生产线的高技术改造工程研究，建成我国第一条现代化铝板生产线，1995 年获国家科技进步二等奖。

（2）完成特薄优质铝板技术开发研究，结束我国不能生产高性能特薄铝板状态，1996 年获国家科技进步奖二等奖。

（3）开发系列金属塑性加工新型润滑剂，已覆盖国内 40% 铝加工厂，1998 年获省级一等奖。

（4）为解决国防制造能力发展的需要，对亚洲唯一的 3 万吨水压机进行功能升级，全面提升了水压机的高效高精度锻造能力和锻件质量，解决了重要国防武器装备大型构件不能制造的难题，获部级科技进步一等奖。

（5）承担国防重要大型锻件模具原型设计与研制，解决了大型复杂锻件金属流线连续，无损伤脱模等技术难题，提供的模具设计技术，已应用于××型号火箭的重要锻件制造。

（6）研制系列有色金属加工高效润滑剂，同时提升了材料品质和生产效率，1998 年获省部级科技进步一等奖。

2.1.3　参加国家与部委科技发展规划战略研究与成果

（1）参加国家中长期科技发展规划战略研究，提出"极端制造"概念和理论框架，"极端制造技术"列入《国家中长期科技发展规划》第五部分前沿技术，重点科学前沿问题"极端环境下制造的科学基础"列入第六部分基础研究中，并在国家有关科技计划中体现。

（2）参加国家 973 计划"十二五"发展战略研究，负责制造学科内容撰写，并建议 973 计划设立制造领域，获得批准。

（3）参加国家自然科学基金委"十一五/十二五"发展战略研究，负责制造学科发展规划战略研究，已编撰出版《机械与制造科学——学科发展战略研究报告》和《机械工程学科发展战略报告》。

（4）参加国家发改委"十一五/十二五"《振兴我国装备制造业的途径与对策》、教育部、有色金属工业、国防工业等行业部门中与制造和装备相关的中长期发展规划的研究和制定。

2.1.4 实验室建设

（1）在经费短缺条件下，艰苦奋斗，带领大家一起将萌芽的创新思维建成实验研究系统，如"电磁扰动金属结晶与形变""界面微尺度热传导规律"等 10 余台套实验系统，建成中国有色金属总公司"摩擦与润滑"重点实验室、国内唯一的属学科前沿探索的"快速铸轧"实验室。

（2）在钟掘院士的带领和精心指导下，通过整合资源和凝聚力量，先后建成教育部"铝合金强流变技术与装备工程研究中心"和现代复杂装备设计与极端制造教育部重点实验室。

（3）钟掘院士作为制造学科学术领军人物，带领我校制造学科群的主要学术带头人组成精锐团队，成立了高性能复杂制造实验室。该实验室是我国国防军工高性能构件制造、高速列车气动外形和螺旋锥齿轮等复杂曲面设计制造、新兴的微电子光电子等微结构制造、复杂装备设计理论创新的重要研究基地，为我国高端制造的发展做出了巨大的贡献。2011 年，该实验室获批立项建设国家重点实验室。

（4）钟掘院士承担的国家产业跃升计划项目"高性能铝材工程化研究与创新能力建设"，项目总经费 8 亿元，将建成第一个国家大型高性能铝材/构件制备技术工程试验研究和创新能力建设基地。

2.2 学术带头人

白玉衡(1907—1970)，男，汉族，山西清徐人，1935 年日本京都帝国大学研究院采矿机械研究生肄业。历任广东省立勷勤大学、广东省立文理学院教授，广西大学教授、总务长、系主任等职。中华人民共和国成立后，1949—1952 年，曾任广西大学教授、校务委员会常务委员、工会副主席、代主席。1952 年调入中南矿冶学院后，先后任教授、采矿工程教研组主任、采矿系副主任、系主任兼矿山机械设备教研组主任、矿冶机电系主任等职，研究生导师。兼任湖南省人民委员会委员，民盟湖南省委委员，湖南省人民代表，中南矿冶学院院务委员会常委，中南矿冶学院工会主席，《中南矿冶学院学报》编委，中国科学院矿冶研究所学术委员会委员及研究员，国家科委矿山机械组组员等职。多次被评为校先进工作者，1960 年被选为湖南省文教系统群英大会特约代表。

白玉衡教授 1926 年公费留学日本至 1935 年回国，历时 10 年。回国后，先后从事地质、采矿、机械等领域的教学与研究工作，曾在广西发现探明锌、钨矿床，编著有《采矿工程学》《矿山测量》《采煤机械》等教材。在中南矿冶学院工作期间，从事采掘机械、机械专门化、企业设计原理等课程讲授及其教材编写，校译了苏联的《采矿手册》。培养指导研究生 5 人，主持冲击凿岩理论研究和小直径轻型高效率凿岩机的科研项目，带队参加湘东钨矿机械化作业线研制和快速掘进方案的制订，为创造国内独头巷道月掘进新纪录做出了重要贡献。

郑仲皋，男，汉族，湖南澧县人，1946 年武汉大学机械工程专业毕业，获学士学位。历任武汉大学机械系助教，湖南大学、北京工业学院讲师。1953 年调入中南矿冶学院后，1959—1960 年在重庆大学随苏联专家进修冶金机械专业，曾任中南矿冶学院讲师、副教授、兼职教授，机械教研组主任、冶金机械教研室主任、矿冶机电系副主任、机械系副主任等职，研究生导师。1983 年调至长沙交通学院担任教授，继续指导研究生，并为中青年教师讲授课程，1992 年退休。在中南矿冶学院期间，曾兼任中南矿冶学院院务委员会委员，《中南矿冶学院学报》编委，校学术委员会委员，全国机械传动学会理事，湖南省机械工程学会副理事长，长沙市机械工程学会副理事长等职。在本校和长沙交通学院期间，曾先后被评为学校先进工作者、湖南省优秀教师和交通部优秀教师，享受政府特殊津贴。

郑仲皋教授长期从事机械工程领域的教学与研究工作，在本校期间，曾系统讲授过机械制图、理论力学、材料力学、机械原理、机械零件、轧钢、炼铁、炼钢、机械振动、冶金机械动力学、弹塑性力学及有限元法、机械系统动力学等数门专业基础和专业课程，教学效果显著，曾获得学校优秀教学成果奖。编写了《仪器机构精度分析》《四辊轧机》《机械系统动力学》《冶金机械动力学》等教材和讲义。20 世纪 50 年代在齿轮啮合理论方面进行了大量的研究，公开发表数篇学术研究论文，在机械振动和系统动力学方面进行了系统深入研究，其研究成果得到广泛应用。

梁在义（1916—1989），男，汉族，湖南长沙人，1943 年湖南大学机械工程专业毕业，曾在工厂担任技术工作、当过中学教师，1945—1953 年在湖南大学机械系任助教。1953 年调入中南矿冶学院后，历任中南矿冶学院助教、讲师、副教授，机械组制图分组组长，机械制图教研室主任等。曾被评为学校社会主义建设积极分子。由于长期身体不好，1975 年开始因病休养。

梁在义老师长期从事工程图学的教学与研究工作，主要担任画法几何、机械制图等课程的教学工作，多次编写画法几何与机械制图的教材讲义。在教学上一贯认真负责，教学内容精练、质量高。担任制图教研室主任期间，组织全室教师开展一系列教学法活动，主动给年轻教师传授教学经验，为提高教学质量做出了贡献。对于多维画法几何进行了深入全面的研究，发表过数篇研究论文，其中《超平面投影法及图解 n 元线性方程》一文具有独特见解和创造性，实用价值较高，1964 年被国家科委授予成果公布奖。

古　可，男，汉族，1934 年出生，广东五华人，1960 年毕业于北京钢铁学院（现北京科技大学）。历任中南矿冶学院助教、副教授，中南工业大学教授、机械研究所所长，1986 年经国务院学位委员会批准为博士研究生导师，1987 年筹建深圳市金达科技中心（中南工业大学与重庆西南铝加工厂合办）。1984 年被国家科委授予"国家级有突出贡献的科技专家"称号，1990 年被国家教委、国家科委授予"全国高校先进科技工作者"称号。曾担任中南矿冶学院学术委员会委员，全国政协第七届至第九届政协委员，深圳市政协副主席，深圳市科协主席等职，享受国务院政府特殊津贴。

古可教授长期从事冶金机械的教学与科研工作，20 世纪 70 年代以来，共完成重大科技项目 10 多项，获国家科学技术进步一等奖、二等奖各 1 项、省部级科技成果奖励 6 项，发表学术论文 50 余篇、科学专著 2 部、译著 1 部。与钟掘教授合作研究，提出了变相单辊驱动理论，揭示了箔带轧制中的力学特性及其特殊的轧制规律，其研究成果于 1985 年获国家科技进步奖一等奖。作为研究生的指导教师，他在教书育人、教学改革方面也很有成就，其教学改革成果受到同行专家的高度赞赏，获得省部级教学成果奖 2 项。培养博士、硕士研究生 10 多人。

杨襄璧，男，汉族，1933 年出生，辽宁铁岭人，1957 年东北工学院矿山机电系毕业分配来中南矿冶学院工作。历任中南矿冶学院助教、讲师、副教授，中南工业大学教授、机械研究所党支部副书记、书记，液压机械工程研究所所长，1990 年经国务院学位委员会批准为博士研究生导师。曾兼任中国有色金属学会冶金设备学会理事，全国凿岩机械与气动工具标准化技术委员会委员，中国凿岩机械气动工具工业协会理事，《凿岩机械气动工具》编委会第一副主任。被授予"湖南省优秀科技工作者"称号，享受国务院政府特殊津贴。

杨襄璧教授长期从事矿山机械、工程机械的教学与科研工作，在液压凿岩理论和技术方面造诣颇深，提出了液压冲击机构设计的抽象变量理论，形成了具有自己特色的理论体系和设计计算体系，对液压凿岩设备的新结构和新原理有精深的研究，发明了"自动换挡液压凿岩机"和"无级独立调节冲击能和频率的液压冲击机构"等，为液压凿岩设备的技术进步做出了贡献。在所主持的研究项目中，获国家发明三等奖 1 项，国家科技进步三等奖 1 项，省部级科技成果奖励 12 项，开发了 4 类 12 个品种的液压凿岩设备新产品，填补了国内的空白。发表论文 90 余篇，专著 1 部，取得国家专利 32 项。培养博士后 1 人，博士研究生 12 人，硕士研究生 10 多人。

朱启超（1930—2002），男，汉族，湖南常德人，1953 年湖南大学机械制造专业毕业分配来中南矿冶学院任教，1955—1957 年在北京矿业学院随苏联专家进修矿山机械专业。历任中南矿冶学院（中南工业大学）助教、讲师、副教授，校保密委员会秘书，系教工团总支书记，矿山机械设备教研组副主任，机电系党总支委员，校附属工厂副厂长，校师资科副科长，机械系第一副系主任（主持工作），矿机教研室主任等职，硕士研究生导师。曾兼任湖南省机械工程学会理事，湖南省工程机械学会副理事长等职。多次被评为校先进工作者和优秀共产党员。

朱启超老师长期从事机械学科专业的教学与科研工作，先后讲授过画法几何与机械制图、机械零件、矿山运输机械、矿山装载机械等本科生课程，并为本科生开出矿山机械的行星齿轮传动原理等选修课程，为研究生开设了随机振动与谱分析、钻孔机械的基础理论等课程，培养了 3 名硕士研究生。主编与参编了《矿山运输机械》《矿山装载机械》等教材和讲义，作为主审参加了"矿山机械使用维修"丛书之《矿山钻孔设备使用维修》的编写工作。参加了斗轮机和搅拌机的设计与改进工作，公开发表"提升机行星减速器重量的数学模型""无阀气动内回转凿岩机凿入系统最优参数匹配的研究""气动内回转凿岩机轴推力的理论研究""铲运机运输矿石的新方案"等数篇研究论文。

卢达志（1926—2006），男，汉族，湖南邵阳人，1951 年武汉大学机械制造专业毕业后留校任助教，1953 年调入中南矿冶学院。历任中南矿冶学院（中南工业大学）助教、讲师、副教授、教授，实习工厂教学小组主任，附属工厂副厂长，金属工艺学教研室主任，机电系副主任、党总支委员，机制教研室主任、党支部书记等职。曾兼任中央广播电视大学金属工艺学课程主讲教师，湖南省机械工程学会理事，湖南省金工学会理事长及名誉理事长，中南地区金工教学研究会副理事长，全国金工研究会筹备委员，湖南省总工会科技协作委员会委员，《金工教学研究》期刊编委等。

卢达志教授长期从事金工教学和研究工作，并长期主持金工实习和金属工艺学的教学资料和教材的编写工作，为学校金工实习基地建设和发展做出了重要贡献，多次被学校评为先进工作者。在担任省金工学会理事长期间，积极组织对省内青年教师的培训，加强省内外同行的学术交流，扩大了学校在国内同行中的影响力。先后讲授过金属工艺学、金属切削、锻造工艺学、专业外语等5门课程的，所主参编、主审的《金属工艺学实习指导书》《机械加工工艺基础》《非机类金属工艺学》等教材得到广泛使用，参与编写并讲授的中央广播电视大学电视教学片《金属工艺学下册》在中央电大1987年及1989年音像教材评比中两次获奖。所承担的科研项目中，"球墨铸铁刀体机夹端铣刀"在企业得到推广应用；"热嵌固齿钎头"使柱齿钎头的使用寿命接近当时的世界先进水平，获省级科技进步三等奖；"用废铝镁合金铸造球墨铸铁""利用电火花加工在硬质合金刀片上冲孔和研磨""离子氮化炉的研制"等也在实践中获得实际应用，对生产做出了积极贡献。

王庆祺（1932—2011），男，汉族，江苏太仓人，1954年东北工学院矿山机械制造专业毕业后留在该校机械系任助教。1959年调入中南矿冶学院，先后任中南矿冶学院（中南工业大学）助教、讲师、副教授、教授，机电系教学助理，机械系第一副主任（主持工作），校学术委员会委员，机械原理及零件教研室主任等职。曾兼任湖南省机械工程学会理事，湖南省机械传动与设计学会副理事长，湖南省机械设计教学研究会副理事长等。

王庆祺教授长期从事机械设计领域的教学与研究工作，曾先后讲授过机械零件课程、起重运输机、机械原理、机械原理零件和应用摩擦学等多门课程，基础理论丰富，知识面广，教学水平高。主编和参编了《机械零件》《机械基础知识》《机械传动装置，齿轮蜗杆减速器设计》《机械设计》《机械设计课程设计指南》等多部教材，其中公开出版3部。指导本校和外校教师进行教学法文件的制订、教材和设计资料的编写与修改工作，参加研究生的指导工作，曾主持制订机械工程、矿山机械、冶金机械等专业的教学计划。编译出版译著1部，参加编撰的《机械设计手册》获得全国科学大会奖和全国优秀畅销书奖。承担多项机械设备的开发研制工作，其中ZYQ-14轮式装运机和DQ2020斗轮机均研制成功并量产，运行性能良好。还完成了诺维柯夫齿轮传动、定向钻井用螺杆钻具、烤烟机等的设计研究工作，发表《斜齿圆柱传动承载能力与参数 m. z. β 的关系》《斜齿圆柱传动表面强度的承载能力》《轴的疲劳强度计算》等数篇研究论文。

夏纪顺(1922—2018)，男，汉族，湖南溆浦人，1952 年广西大学采矿专业毕业分配来中南矿冶学院任教，1956—1957 年在北京矿业学院随苏联专家进修矿山机械专业。历任中南矿冶学院(中南工业大学)助教、讲师、副教授、教授，矿山机械设备教研组秘书、实验室主任，校工会秘书，采掘机械、矿山机械实验室主任，矿山机械教研室主任，系部门工会主席，校工会副主席，机械系代主任，校学位评定委员会委员，校学术委员会委员，硕士研究生导师。曾兼任湖南省金属学会理事、常务理事，湖南省机械工程学会理事，机械委标准审查委员会委员，机械委高校教材编审委员会委员，《凿岩机械与风动工具》期刊编委等。多次被评为校先进工作者和校工会积极分子。

夏纪顺教授长期从事矿山机械领域的教学与研究工作，主要讲授采掘机械、矿山机械、凿岩机械、钻孔机械等本科生课程，编写过"矿山机械""凿岩机械""露天采掘机械"等讲义，编审公开出版的教材有《采掘机械》《矿山机械：钻孔机械部分》等，并指导外校进修教师和培养硕士研究生 10 多名。长期担任矿机实验室主任工作，实验室建设初期，组织制作了大量大型矿山机械装备的木质模型和教学挂图，工作受到苏联专家高度评价，为实验室建设与管理工作了数十年，做出了较大贡献。主编了《采矿手册(第 5 卷)》，主审了 3 部出版发行的矿山机械维修手册，参与了中国有色金属工业总公司矿山工业十年规划、冶金地下矿山机械化调查及发展规划、湖南省冶金矿山机械发展规划等的制订工作，曾多次被评为优秀学会工作者，获得多项科技成果奖励，在同行中具有较高的声誉和影响力。

程良能，男，汉族，1928 年出生，湖北鄂城人，1952 年武汉大学机械制造专业毕业分配来校任教。历任中南矿冶学院(中南工业大学)助教、讲师、副教授，机械教研室副主任、主任，冶金机械教研室副主任、主任，党支部副书记，机械系第一副主任，党总支委员等。曾兼任中国有色金属学会冶金设备学术委员会委员。先后 10 多次被评为学校"五好教师""先进教师"和"先进工作者""优秀共产党员"。

程良能老师长期从事机械设计和冶金机械的教学与研究工作，讲授过机械制图、机械原理、机械零件、结构力学、起重运输机械、仪表设计基础、有色重金属冶炼设备、机械动力学、专业外语等课程，主编和参编有《有色重金属冶炼设备》《专业科技英语》《机械原理及零件》《机械基础》《有色金属冶炼机械设备》等教材和讲义，编译有"通用设备""出口机床说明书"等外文学习和参考资料。组织和指导校内外青年进修教师 10 余人，参与制订研究生培养计划等指导工作。曾主持制订机械原理零件和冶金机械实验室的建设规划，参与了数个实验台的设计及调试工作。作为编委会副主委和第一卷主编参加编撰的专著《有色冶炼设备(第一、二、三卷)》获部级科技进步二等奖，主编的教材

《机械零件课程设计：齿轮、蜗杆减速器设计》由湖南科学技术出版社公开出版发行。承担并完成了武汉冶炼厂、湘潭电缆厂等单位"落地式加料机的设计与研制"等科研项目，发表有《讲授方法十要》等教学研究论文。

齐任贤，男，汉族，1926 年出生，湖南湘潭人，1952 年湖南大学矿冶系毕业分配来中南矿冶学院任教，1955 年在北京矿业学院随苏联专家学习矿山机械。历任中南矿冶学院（中南工业大学）助教、讲师、副教授，机械设备教研组实验室主任、教学小组组长，矿山机械教研室科研干事等，硕士研究生导师。多次被评为学校先进工作者。

齐任贤老师长期从事矿山机械和液压技术的教学与研究工作，多次担任矿山通风排水设备、矿山压气设备、矿井固定设备、水力学、冶金厂给水送风、水力学泵鼓风机、液压与液力传动等课程的理论教学、教材编写等教学环节的工作，组织和参与了压气通风排水设备、液压与液力传动等实验室的建设工作。培养硕士研究生 4 名，主编和撰写的高校教材《液压传动和液力传动》和专著《液压振动设备动态理论和设计》，公开出版发行。在企业对水泵和风动凿岩机等设备进行过深入研究，提高了设备生产效率，参与承担了国家重点项目"平巷掘进全液压机械化作业线"和"CGJ-2Y 型全液压凿岩台车"的设计研制工作。由于在教学科研工作的突出表现，他成为学校"文化大革命"后首批晋升的副教授之一，也是本学科"文化大革命"后首个招收研究生的研究生指导教师。

梁镇淞（1930—2018），男，汉族，广西容县人，1953 年广西大学内燃机专业毕业分配来校任教。历任中南矿冶学院（中南工业大学）助教、讲师、副教授、教授，制图教研组教学科研干事，机械原理零件教研室副主任，校学术委员会委员等，硕士研究生导师。曾兼任全国机械原理教学研究会理事，湖南省机械原理教学研究会理事长等。多次被评为学校先进工作者并多次获得教学优秀奖，享受国务院政府特殊津贴。

梁镇淞教授长期从事机械设计领域的教学与研究工作，为本科生、研究生和中青年教师讲授过热工学、机械原理、机械零件、统计物理、热力学、制图及画法几何、最优化设计、运动学和机构设计、振动分析基础、机械动力学等 10 多门课程。主持进行的机械原理与零件课程改革，从教学内容和方法上均做了大量工作，所建立的"原理、零件实物实验室"获中国有色金属工业总公司教学改革特等奖，原理零件教研室也被国家教委评为全国高校先进集体和先进实验室、湖南省教委先进集体等奖励。领衔承担的"机械原理及机械零件课程教学内容、方法改革的探索与实践"获得国家级优秀教学成果奖，在机械原理与零件课程教学改革上成绩卓著，做出了显著贡献。培养硕士研究生 1 名，指导进修教师和中青年教师 10 余名。承担的科研项目"CS492Q 型汽车发动机配气机构改进设计"获湖南省科技进步三等奖，公开发表有《曲面立体椭圆截断面的主轴画法》《〈机械原理〉课程教学改革实验》等数篇科研与教学研究论文。

钱去泰（1926—2018），男，汉族，湖南长沙人，1948 年国立中央大学机械系四年制大学毕业后，曾在湖南工业学校、汉口汽车制造学校等任教。1953—1956 年在哈尔滨工业大学铸造专业读研究生，毕业后在长春汽车拖拉机学院机械系任教。1959 年调入中南矿冶学院后，历任讲师、副教授，金属工艺学教研室副主任，机电系系主任助理、校学术委员会委员，中南工业大学教授、机械制造教研室主任等职，硕士研究生导师。曾兼任湖南省机械工程学会理事、常务理事、副理事长、副秘书长，湖南省金工学会理事长，中国铸造学会理事，湖南省铸造学会理事长、荣誉理事长，长沙市机械工程学会常务理事、副理事长、学术委员会主任，民盟湖南省委外联委委员、科技委主任，民盟中南工业大学主委等。多次被评为校先进工作者、中国机械工程学会优秀工作者、湖南省机械学会积极分子、长沙市科协先进个人等，享受国务院政府特殊津贴。

钱去泰教授长期从事机械制造领域的教学与研究工作，先后为本科生主授过理论力学、材料力学、铸造生产、铸造合金及其熔炼、金属工艺学、金属材料及热处理等 8 门课程，为研究生开设并讲授铸造合金性能课程，所编写的《机械工程材料》和《冲天炉熔炼技术》教材为多所院校相关专业采用。培养硕士研究生 5 名，指导校内外进修教师 7 人。主持承担的耐磨铸铁成果获得两项华中电力局科技成果二等奖，"MTCr15Mn2W 高铬铸铁砂泵耐磨件的研制"获得部级科技成果二等奖，所研制的稀土镁球铸造机夹刀体技术成功转让企业生产。发表有《引人注目的高铬铸铁热处理新工艺》等数篇研究论文，在"耐磨铸铁"研究上取得显著成果，曾多次主持全国性铸造行业学术会议，在业内有较大影响和声望。

贺志平（1926—2014），男，汉族，湖南宁乡人，1953 年湖南大学机械制造专业毕业分配来中南矿冶学院任教，1954 年在上海交通大学起重运输机械专业进修。历任中南矿冶学院（中南工业大学）助教、讲师、副教授、教授，机械制图教研室副主任、主任，机械系学术委员会委员兼秘书等。曾兼任中国工程图学学会应用图学专业委员会委员，湖南省工程图学学会副理事长、理事长，《工程图学学报》编委等职。

贺志平教授长期从事工程图学及机械领域的教学及研究工作，先后讲授过画法几何、机械制图、起重运输机械、机械设计、计算机绘图等课程，为校内外教师讲授了仿射几何课程，编写了"画法几何""起重运输机械"等讲义，公开出版了《画法几何及机械制图》及《画法几何及机械制图习题集》等教材和专著《仿射对应及其应用》，主审外校教师编写的 3 部教材。曾承担和参加过 15m 回转窑、T-25 简易钻架、SG-90 小花片切片机、XL2 个型号商业专用汽车的设计和研制工作，所研制设备均已在生产中得到应用。在仿射几何研究上取得较大成果，为工程图学的研究和发展做出了贡献，在同行中具有一定影响力。

李仪钰（1925—2017），男，汉族，湖南沅江人，1956 年北京矿业学院矿山机械设备研究生毕业分配来中南矿冶学院任教。历任中南矿冶学院（中南工业大学）助教、讲师、副教授、教授，矿山机械教研室副主任，硕士研究生导师。曾兼任中国有色金属学会采矿学术委员会矿山机械及自动化学组副组长，湖南省标准化协会理事等。多次获得学校教学优秀奖，1989 年被评为学校优秀教师和湖南省优秀教师。

李仪钰教授与公司长期从事矿山机械领域的教学与科研工作，主要为本科生讲授的课程有矿山提升设备、矿井提升机械、提升运输机械、机械动力学、泵与鼓风机等，为研究生及进修青年教师讲授了有限元法等课程，指导硕士研究生和培训进修教师多名。主编有《矿井提升机械》《矿山提升运输设备》等教材，主审有《矿山提升机械设计》《矿井提升设备使用维修手册》等 3 部教材和手册，参加了《采矿手册（第 5 卷）》及《中国冶金百科全书（采矿卷）》的编撰工作，编译与校对的公开出版著作有《矿山提升设备》和《矿山用钢丝绳》。主持建设了国内第一个多绳摩擦提升机模拟实验室，并主持过全国提升、运输领域学术会议，多次被评为冶金部和机械部设备科技情报网积极分子，在同行中有较大影响，威望较高。先后指导设计多种型号的矿井提升绞车，公开发表数篇学术研究论文。

周恩浦（1931—2017），男，汉族，江苏江都人，1955 年北京矿业学院机械系毕业分配来中南矿冶学院任教。历任中南矿冶学院助教、讲师、副教授，采矿系系主任助理，中南工业大学教授，机械系部门工会主席等，硕士研究生导师。曾兼任中国矿山机械协会破磨设备专业分会副理事长，桂林矿山机械厂技术顾问等职。多次被评为学校先进工作者，获学校教学优秀奖。

周恩浦教授长期从事矿山机械领域的教学与研究工作，先后讲授并编写了采掘和运输机械、破碎与筛分机械、选矿机械等课程及其教材和讲义，培养硕士研究生 4 名。编著出版《矿山机械（选矿机械部分）》高等学校教学用书，参加编撰的《机械工程手册(第 66 篇)》获得全国科学大会奖和全国优秀科技图书一等奖,作为主审参加了矿山机械使用维修丛书之《破碎粉磨机械使用维修手册》的编写工作,出版了专著《粉碎机械的理论与应用》。在选矿机械领域进行了几十年持续深入的研究,先后研究了提高颚式破碎机性能的途径、圆锥破碎机的运转可靠性、冲击破碎机的运动学及动力学、冲击破碎的粉碎效率与参数、球磨机内钢球的动力学及性能参数、球磨机衬板断面形状与磨碎效率等课题。设计了球磨机、各种规格的改进型复摆颚式破碎机、冲击颚式破碎机、节能型立式冲击粉碎机(获国家专利)、惯性破碎机等。其中球磨机获中国有色金属工业总公司科技进步奖、250×400B 型复摆颚式破碎机获广西新产品成果奖。发表研究论文《锤式破碎机锤头的动力学及锤头运动的稳定性》《球磨机性能参数的研究》等 70 余篇,在同行中具有较高的声望和知名度。

吴建南,男,汉族,1933 年出生,江苏常州人,1955 年北京矿业学院矿山机械制造专业毕业分配来校任教,1957—1958 年在北京矿业学院进修露天运输机械和矿山设备修理安装。历任中南矿冶学院助教、讲师,机制工艺教研组教学干事,机电教研室教学干事,矿山机械教研室教学干事,矿山机械教研室副主任等,中南工业大学副教授,矿山机械教研室副主任,机械系副主任,硕士研究生导师。曾获学校教学优秀奖和被评为学校优秀教师。

吴建南老师主要从事机械工程和矿山机械的教学与研究工作,曾担任几个教研室的教学干事、教研室教学主任和主管教学的系副主任数十年,在专业建设和教学改革方面做出了较大成绩。先后承担本科生及进修教师画法几何与机械制图、机械零件、公差配合与矿山机械制造工艺学、矿山设备修理安装、矿山装载机械等课程讲授及其各环节的教学,培养指导外校进修教师 2 名和硕士研究生 3 名。编写《矿山设备修理安装》《机械制造基础》《矿山装载机械》《矿山装载机械补充教材》等教材及讲义,参加了高等学校教学用书《矿山机械(装载机械部分)》《矿山装载机械设计》《采矿手册(第 5 卷)》等书的编写工作,参加了《金属矿采矿设备设计》《矿山机械底盘设计》《矿山机械(装载机械部分)》等出版教材和著作的审稿工作。参加冶金工业部组织的"地下矿山机械化调查"项目获部级科技成果奖,研制的新型斗轮机和气动装运机均已投入生产,有关参数被编入设计手册。公开发表《斗轮堆取料机工作装置优化数学模型的确定》等研究论文数篇。

宋渭农（1934—1993），男，汉族，湖南双峰人，1959年大连工学院机械制造工艺及设备专业毕业分配来中南矿冶学院任教。历任中南矿冶学院（中南工业大学）助教、讲师、副教授、教授，液压传动与控制教研组及实验室主任，机械系部门工会委员，机械工程系副主任，硕士研究生导师。曾兼任湖南省机械工程学会流体传动与控制专业委员会副主任委员，中国有色金属学会液压与气动学术委员会委员。

宋渭农教授长期从事机械制造和液压技术领域的教学与研究工作，为研究生、本科生和进修教师讲授画法几何、金属工艺学、机制工艺、液压传动、液力传动、控制理论与液压控制系统、液压伺服系统的设计与分析、机械控制工程等10余门课程，指导硕士研究生6名。编写有"液压流体力学"和"液压传动补充"等讲义，知识面广，教学效果好，在液压系统课程建设和液压实验室建设上做出了显著贡献。他还承担过多项科研项目，其中作为负责人之一所承担的"2MMB7125精密半自动周边磨床"研制项目获得部级科技成果三等奖，在国家重大项目"2800铝带轧制生产线改造工程"中所承担的液压系统设计达到国际先进水平。为湖南省情报研究所翻译了20多万字的进口设备的英文资料，公开发表了《硬质合金可转位刀片周边仿形磨削原理及仿形凸轮的设计》等数篇研究论文。

陈贻伍，男，汉族，1937年出生，安徽黄山人，1960年北京钢铁学院冶金机械专业毕业分配来校任教。历任中南矿冶学院助教、讲师，冶金机械教研室副主任，中南工业大学副教授、教授，冶金机械教研室副主任，机械系副主任，机电工程学院副院长等。曾兼任湖南省机械工程学会传动分会理事，中国有色金属学会冶金设备学术委员会压力加工设备专业委员会委员。曾获学校教学优秀奖并被评为先进工作者。

陈贻伍教授长期从事冶金机械领域的教学与研究工作，曾讲授冶金起重运输机械、机械原理及零件、金属塑性变形与轧制原理、塑性变形力学基础与轧制原理、计算机控制系统、板带加工机械设计、轧钢机械设计等课程，主编和参编了《计算机控制系统》《拉伸设备》《板带生产设备》《冷轧管机》《四辊冷轧机》等教材讲义，辅导数名研究生及青年教师的教学工作。作为编委会委员主编了专著《有色金属冶炼设备》第三卷、参编了第一卷，该专著获部级科技进步二等奖。编译出版译著《机械零件设计原理》，参与了"液压式半连续铸锭机""Cu阳极板自动定量浇注系统设备"等国家标准的制订和审查。主持和参加了多个企业技术改造项目和科研项目的设计研制工作，发表有《力流法及其在机械设计中的应用》《桥式加料机立柱系统的计算》等数篇研究论文。

高云章，男，汉族，1936 年出生，辽宁沈阳人，1960 年于北京钢铁学院冶金机械专业毕业分配来中南矿冶学院任教。历任中南矿冶学院(中南工业大学)助教、讲师、副教授、教授，机械制图教研室教学干事，机械系计算机辅助设计室主任，机械综合实验中心主任等，硕士研究生导师。

高云章教授先后从事工程图学和冶金机械领域的教学与研究工作，为本科生主授过画法几何、机械制图等课程，为研究生和本科生首先开设并讲授机械优化设计方法和弹性力学有限元法等课程。编写有《机械优化设计》教材讲义，参加编写公开出版的教材有：高等学校教学用书《机械优化设计方法》。培养硕士研究生 14 名，多次承担外校教师和企业技术人员的技术培训工作。组织并实施了系计算机辅助设计实验室的建设及实验课程设置工作，为促进计算机在本学科教学科研中的应用做出了积极贡献。主持承担的科研项目"SGD-320/18.5 型刮板输送机"获得湖南省科技成果四等奖，研制的扒渣机在多家企业生产中得到应用。还承担过"多辊冷轧管机的优化设计""新型弧形连续铸钢设备及其飞剪的设计研制"等多项科研课题，发表研究论文《周期式二辊冷轧管机垂直平衡机构参数的最优选择》《摆式飞剪的系统测试及分析》等 20 余篇。

李 坦，男，汉族，1935 年出生，河南商城人，1960 年北京钢铁学院冶金机械专业毕业分配来中南矿冶学院任教。历任中南矿冶学院助教、讲师，冶金机械实验室主任，中南工业大学副教授、教授，冶金机械教研室主任，机器人研究中心主任，硕士研究生导师。曾兼任湖南省力学学会流体控制工程专业委员会副主任等，多次被评为学校先进工作者和优秀共产党员。

李坦教授长期从事机械学、液压技术和机器人工程的教学与研究工作，曾担任过机械原理及零件、液压传动、液压伺服系统、冶金机械动力学、自动控制原理、机器人学、机械控制工程等本科生和研究生的教学工作，所编写的《液压传动》《液压伺服系统》教材被多所院校相关专业采用。组织设计并实施建成"轧机压下系统液压伺服模拟实验台"等实验系统，组织建设了机器人研究中心，为机器人的研究与发展做出了贡献。培养了硕士研究生和青年教师 10 余名，主持完成的科研项目"CS492Q 型汽车发动机配气机构改进设计"获省科技进步三等奖、"CS-1 双臂工业机器人研制及铍铜合金生产过程机构自动化"获部级科技成果二等奖，还承担了"电葫芦行星减速器设计""大型液压辊式破碎机测试与分析"等多项科研项目。在国内外发表有《负载自造应式位置控制电液伺服系统设计》、*The Robot Engineering for Occupational Accident* 等 40 余篇研究论文。

孙宝田，男，汉族，1936 年出生，北京市人，1960 年北京钢铁学院冶金机械专业毕业分配来校任教。历任中南矿冶学院助教、讲师，冶金机械实验室主任，中南工业大学副教授、教授，冶金机械教研室主任，连续挤压研究中心副主任等，硕士研究生导师。曾兼任中国现代设计法理事，宝应振动仪器厂、黄岩科学仪器厂顾问。多次获学校教学优秀奖和被评为学校优秀共产党员。

孙宝田教授长期从事冶金机械领域的教学与研究工作，曾讲授机械原理零件、机械制造基础、有限单元法、机械测试技术、机械振动测试与分析等课程，编写了《有限单元法》《机械振动测试与分析》等本科生和研究生用教材，出版译著《机械测试研究译文集》。参加筹建了机械原理零件实验室，主持建成冶机测试技术实验室，开出本科生及部分研究生的教学实验。培养了 10 名硕士研究生和一批实验人员及青年教师。承担了 10 多项科研项目的研究，如作为机械设备研究及设计总负责人承担了国家"七五"重点科技攻关项目"软铝加工新工艺新设备——连续挤压研究"，该项目获国家科技进步三等奖、国家"七五"科技攻关重大科技成果奖和部级科技进步一等奖；负责研制的射流控制全自动六角机床在省成果展览会上展出；设计的加热炉扒钢机和链条浸油浸蜡机均在企业得到很好的应用。公开发表有《CONFORM 机的主轴及其扭矩波动》等研究论文 20 余篇。

胡昭如，男，汉族，1936 年生，湖南资兴市人，1960 年中南矿冶学院矿山机电专业毕业后留校任教，1960—1961 年在西安交通大学锻压、焊接专业进修。历任中南矿冶学院助教、讲师，机械制造实验室主任，机械制造教研室副主任、主任，中南工业大学副教授、教授，机械制造教研室主任等。曾兼任湖南省教委省级重点课评估专家组成员，湖南省高校《金工实习》评估委员会副主任，中南五省金工研究会副理事长，湖南省机械工程学会常务理事，湖南省金工学会理事长，湖南省热处理学会常务理事等职。多次被评为学校先进工作者、优秀共产党员，获得过湖南省教委及学校的课程建设成果奖和学校教学优秀奖。

胡昭如教授长期从事机械制造热加工方面的教学与科研工作，并主持了实验、实习基地的组建工作。讲授过金属工艺学(热加工)、锻压、焊接、金属材料及热处理等课程，并长期指导金工实习。参编出版的《金属材料及金属零件加工》、主编出版的《机械工程材料》等教材分别获得部级优秀教材一、二等奖，主审教材 2 部。主持和参加完成了"精密偶件的保护气氛热处理""挤压模、模锻模、机加工刀具和机械零件的辉光离子氮化处理""油隔离活塞泵进出口阀座的渗硼、碳硼共渗处理""新型抗磨材料的研制"等科研项目，多次获得省部级科技成果奖，获得国家发明专利授权 2 项，并在易磨损零部件上的应用等领域都取得了很好的成果，成果应用的经济效益显著。发表教学研究、课程建设、科研成果方面的研究论文 10 余篇，其中论文《KmTBCr18Mn2W 新型抗磨材料的研究》被评为湖南省自然科学优秀论文二等奖。

　　姜文奇（1934—2016），男，汉族，四川自贡人，重庆大学金属切削加工专业毕业后留校任教，1957 年在清华大学、北京航空学院随苏联专家进修机械加工，1960 年在哈尔滨工业大学随捷克专家进修机械加工，历任重庆大学助教、讲师，公差实验室主任，金属切削实验室主任，机制教研室秘书等，1975 年调入中南矿冶学院任教。历任中南矿冶学院（中南工业大学）讲师、副教授、教授，机械制造教研室副主任、党支部副书记等。曾兼任湖南省计量测试学会理事、学术委员会副主任，中国有色金属学会冶金设备制造学会副主任，《湖南计量》刊物副主编等。多次被评为学校先进工作者。

　　姜文奇教授长期从事机械制造专业的教学与研究工作，曾讲授金属工艺学、矿山冶金机制工艺学、机器制造工艺学、金属切削机床设计、夹具设计原理等课程，主编和参编了《公差与技术测量》《表面形状和位置公差》《矿山冶金制造工艺学》《机器制造工艺学》等教材讲义，编撰的《表面形状和位置公差》《形状和位置公差通俗》《公差与配合通俗》《机械加工误差》等专著先后由国防工业出版社等公开出版。主持承担的"硬质合金不重磨刀片周边磨床的研制"1980 年分别获得湖南省和冶金部科技成果奖，所研制的"2MMB7125 精密半自动周边磨床"1984 年获得部级科技进步三等奖，对西南铝加工厂进行的"φ1500 mm 龙门锯床改造"1990 年获得部级科技进步三等奖，还为企业研制生产了大型导管半自动数控立式车床、后视镜磨削数控机床（平面、周边、抛光等）等设备，为我国机床行业的发展做出了贡献，推动了行业的科技进步。公开发表《周边磨削的精度分析》《反切法磨削多边形——周边磨床的磨削原理及磨削过程分析》等数篇科学研究成果论文。

　　刘世勋，男，汉族，1937 年出生，湖北黄陂人，1963 年中南矿冶学院矿山机电专业毕业留校任教，1993—1995 年在波兰的罗兹大学和克拉科夫矿业大学进修。历任中南矿冶学院（中南工业大学）助教、讲师、副教授、教授，矿山机械教研室主要负责人、党支部书记，机械系党总支副书记、书记，机械系部门工会主席，机电工程学院党总支书记，硕士研究生导师。曾兼任中国有色金属学会冶金设备学术委员会委员、常委、制造与维修分会主任委员，湖南省机械工程学会机械设计与传动分会理事、副理事长、理事会高级顾问，湖南省设备管理协会理事、常委，湖南省机电工程学会副主任，中南大学教学质量督导专家组组长、关工委委员、校党委组织部组织员等。多次被评为学校先进工作者、优秀共产党员、优秀党务工作者等。

刘世勋教授长期致力于矿山机械设备的教学与研究工作，为本科生、研究生等各类学生讲授过矿山压气设备、矿山通风及排水设备、机械振动学、机械振动的理论及应用、设备管理、现代设计方法、工程经济等课程，编写有《机械振动学》《机械振动理论及应用》等教材讲义。培养硕士研究生6名，作为负责人之一组织了有色系统和湖南省企业设备管理人员的培训工作，编写了部分教材和担任主讲。编撰出版专著《液压振动设备的动态理论和设计》，参加了专著《现代设备管理》的编撰工作。作为《矿山机械使用与维修丛书》编委，主审了机械工业出版社出版的《矿山排水设备》和《矿山通风设备》两书。主持和参与承担了"矿山平巷掘进机械化""双机液压凿岩台车的研制"等多项纵向和横向科研项目，获得省部级科技成果奖励1项，国家专利授权2项。曾被评为学会积极分子，在有色金属工业系统和湖南省内有一定影响。在波兰进修期间，撰写有《波中经济改革比较》和《波兰大学教育》调研报告，公开发表有 *Motion Analysis and Design of Accumulator for Hydraulic Rock Drill* 等研究论文20余篇。

张智铁（1940—2015），男，汉族，湖南株洲人，1963年中南矿冶学院矿山机电专业毕业留校任教。历任中南矿冶学院（中南工业大学）助教、讲师、副教授、教授，矿山机械教研室主任，机械系副主任等，硕士研究生导师。曾兼任《矿山机械》期刊编委、杂志社理事会理事，中国矿山技术经济研究会理事，中国现代设计法研究会模糊分析设计学会常务理事，中国金属学会冶金运输学会原料准备搬运学术委员会委员，中国金属学会采矿学术委员会矿山机械与自动化专业委员会委员，中国矿山机械协会破碎粉磨设备分会理事，湖南省机械工程学会机械设计与传动学会常务理事、副秘书长等。多次被评为学校先进工作者，1992年被授予"湖南省有突出贡献的专利发明家"称号。

张智铁教授长期从事矿山机械和机械设计领域的教学与研究工作，曾讲授矿山装载机械、可靠性设计基础、机械可靠性设计、现代设计方法、设备综合工程学、专业英语、互换性与测量技术、矿石破碎机理与破碎设备、物料粉碎理论、科技写作等本科生和研究生课程，培养硕士研究生9人。深入进行研究的物料粉碎机理和设备，获得国家科技成果登记、湖南省科技进步奖，国家专利授权7项。其1篇相关论文被评为湖南省自然科学一等优秀学术论文。在国内外发表研究论文70余篇，出版有专著《物料粉碎理论》、译著《工程设计中的可靠性》，参编有《机械工程手册》《采矿手册》《中国冶金百科全书》《国内外矿山机械发展概况》等书，主审有《矿井装载设备使用维修手册》等，其中《机械工程手册》获得1978年全国科学大会奖、1983年全国优秀科技图书一等奖。

任基重(1938—2010)，男，汉族，湖南湘阴人，1963 年清华大学金属学及金属材料专业六年制本科毕业留校任教，1974 年调入长沙冶金工业学校(长沙工业高等专科学校)任教，1998 年长沙工业高等专科学校并入中南工业大学后，在中南工业大学机械电子研究所任教。历任清华大学精密仪器系助教、南昌清华农场副指导员、大兴清华农场副连长、清华大学精密仪器系工厂车间副主任，长沙冶金工业学校(长沙有色金属专科学校、长沙工业高等专科学校)讲师、副教授、教授、金相教研室主任兼金相实验室主任、系党总支委员、支部书记、机电系副主任、机电系主任、机电研究所所长，中南工业大学教授等。曾兼任湖南省材料热处理学会常务理事，长沙市机械工程学会常务理事、热处理专业委员会主任等。多次被评为校级先进工作者、优秀共产党员。

任基重教授长期从事金属材料热处理的教学与研究工作，主要担任金属材料、金属学及热处理、钢铁热处理、金属工艺学、金属学等课程的教学，编写了《热处理原理》《热工仪表与高频装置》的教学大纲和实验指导书，组织完成了金相实验室的建设工作。主持完成的中国有色金属工业总公司科研项目"便携式微电脑冷却性能测试仪的研制"通过专家验收并批量生产，参与研制的化学热处理滴量仪获国家专利授权，还承担完成了"新型淬火介质的研制及性能测试"等 10 多项科研课题。发表有《热处理中非稳态传热过程的计算方法》等 20 余篇研究论文。

卜英勇，男，汉族，1944 年出生，安徽芜湖人，1969 年于中南矿冶学院矿山机电专业毕业后留校任教，1977—1979 年在加拿大多伦多大学做访问学者。历任中南矿冶学院助教、讲师，中南工业大学(中南大学)副教授、教授、设备工程与管理研究所所长，1995 年起任博士研究生导师。曾任中南工业大学外事处副处长，人事处副处长、处长，校长助理，南方冶金学院党委副书记等职，享受国务院政府特殊津贴。

卜英勇教授长期从事矿山机械、深海资源采集关键技术及理论和设备工程与管理等领域的教学和科研工作，负责指导了设备工程与管理本科专业的建设和人才培养工作，在计算机辅助设备维修理论及技术方面取得多项成果，承担了多项设备管理和深海资源采集领域的国家和省部级科研项目，获得省部级科技成果奖励 5 项，发表论文 60 余篇，出版《机械优化设计》等专著和教材 4 部。培养博士后 2 人，博士研究生 9 人，硕士研究生 20 多人。

何清华，男，汉族，1946 年出生，湖南岳阳人，1983 年中南矿冶学院矿山机械硕士研究生毕业后留校任教。历任中南工业大学讲师、副教授、教授、机电工程学院副院长、智能机械研究所所长，中南大学工程装备设计与控制系主任，1998 年起任博士研究生导师。先后兼任科技部高技术中心科技经济专家委员会专家，中国有色金属学会冶金机械学会副主委，中国工程机械学会常务理事，中国工程机械工业协会常务理事，中国有色金属建设协会设计分会理事，民盟湖南省委副主委，全国政协委员，湖南省政协常委。荣获湖南光召科技奖、"紫荆花杯"杰出企业家奖、湖南省科学技术杰出贡献奖、"十一五"国家科技计划执行突出贡献奖等，入选湖南省首批科技领军人才，被授予湖南省"优秀专家"和湖南省"劳动模范"称号，享受国务院政府特殊津贴。

何清华教授长期从事液压工程机械、特种机器人、机械电子工程领域的教学与研究工作，对于露天、井下两种现代液压凿岩设备方面进行了系统深入的研究和开发，并出版了专著。在桩工机械、挖掘机械和通用航空的研究与产业化方面取得了突出成绩，其领衔创办的山河智能装备股份有限公司于 2006 年成为上市公司，获得的成果具有鲜明的创造性与实用性，在实现科技成果转化为生产力方面成绩突出。先后承担省部级以上科研项目20 多项，获得国家科技进步二等奖 1 项、国家发明三等奖 1 项、省部级科技成果奖励 10 多项，国家专利授权 160 余项，出版专著 4 部；发表论文 260 余篇。培养博士研究生 15 人，硕士研究生 40 余人。

刘义伦，男，汉族，1955 年出生，江西九江人，1982 年中南矿冶学院冶金机械专业本科毕业后留校任教，1985 年获中南工业大学冶金机械专业硕士学位，1995 年获中南工业大学冶金机械专业博士学位，1989—1990 年、2000—2001 年两次赴德国 Clausthal 工业大学做学术访问。现任中南大学教授，博士生导师。

刘义伦教授曾先后任中南工业大学机械系冶金机械教研室主任、机械系副主任、研究生处副处长、处长；中南大学研究生培养班主任、党委研工部部长，教务处处长、人事处处长等职；兼任国家"安全工程"专业教育指导委员会委员，国家"大学生创新创业训练计划"专家组专家，教育部"质量工程"等项目评审专家，国家"973"等项目和国家科技奖评审专家。获全国先进教育工作者称号，享受国务院政府特殊津贴。

刘义伦教授长期致力于机械工程专业的教学与科研工作，研究领域涉及机械设计与制造、机械状态监测、数值模拟与分析、现代强度等。获省部级科技成果奖励 4 项，重大科技成果鉴定 1 项。获国家级教学成果二等奖 3 项，省级教学成果奖 7 项。出版专著 2 部，主编著作 8 部，参编著作 2 部，主编教材 1 部，发表论文 180 余篇。培养毕业博士 29 人，毕业硕士 60 余人。

谭建平，男，汉族，1963 年出生，湖南攸县人，1993 年于中南工业大学冶金机械专业研究生毕业获博士学位，2002—2003 年为英国 Bath 大学流体传动与运动控制研究中心高级访问学者。1995 年起任中南工业大学教授、机电工程学院院长，现任中南大学教授，1998 年起任博士研究生导师。入选"教育部跨世纪人才"，首批"新世纪百千万人才工程国家级人选"。兼任中国工程机械学会矿山机械分会副理事长，中国有色压力加工设备学会副理事长，湖南省摩擦学会理事等；享受国务院政府特殊津贴。曾任湖南省青年联合会副主席，湖南省机械工程协会副秘书长等职。

谭建平教授主要从事机电液集成控制理论与技术、机电系统状态监测与故障诊断、微型流体机械设计与驱动控制等方向的教学与科研工作。承担国家、省部级及企业合作项目 50 多项，完成了巨型模锻液压机智能操作控制系统、轴流式血泵脉动流同步控制系统等的研究开发，研究成果获国家科技进步二等奖 1 次，省部级科技进步一等奖 7 次、二等奖 3 次，三等奖 2 次，中国高等学校科技十大进展 1 次，获国家发明专利授权 43 项、实用新型专利授权 4 项、计算机软件著作权授权 9 项，发表论文 240 余篇。培养博士后 5 人，博士研究生 20 余人，硕士研究生 80 余人。

毛大恒，男，汉族，1946 年出生，湖南道县人，1970 年中南矿冶学院毕业后留校任教，历任中南矿冶学院（中南工业大学）助教、讲师、副教授、教授，曾任中南工业大学机电工程学院副院长、院党委书记，中南大学教授、机电工程学院党委书记，教育部"铝合金强流变技术与装备工程研究中心"主任，湖南省铝加工工程技术研究中心副主任，2000 年起任博士研究生导师，多次被评为学校先进工作者和优秀共产党员，享受国家特殊津贴。

毛大恒教授长期从事金属材料制备和摩擦润滑方面的教学和科研工作，在金属材料制备和摩擦润滑方面有精深的研究。近年来承担和参加了国家 973 和 863 科研项目 5 项，横向科研项目多项。先后获得多项国家级、部省级科研成果奖励和国家专利授权。其中，"铝带坯电磁场铸轧装备与技术"获 2002 年国家技术发明二等奖，"单辊驱动理论与技术开发"获 1985 年国家科技进步一等奖，"电磁场铸轧设备与工艺研究"获 2002 年中国高校科技成果一等奖，"金属塑性加工润滑机理研究及系列润滑剂开发与推广"获 1998 年湖南省科技进步一等奖，"巨型精密模锻水压机高技术化与功能升级"获 2005 年教育部科技进步一等奖,"电磁铸轧技术开发及应用"获 1999 年国家有色金属工业局科技进步二等奖,"高性能二硫化钨润滑脂的研制及应用"获 2010 年中国有色金属工业科学技术三等奖,"有色金属塑性加工新型高效系列润滑剂开发"获 1997 年国家教委科技进步三等奖,"1200 铝板轧机高效增益研究"获 1984 年中央侨办科技进步一等奖,"武钢 1700 热连轧机主传动系统研究"获 1980 年冶金部科技成果三等奖。获国家发明专利授权 10 项。在国内外学术刊物上发表学术论文 150 多篇。

刘少军,男,汉族,1955 年出生,湖南涟源人,1979 年中南矿冶学院矿山机械专业毕业,1986 年获中南工业大学矿山机械专业硕士学位,1992—1994 年及 1996—1997 年在日本名古屋大学以共同研究员和中日联合培养博士生身份攻读博士学位,获工学博士学位,先后任中南工业大学讲师、副教授、教授、机电工程研究所所长、科研处副处长、中南大学学科办主任、研究生院副院长兼综合办主任等职,现任中南大学教授、中南大学深圳研究院常务副院长,2000 年起任博士研究生导师。2001 年被中国大洋协会聘请为"十五"深海技术发展项目首席科学家,兼任深海矿产资源开发利用技术国家重点实验室副主任,IEEE 海洋工程学会会员,国际海底与极地工程学会(ISOPE)会员。

刘少军教授长期从事机电工程、液压系统数字控制技术、深海资源开发技术等领域的教学与科研工作,并从事国际海底区域矿产资源开发技术研究及组织工作。2009 年,在国家海洋局的组织下,刘少军教授作为第三、第二主笔分别完成《国际海域总体战略研究》《关于申请国际海底新矿区问题的研究报告》等多份战略研究报告,经国土资源部和外交部、总参等部门讨论审签后上报国务院,得到国家最高领导人的批复,为我国在国际海底的矿区申请做出了重要贡献,获得中国大洋协会成立二十周年"突出贡献奖"。7 次被邀请作为 ISOPE 国际海洋采矿研讨会的副主席和分会场主席,作为会议主席先后主持承办了 ISOPE 第 6 届海洋采矿会议,IEEE2009 检测与控制国际学术交流大会,2010、2011ICDMA 国际会议等数次国际会议。主持和参与承担了国家及省部级科研重大及面上项目 10 多项,获国家科技进步二等奖 1 项、省部级科技进步奖 5 项,国家发明专利授权 8 项、实用新型专利授权 2 项。主编和参编教材 3 部,发表学术论文 100 余篇,培养博士研究生 20 余人、硕士研究生 50 余人。

曾　韬，男，汉族，1945 年出生，湖南汉寿人，1968 年复旦大学数学系毕业，1987 年调入长沙铁道学院，先后任齿轮研究所所长，长沙铁道学院、中南大学教授，校学术委员会委员，2000 年起任博士研究生导师。兼任中国齿轮协会专家委员会委员，全国锥齿轮专业委员会主任委员，长沙市齿轮技术工程中心主任等职。被铁道部授予"有突出贡献中青年专家"称号，享受国务院政府特殊津贴。

曾韬教授长期从事数控螺旋锥齿轮加工装备设计与制造的教学与科研工作，出版了我国第一部《螺旋锥齿轮加工》专著，参编《齿轮手册》（上、下册）。获省部级科技成果奖励 5 项，公开发表学术论文 40 余篇。研发了具有自主知识产权的我国第一条螺旋锥齿轮设计、制造、检验闭环控制生产线，提供了齿轮数字化加工成套技术解决方案，实现了齿轮制造的数字化、网络化和智能化，为我国齿轮数字化精密加工奠定了坚实基础。先后研发成功我国第一代、第二代数控铣齿机和数控磨齿机并实现了产业化，开发的系列螺旋锥齿轮数控铣床和数控磨床，被称为数控机床行业的"六大跨越之一"，使我国成为世界第三个能设计与制造螺旋锥齿轮数控加工装备的国家。2010 年研制成功世界最大数控螺旋锥齿轮铣齿机和磨齿机，打破了长期依赖进口和国外技术封锁的局面。培养研究生 20 多人。

何将三，男，汉族，1946 年出生，江西于都人，1970 年湖南大学机制工艺及设备专业毕业后分配在湖南常德七一机械厂担任技术工作。1977 年调入中南矿冶学院任教，1978—1979 年在湖南大学进修机制专业课程，1982—1984 年在瑞士联邦苏黎世工业大学进修机床振动。历任中南工业大学助教、讲师、副教授、教授，机制教研室副主任兼实验室主任，机械系副主任兼机械研究所副所长，机电工程教研室主任，机电工程研究所所长等，中南大学教授，2000 年起任博士研究生导师。曾兼任湖南省机械工程学会机械加工学会常务理事，湖南省机制工艺学研究会常务理事，湖南省机械故障诊断学会常务理事，湖南省振动工程学会理事，湖南省食品与包装协会理事等。曾被评为学校教育先进工作者。

何将三教授长期从事机械制造和机电工程的教学与研究工作，为本科生讲授金属工艺学、机制工艺学、测试技术、机械故障诊断、计算机仿真、机械电子学、机电一体化技术与系统等数门课程，为研究生讲授传感器原理设计及应用、计算机集成制造技术、机电一体化技术等课程，出版教材《机械电子学》，参加了专著《现代设备管理》、译著《HUTTE 工程技术基础手册》的撰写和编译。培养指导博士、硕士研究生 20 余名，承担多次企业技术人员专题学习班的授课任务。主持完成多项教学改革项目研究和多台套实验系统装置研制，为专业建设和实验室建设做出了贡献。承担了"龙门锯床的改造""日本进口精密锯床锯片的研制"等 10 余项科研项目，公开发表《大型风机振动的故障诊断》《关于设备工程与管理专业建设的几点思考》等教学与科研学术论文 40 余篇。

吴运新，男，汉族，1963 年 4 月出生，广东兴宁人，二级教授。1983 年中南矿冶学院冶金机械专业毕业，获学士学位，1986 年中南工业大学冶金机械专业硕士研究生毕业，获硕士学位，并留校任教，1993 年由中国有色金属工业总公司公派比利时蒙斯理工大学留学，1999 年获应用科学博士学位并返校工作。历任中南工业大学助教、助理研究员、副教授、教授，冶金机械研究所副所长，中南大学机电工程学院院长等，现任中南大学教授，2002 年起任博士研究生导师。兼任中国机械工程学会高级会员、全国现代设计理论与方法委员会理事会理事、中国金属学会冶金设备专业委员会第二届机械工程教学研究学术委员会副主任委员，国家自然科学基金项目评审专家、国家科学技术奖励评审专家、长沙市第十届政协常委等学术和社会职务。入选湖南省高校学科带头人培养对象，教育部新世纪优秀人才，被聘为湖南省"芙蓉学者计划"特聘教授。

吴运新教授长期从事机械结构动力学、冶金机械、材料与构件轧制成形制造等专业领域的教学与科研工作。在机械结构动力学研究中，提出了基于准振型的动力学模型校正方法，成果已应用于欧洲 ARIAN5 火箭的 BCS 结构建模；在大规格构件制造过程中内应力演变及残余应力的检测研究中，提出了铝合金厚板残余应力预测模型，揭示了铝合金大规格材料在成形制造过程中内应力的演变规律，为航空航天大构件制造成形控制及加工变形控制提供了理论根据；在大规格构件流变热加工过程缺陷检测研究方面，提出了一种基于电磁超声的热态在线检测方法，使得大规格尺寸构件在流变热加工过程中的缺陷能够得到及时检测、焊合，从而提高大构件制造的成品率；在航天用大规格高性能铝合金环筒件制造研究中，提出了弱刚性大环轧制过程的稳定轧制理论，建立了弱刚性大环径-轴双向轧制过程有限元仿真模型，解决了大环轧制成形稳定性控制方法。主持和承担了国家 973 项目课题、国家自然科学基金重大（重点）项目课题、国家 863 重点项目、国防基础科研项目等多项国家科研项目的研究，获国家科技进步二等奖 2 项、中国高校十大科技进展 1 项、省部级科技成果奖励 7 项，国家发明专利授权 7 项，公开发表论文 150 余篇，其中 SCI/EI 收录 100 余篇次。培养博士后 2 人，博士研究生 13 人，硕士研究生 70 余人。

李涵雄，男，1959 年出生，1997 年新西兰奥克兰大学电子系毕业获博士学位，历任总参三部北京技术工作总站工程师，中国国际信托投资公司可行性研究部项目经理，荷兰 Delft 理工大学机械系助理研究员，新西兰奥克兰大学电子系研究工程师，香港（ASM）先进自动器材有限公司高级工程师，香港城市大学制造工程及工程管理系教授等，2004 年起任中南大学机械工程学科教授、博士研究生导师。获国家杰出青年基金，被聘为湖南省"芙蓉学者计划"特聘教授、"长江学者"特聘教授，2010 年当选国家级教授、入选 IEEE Fellow。兼任国际期刊 *IEEE Transactionsons on Systems Man & Cybernetics*（2002 年至今）副主编，*IEEE Transactionsons on Industrial Electronics*（2009—2015 年）副主编，及 IEEE SMC 协会中"智能学习与控制"技术委员会副主席，曾获学会颁发"2012 IEEE SMCS Most Active Technical Committee"奖项。

主要从事复杂系统的集成设计和控制、智能集成建模与控制、微电子制造工程等领域的教学与研究工作，在相关方向开展了在国际上具有相当影响力的独创性研究，系统性地建立了模糊 PID 控制的理论设计和实际应用，构建了针对复杂不确定性的概率模糊推理系统，设计出时空模糊系统解决了传统模糊在本质上不能处理时空信息的问题，提出了工业过程中的基于时空分离的智能建模及控制方法，开发出多种鲁棒设计方法提高了系统的设计性能。

获国家发明专利 8 项，实用新型专利 13 项，教育部自然科学奖二等奖 1 项，湖南省科学技术进步奖二等奖 1 项。出版英文专著 2 本，在国际权威学术刊物上发表 SCI 论文 200 多篇，外引 5000 余次，h-index 为 43（web of science）。自 2014 以来一直被国际权威出版社 Elsevier 评为中国高被引学者。培养中南大学博士研究生 7 人，硕士研究生 18 人。

黄明辉，男，汉族，1963 年出生，湖南宁乡人，1988 年中南工业大学硕士研究生毕业后留校任教，2006 年在中南大学获博士学位。先后任中南工业大学（中南大学）讲师、副教授、室主任、冶金机械研究所副所长、教育部强铝合金流变制备技术与装备工程中心副主任、教授、机电工程学院副院长与院长等，现任中南大学教授，"十二五"863 计划先进制造技术主题专家组专家，中南大学第二届学术委员会工学部副主任委员，2006 年起任博士研究生导师。兼任教育部科技委国防学部委员、中国有色金属学会冶金设备学术委员会副主任委员、中国金属学会冶金设备学术委员会常务理事、国家自然科学基金委员会工程与材料学部评审专家以及《机械工程学报》《机械计算机集成制造系统》《冶金设备》《有色设备》编委等职。荣获湖南省第二届青年科技奖，入选教育部新世纪优秀人才、新世纪百千万人才工程国家级人选、湖南省科技领军人才、国家创新人才推进计划重点领域创新团队带头人，被聘为教育部"长江学者"特聘教授。

　　黄明辉教授主要从事金属塑性加工工艺与装备、材料制备技术与装备、机电装备设计与控制等领域的教学与科研工作，在大型构件精密模锻工艺与装备、大型薄壁构件整体成形制造、金属板带材高效制备等支撑国家经济发展和国防安全的关键技术领域进行了卓有成效的研究工作。作为专家组成员参与完成了制造业领域国家"十一五"科技规划《振兴我国装备制造业的途径与对策》、国家中长期科技规划课题"制造业所需要的通用机械和重型机械"以及国家自然科学基金委机械学科"十二五"规划等的制订。承担了国家973、863、国家科技重大专项等国家级科研项目10多项，获国家科技进步一、二等奖各1项，省部级科技成果一等奖6项，中国高校十大科技进展2项，获国家发明专利授权24项，公开发表学术论文120多篇。培养研究生50多人。

　　李晓谦，男，汉族，1958年出生，湖南双峰人，1981年中南矿冶学院机械工程专业本科毕业后留校任教，1985年获中南工业大学冶金机械专业硕士学位，2007年获中南大学机械设计及理论学科博士学位，2006—2007年在英国Birmingham大学做访问学者。先后任中南工业大学助教、副教授，机械设计与制造研究所副所长，冶金机械研究所副所长，中南大学教授、博士研究生导师、机电工程学院副院长、机电工程学院党委书记等。同时兼任国家973项目"航空航天用高性能轻合金大型复杂结构件制造的基础研究"首席科学家、教育部材料成型及控制工程专业教学指导委员会委员、中国金属学会冶金设备分委员会委员、中国有色金属学会冶金设备学术委员会压力加工设备专业委员会委员、湖南省机械工程学会机械设计与传动学术委员会副理事长等。

　　李晓谦教授长期从事金属凝固、材料成型理论与技术及其装备的教学与科研工作，在金属连续铸造/连续铸轧过程与装备、材料成形过程建模仿真、超声波/电磁场辅助铸造等特种工艺过程原理与装备的创新和技术集成等方面取得了显著的研究成果，并在航空航天及多种武器型号上得到应用。为我国国防军工事业做出了重要贡献。主要研究成果包括：①发现并研究了超声外场激励下的初生晶共振及异质活化细晶机理，构造了超声场作用下金属凝固过程动力学理论模型，建立了超声铸造技术的理论基础；②建立了铝合金电磁场快速铸轧超瞬态传热凝固与连续流变成形基本理论与技术。主持国家973项目1项，承担了国家973、863及国家自然科学基金等国家级重大项目及课题10余项。获得省部级科技成果一等奖3项，中国高校十大科技进展1项，获多项国家发明专利授权，公开发表学术论文80多篇，培养博士、硕士研究生50多人。

　　段吉安，男，汉族，1970 年出生，湖南冷水江人，1996 年西安交通大学研究生毕业获博士学位，1998 年中南工业大学机械工程博士后出站，2005 年在加拿大卡尔加里大学做访问学者。1997 年到中南工业大学（中南大学）工作，先后任副教授、教授、博士研究生导师，冶金机械研究所副所长，"现代复杂装备设计与极端制造"教育部重点实验室主任，机电工程学院副院长等，现任中南大学教授，机电工程学院院长，高性能复杂制造国家重点实验室主任，国务院学位委员会第六、七届学科评议组成员，教育部科技委先进制造学部第七届委员，国家重点研发计划"变革性技术关键科学问题"重点专项总体专家组成员。兼任中国机械工程学会微纳米技术分会委员，中国电子学会电子机械分会委员。入选教育部新世纪优秀人才、教育部创新团队带头人、国家"万人计划"科技创新领军人才，被聘为教育部"长江学者"特聘教授。

　　段吉安教授主要从事光电子制造技术与装备、精密运动控制理论与技术等领域的教学与研究工作，曾参加撰写国家中长期科技发展规划《基础科学问题战略研究专题报告》、国家自然科学基金委员会机械学科的《"十一五"发展规划》《"十二五"发展规划》。承担了国家重点研发计划项目、国家 973 课题、863 项目、国家自然科学基金重点项目等国家与省部级科研项目 10 多项，在光通信器件封装、光纤器件制造等方面取得多方面成果，研发了同轴型、蝶型等光收发器件以及 COB 型光模块的自动化封装技术与设备。获省部级科技成果一、二等奖 5 项，获国家发明专利授权 40 余项，发表学术论文 100 余篇。培养博士研究生 10 余人，硕士研究生 50 余人。

　　帅词俊，男，汉族，1976 年出生，江西奉新人，2002 年中南大学机械设计及理论学科硕士研究生毕业后留校任教，2006 年获中南大学机械电子工程学科博士学位，2008—2009 年在美国南卡莱那州医科大学的克莱姆森大学与南卡医科大学联合实验室做博士后。先后任中南大学助教、讲师、副教授、教授，2011 年起聘为博士研究生导师，2019 年任机电工程学院副院长。"长江学者"特聘教授，万人计划领军人才，全国百篇优秀博士论文获得者，国家优秀青年基金获得者，"芙蓉学者"特聘教授，珠江学者讲座教授，科技部科技领军人才，湖南省科技领军人才，霍英东教育基金获得者，湖南省杰出青年基金获得者，新世纪优秀人才。

　　帅词俊教授从事激光 3D 打印组织再生结构的技术与装备研究，提出了微纳尺度晶粒-宏观尺度人工骨的激光增材制造方法，实现了微孔结构和复杂外形的成形成性一体化增材制造，揭示了纳米组合结构协同强韧化人工骨的激光制备原理，发展了人造结构向生物结构转化的再生理论与调控方法。以第一/通讯作者发表 SCI 论文 180 余篇，其中 TOP3 期刊 17 篇，JCR 一区 49 篇，IF>5.0 论文 26 篇，最高五篇平均 IF=10.63；被国内外 32 位院士等学者正面引用 3500 余次，H 因子 = 28，高被引论文、热点论文和封面论文分别为 10、5 和 3 篇。出版专著 7 部（均排 1）；申请发明专利 90 项，已授权 37 项；主持国自科基金重点项目等研究。获得省级科技进步奖 4 项。

蔺永诚，男，汉族，1976 年出生，湖南浏阳人，2006 年获天津大学化工过程机械专业博士学位，先后任中南大学讲师、副教授、教授，2008 年起聘为博士研究生导师，现任机电工程学院副院长（2019 年至今）。入选国家"万人计划"科技创新领军人才、科技部中青年领军人才、教育部青年长江学者、湖南省科技领军人才、湖南省杰出青年基金获得者、教育部新世纪优秀人才，湖南省首届"优秀研究生导师"，中国机械工程协会高级会员，2015—2019 年连续五年中国高被引学者。

蔺永诚教授主要从事高品质铝合金、钛合金、高温合金等航空金属零件的智能加工技术（锻造、旋压、轧制等工艺）及智能装备的研发。曾负责国家 973 计划课题、国家重点研发项目、国家自然科学基金、湖南省科技计划等 20 余项课题。出版专著 2 部（均排 1），以第一/通讯作者在 30 余种国际期刊上发表科技论文 180 余篇，被 SCI、EI 收录 300 余篇次，他引 13000 余次（SCI 他引 12000 余次），先后有 24 篇论文进入全球 ESI 工程和材料领域前 1% 高引论文，热点文章 4 篇，论文的 H 因子 = 54。获批发明专利、软件著作权 40 余项。其理论成果在多家国内外制造企业得到广泛的工程应用，为企业创造了高额利润。获湖南省科技进步一等奖、湖南省自然科学二等奖、天津市自然科学奖，承担的国家自然科学基金被评为"优秀结题项目"等奖励或荣誉称号。培养青年教师 3 名，目前指导硕博研究生 20 余名，已毕业的硕博研究生、博士后共计 51 名；已毕业研究生获首届"博士后创新人才支持计划"、国家自然科学基金、中国博士后基金、省部级科研项目、中南大学/湖南省优秀硕/博士论文奖励 40 余人次。

蔺永诚教授兼任中国机械工程学会材料分会青年工作委员会主任委员（2019—2023 年）、中国塑性工程学会青年工作委员会副主任（2015 年至今）、湖南省普通高等学校专业（类）教学指导委员会秘书长（2018—2020 年）；兼任 *Materials & Design*（英国，SCI/EI）、*Journal of Materials：Design and Applications*（英国机械工程协会，SCI/EI）、*Materials Science and Engineering A*（瑞士，SCI/EI）、*Advanced Engineering Materials*（德国，SCI/EI）、*Journal of Materials Engineering and Performance*（ASM International，SCI/EI）、*Materials*（瑞士，SCI/EI）、*Journal of Materials Science & Technology*（中国，SCI/EI）、*Metals and Materials International*（韩国，SCI/EI）等 10 余个国际期刊的编委或学术编辑。曾 80 余次担任先进零件/材料加工领域国际学术会议分会主席和组委会成员。曾兼任国家科学技术奖、多省科学技术奖、国家 973 项目、国家自然科学基金、多省自然科学基金、国家博士后基金、教育

部学位中心等的评审专家, 50 余种国际学术期刊的长期审稿专家, 印度、韩国等多个国家的博士学位论文的长期评审专家。

朱文辉, 男, 1966 年出生于湖南汨罗。1986 年本科毕业于中国科学技术大学近代力学系, 1988 年获该系硕士学位, 1995 年获国防科学技术大学应用物理系博士学位。国家级教授专家, 973 项目首席科学家, 国家科技重大专项"极大规模集成电路制造技术及成套工艺"专项总体论证专家委员会专家, 封测产业创新战略联盟咨询委专家。曾任天水华天科技股份有限公司总工程师、研究院院长, 昆山西钛微电子科技有限公司总经理。

朱文辉教授从事微纳电子三维集成、封装与测试的研究, 揭示了关键异质界面的服役演变机制和失效模式; 获得了纳尺度结构的热传输特性; 提出了多物理场作用下的可靠性设计的基本原理; 建立了先进的微区热-力-电测试分析平台; 探索了热输运管理新方法; 形成了仿真-实验结合分析复杂封装结构界面失效的方法。创建了中南大学微系统科学与工程系; 先后主持 973 计划 1 项(任项目首席科学家), 国家重大科技专项项目 1 项、课题 3 项, 国家自然科学基金和国家 863 计划各 1 项。领导开发了新一代 TSV-CIS、3DTSV、FCCSP/BGA、高密度 V/UQFN、FCQFN 和 AAQFN 等系列技术并实现量产, 年新增产值超过 20 亿。曾在英飞凌科技亚太有限公司(Infineon)、新加坡联合科技(UTAC)、新加坡高等计算研究院(IHPC)、Cookson 等微电子封装企业任资深科学家和日本大阪府立大学任助理教授。获中国产学研合作创新奖、中国侨界贡献奖一等奖、2017 年《科学中国人》年度风云人物; 获国家重点新产品奖 3 项, 中国半导体创新产品和技术奖 5 项, 天水市科技进步一等奖 4 项, ICEPT 优秀论文奖 5 项。发表论文 170 余篇, 获授权专利 66 项, 做国际会议特邀报告 10 余次; 培养研究生 30 余人。

蒋炳炎, 男, 汉族, 1963 年 2 月生, 浙江浦江人, 中共党员, 二级教授, 中南大学第五届教学名师。1983 年获得东北大学机械制造及其自动化学士学位, 分配来中南大学机电工程学院任教(原中南矿冶学院); 1990 年获得中南大学机械工程硕士学位, 2004 年获得中南大学工学博士学位, 先后任中南大学助教、讲师、副教授、教授; 2004 年晋升为博士生导师; 2004 年在香港理工大学先进光学制造中心开展合作研究; 2005 年在国家留学基金委资助下赴美国俄亥俄州立大学做访问学者; 2007—2008 年与德国克劳斯塔尔工业大学开展国际合作研究。2009—2014 年, 任中南大学航空航天学院常务副院长(主持工作); 2014 年至今, 在中南大学机电工程学院高性能复杂制造国家重点实验室从事教学和科研工作。曾任第三届机电工程学院教授委员会主任、学位评定委员会委员。1993 年创办了模具设计与制造专业，2009 年筹建了中南大学航空航天学院；兼任了全国模具设计协会副理事长、湖南省模具协会专家委员会主任、教育部 2013—2017 航空航天专业教学指导委员会委员、全国模具标准化技术委员会委员、浦江县人民政府顾问、浦江县鄂湘人才联络站副站长、863 先进制造领域评审专家、国家自然科学基金项目评审专家、科技部国际合作项目评审专家等社会职务。

蒋炳炎教授主要从事聚合物微纳制造技术及理论、新型特种材料加工装备的设计与制造、飞机起落架数字化设计与制造等领域的教学和科研工作；提出了聚合物微流控芯片的集成制造方法，实现了微流控芯片的精密电铸、微纳通道结构注射成形和模内键合的一体化制造，揭示了聚合物微纳结构成型的流变、传热和界面结合原理，发展了微纳结构注射成型理论和装备设计方法。主持和承担了国家 973 计划、863 计划、重点国际（地区）合作项目和国家自然科学基金等国家级科研项目 10 余项；获国家科技进步二等奖 1 项、中国有色金属协会一等奖 1 项；获授权发明专利 16 项；以第一作者/通讯作者发表 SCI、EI 等高水平学术论文 100 余篇；培养博士后 8 人、博士和硕士研究生 80 余人、本科毕业生 30 余届。

韩　雷，男，汉族，1955 年出生，河北藁城人。1974 年参加工作。1984 年中国科学技术大学硕士研究生毕业后留校任教，1989 年获中国科技大学博士学位，1991—1995 在美国俄勒冈州立大学、理海大学、纽约州立大学做博士后。先后任中国科技大学大学助教、讲师、厦门大学副教授、教授，美国凯斯西部保留地大学、理海大学研究科学家，中南大学教授。2003 年起聘为博士研究生导师。教授二级。美国实验力学学会会员，中国仪器仪表学会第五届理事。

韩雷教授从事实验力学、高速图像检测、光纤与激光多普勒测振、非线性动力学、微电子封装工艺的技术与装备研究。参加美国 OMI、美国陆军、通用动力公司、宾夕法尼亚产学研联盟支持的重大科研项目。973 项目课题组长。于 2008 年获湖南省科技进步一等奖（排名第二），"三维封装窄节距大跨度互连关键技术与应用"于 2016 年获教育部科技进步一等奖（排名第三）。出版 *Progresses of Advanced Packaging in Microelectronics Manufacturing*、《微电子封装互连超声键合机理与技术》等专著 3 部（均排第 1）。在 *Smart Materials and Structures*、*Optics and Lasers in Engineering*、*Sensors and Actuators A* 等期刊发表论文 200 余篇，SCI、EI 收录 160 余篇。主持国自科基金重点项目等研究经费 1000 余万元。获得省级科技进步奖 2 项；培养研究生 20 余人。

喻海良，男，汉族，1980 年 10 月出生，湖南长沙人。2003 年东北大学材料成型及控制工程本科毕业，2006 年 4 月留东北大学轧制技术及连轧自动化国家重点实验室任教，2009 年 1 月获东北大学材料加工工程博士学位。2009 年 9 月到清华大学机械工程系做博士后，2011 年 6 月到澳大利亚伍伦贡大学材料、机械、机电一体化系做校长基金博士后奖学金研究员，2014 年做研究员。2016 年 11 月至今，任中南大学机电工程学院教授、博士生导师（2011 年 9 月获教授职称）。2017 年 1 月至今任伍伦贡大学荣誉高级研究员。曾获国家级教授、湖南省湖湘高层次人才聚集工程创新人才–青年人才等称号。

喻海良教授一直从事金属压力加工领域的研究，近年来专注于超低温塑性加工与高性能有色金属材料的制备。已发表论文 130 篇（其中 SCI 论文超过 100 篇），在科学出版社出版学术专著 1 部、清华大学出版社出版编著 2 部；申请发明专利 50 项，其中已授权 40 项；作为负责人和研究骨干承担国家自然基金面上项目、澳大利亚联邦政府研究基金等项目 20 余项，独立承担科研经费累计超过千万；任 *Metal. Mater. Trans. A*（美国 TMS 学会会刊）Key Reader，*Engineering*（中国工程院院刊）青年通讯专家，《中国机械工程》（中国机械工程学会会刊）、*Sci. Rep.*、《塑性工程学报》等期刊编委。担任中国机械工程学会塑性（锻压）工程学会理事、中国有色金属学会复合材料专业委员会委员。喻海良教授曾在《光明日报》《中国青年报》《中国科学报》《今日科苑》《中国科学基金》《科技导报》等发表教育评论文章 50 余篇，曾多次被 *Nature*、《南方周末》、《凤凰周刊》等知名传媒采访报道。另外，喻海良教授与清华大学、东北大学、伍伦贡大学、新南威尔士大学、Nosov Magnitogorsk State Technical University 等学校的知名学者建立了长期的合作关系。

肖来荣，1968 年出生于湖南邵阳城步县，中南大学二级教授，博士生导师。1987 年 9 月考入中南工业大学机械系，1991 年 7 月留校工作，1991 年 7 月至 1993 年 6 月担任中南工业大学机械系团总支书记，1993 年 7 月至 1996 年 5 月担任中南工业大学校团委组织部长、宣传部长、副书记，1996 年 6 月至 1997 年 7 月在湖南省科委成果处工作，1997 年 7 月至 2018 年先后担任中南大学文法学院、材料学院党委副书记，文学与新闻传播学院党委书记，2019 年 1 月起任中南大学机电工程学院党委书记。先后多次获中南大学优秀共产党员、湖南省优秀党务工作者荣誉称号。

主要从事功能超高温涂层及表面技术、高性能铜合金及相关功能材料等制备技术及相关理论研究，其科研成果应用于航天火箭发动机、超音速飞行器、卫星调姿器等航天先进领域。从事科研工作 20 多年，先后主持和参与了国家重大专项，973 子项目，国家自然科学基金，国家科技支撑计划，国家高技术研究发展计划（863 计划），国防科工局、科技部。湖南省产学研重大专项等 20 多项；发表论文 100 余篇，其中 60 余篇被 SCI、EI 等著名检索工具检索；先后培养博士研究生、硕士研究生 50 余人，大学本科生 300 余人，分赴国内外相关高校、企业、政府从事科研与管理工作；获国家发明专利授权 20 多项，参与编写专著 2 部，获国家教学成果二等奖 1 项、湖南省教学成果一等奖 2 项、中国有色金属工业科技进步一等奖 1 项、湖南省科技进步二等奖 1 项、浙江省科技进步三等奖 1 项。

  邓　华，男，汉族，1961 年 10 月生，湖南华容人，中共党员，二级教授。1983 年获得南京航空航天大学（原南京航空学院）传感器与测试专业学士学位，1988 年获得西北工业大学陀螺仪及惯性导航专业硕士学位，2005 年获得香港城市大学机械电子学与自动化博士学位。1983—1985 年，任原航空部 630 研究所助理工程师；1988—2000 年，先后任长沙理工大学（原长沙交通学院）助教、讲师、副教授及汽车工程系教研室主任、副系主任、系主任；2005 年在香港城市大学制造工程及工程管理学系开展合作研究。2005 年作为高层次人才引进来中南大学机电工程学院任教，聘任中南大学教授，2006 年晋升为博士生导师。2010—2014 年，任中南大学机电工程学院副院长；2014—2018 年，任中南大学机电工程学院党委书记。2010—2014 年，任机电工程学院学位评定委员会副主席；现任机电工程学院教授委员会委员、学位评定委员会委员。兼任国家科学技术奖励评审专家、国家自然科学基金项目评审专家、中国机械工程学会机械工业自动化分会委员等社会职务。

  邓华教授主要从事机器人与智能装备的设计及控制、生机电一体化技术、复杂系统的建模与智能控制等领域的教学和科研工作；提出了假肢手变刚度抓握控制、拟人反射控制以及主次运动协调控制策略，实现了欠驱动多指仿人假肢手的稳定抓取。提出了基于虚拟分解和螺旋理论的含多闭链机构机器人的建模新方法，建立了重载装备多元并联驱动的负载均衡控制系统，为重载操作装备的精良控制和安全运行提供了新方法和新手段。提出了基于谱方法的复杂时空耦合系统的智能建模策略，建立了基于近似逆的内模控制方法，为复杂制造系统的建模与控制提供了新原理和新方法。主持和承担了国家 973 计划、国家重点研发计划和国家自然科学基金等国家级及省部级科研项目 10 余项；获省部级科技奖励 2 项；获授权发明专利 15 项；发表 SCI、EI 等高水平学术论文 100 余篇；培养博士后、博士和硕士研究生 80 余人。

夏毅敏，男，汉族，1967 年 1 月生，江西省永新县人，中共党员，二级教授。1988 年获得石家庄铁道学院工程机械与起重运输专业学士学位，1988—1991 年在中铁十六局集团第三工程有限公司(原中铁16 局 3 处)工作，任技术员、助理工程师。1994 年获得中南工业大学冶金机械硕士学位，2006 年获得中南大学工学博士学位。1994 年以来，先后任中南大学(原中南工业大学)助教、讲师、副教授、教授；2002 年起为硕士生导师，2008 年起为博士生导师。

夏毅敏教授长期从事盾构/TBM 等大型掘进装备开挖系统、地下工程装备用特种机器人、液压传动与控制等方面的教学与科研工作，先后主持或参与国家自然科学基金项目、国家重点研发计划项目、973 项目、863 项目、国家科技支撑计划项目、湖南省科技重大专项、湖南省科技支撑计划项目、湖南省战略新兴产业项目等国家级和省部级科研项目以及企业横向项目 40 多项，与工程结合紧密。获省部级科技进步奖励近 20 项，发表论文 100 多篇，申请和授权专利 80 余项，相关成果在企业应用推广。培养博士后 4 人、博士和硕士研究生 60 余人、本科毕业生 20 多届。

朱建新，男，汉族，1965 年 10 月出生，湖南湘潭人，中共党员，二级研究员、博士生导师，国务院特殊津贴专家，入选"新世纪百千万人才国家级人选"；2019 年获得由中共中央、国务院、中央军委联合颁发的"庆祝中华人民共和国成立 70 周年"纪念章；湖南省"劳动模范"；湖南省第十三届人大代表。

朱建新 1987 年 7 月本科毕业于合肥工业大学机制系，1990 年 1月获得中南大学机械工程工学硕士学位，1996 年 9 月至 1997 年 8 月留学于日本秋田大学机械工学专攻，2008 年 11 月获得中南大学机电工程学院机械设计及理论专业博士学位。1990 年 3 月开始任职于中南大学机电工程学院，1992 年 9 月晋升讲师，1995 年 9 月破格晋升副研究员，2000 年 9 月晋升研究员。2012 年被评为博士生导师。

朱建新工作期间先后担任机电工程学院液压电子支部书记、教育部极端制造重点实验室副主任、工程装备控制系副主任。现任中国工程机械学会常务理事，中国工程机械学(协)会桩工机械分会副理事长，全国建筑施工机械与设备标准化技术委员会基础施工设备分技术委员会副主任委员，中国工程机械协会矿山机械分会理事，中国土木工程学会土力学及岩土工程分会施工技术专业委员会常务委员，中国工程机械工业协会标准化专家委员会委员，长沙工程机械行业协会专家委员会委员，湖南省技术标准创新促进会理事。2005 年开始多次在土木工程专业和机械工程专业担任国家科技奖励评审专家。

他还先后还获得"湖南省青年科技创新杰出奖"、"长沙市十佳科技创新青年人才"、首批认定的"湖南省新世纪 121 人才工程第一层次人选"、教育部"新世纪优秀人才支持计划"支持、"长沙市优秀专家"、"长沙市创新创业领军人才"、"长沙市知识产权创造领军人物"、"长沙县科学技术创新贡献奖"、《长沙年鉴》2015 年度十大人物等荣誉。

朱建新长期从事工程机械机电液一体化技术的研究、开发及其工程化应用，尤其在基础施工装备、现代凿岩设备等工程机械领域的基础理论、工程技术、成果产业化方面做出了重要贡献。承担省部级以上科研项目 20 项，其中国家级项目 14 项（863 项目 5 项）、省级项目 8 项。科研成果获得省部级以上奖励 7 项，其中，国家科技进步二等奖 1 项，省部级科技进步一等奖 3 项、二等奖 2 项。尤其是"高性能液压静力压桩机的研制及其产业化"获得国家科技进步二等奖，在全国工程机械行业产生了较大影响。累计申请专利 141 项；获得授权的专利 121 项，其中排名前两位的发明专利 21 项、实用新型专利 68 项。参编著作 2 部，发表具有较高学术水平的专业论文 100 余篇，其中被 EI 或 SCI 检索或收录的论文 27 篇。指导培养博士、硕士研究生共 23 人，协作培养研究生 8 人。

唐进元，男，汉族，1962 年 9 月生，湖南永州人，中共党员，二级教授，中南大学第五届教学名师。1982 年 7 月获中南大学（原长沙铁道学院）内燃机车专业学士学位，1988 年 6 月获国防科技大学机械制造硕士学位，2000 年 9 月至 2001 年 9 月在美国得克萨斯州立大学奥斯汀分校做访问学者，先后任中南大学助教、讲师、副教授、教授；2002—2010 年，任中南大学机电工程学院副院长；2011 年至今，任中南大学高性能复杂制造国家重点实验室副主任。社会兼职主要有：中国机械工程学会机械传动分会副干事长、中国齿轮协会（CGMA）副秘书长、机械工程学会机床专业委员会常务理事、全国齿轮标准化委员会委员、全国高等学校《机械原理》教研会理事、湖南省高等学校《机械原理》教研会理事长、湖南省大学生机械创新设计大赛组委会副主任、长沙数控装备产业技术联盟秘书长等。

教学方面，唐进元教授主要从事本科生、研究生机械原理、机械设计、机械创新设计、微分几何与啮合原理、系统动力学等课程教学工作，出版教材三部，发表教育教学研究论文 20 多篇，承担完成国家级、省部级、学校级教学研究项目课题 20 余项，获包括国家教学成果奖在内的各种教学奖励 10 多项，已培养博士和硕士研究生 130 多人，指导 150 余名本科生毕业设计。

科研方面，唐进元教授主要从事以齿轮传动啮合曲面为代表的复杂曲面设计制造理论与技术的研究工作。承担完成国家级、省部级以及委托的各类机械设计、制造及测量等各类研究项目 60 多项。在国内外刊物发表研究论文 400 多篇，其中 140 多篇被 SCI 数据库收录，获发明专利 30 多项、软件著作权 30 余项，"YK2045 数控螺旋锥齿轮磨齿机"成果获 2004 年度中国机械工业科学技术奖二等奖。在螺旋锥齿轮、面齿轮、三维修形圆柱齿轮等复杂曲面齿轮设计制造研究领域做出了许多特色贡献，提出了低精度低噪声齿轮设计方法、螺旋锥齿轮 ETCA 分析方法、齿轮表面完整性抗疲劳设计制造方法等 10 多种齿类零件创新设计技术与方法。提出了高性能加工表面完整性计算制造的学术思想并予以逐步实现,2012 年首次用盘形砂轮磨制出高精度面齿轮,同年发表第一篇盘形砂轮磨削面齿轮的 SCI 研究论文,2016 年研制出我国首套高速齿轮(大于 16000 rpm)传动误差测量装置。解决了机床传动箱低噪声齿轮设计、大型船舶齿轮高功率密度设计、重载矿山自卸车齿轮疲劳失效、高速航空齿轮动态性能优化、风电齿轮传动低速颤振、高速列车变轨转向架花键磨削、高速空压机端齿盘设计制造、涡轮盘榫槽加工机床设计制造、表面完整性计算制造等 40 余项工业界齿类零件设计制造难题。

2.3　高层次人才及国家人才计划入选者

本学科点高层次人才及国家人才计划入选者具体情况见表 2-1。

表 2-1　高层次人才及国家人才计划入选者

类别	学者(入选时间)		
中国工程院院士	钟　掘(1995)		
国家特聘教授	李涵雄(2010)　朱文辉(2011)　喻海良(2017)　陈泽宇(2019)		
长江学者	李涵雄(2005)　黄明辉(2009)　段吉安(2012)　帅词俊(2014)　蔺永诚(2015)		
"973"项目首席科学家	钟　掘(1999)	李晓谦(2009)	朱文辉(2015)
国家百千万人才工程	谭建平(2002)	黄明辉(2006)	朱建新(2009)
国家万人计划科技创新领军人才	段吉安(2016)　黄明辉(2016)　帅词俊(2017)　蔺永诚(2017)		
国家优秀青年基金获得者	帅词俊(2012)		
教育部跨/新世纪人才	谭建平(2003)　朱建新(2005)　帅词俊(2009)　王福亮(2011)	段吉安(2004)　吴运新(2006)　湛利华(2009)　孙小燕(2012)	黄明辉(2005)　李军辉(2008)　蔺永诚(2010)　陆新江(2013)
芙蓉学者特聘教授	李涵雄(2004)	吴运新(2006)	帅词俊(2009)
湖南省科技领军人才	何清华(2007)	黄明辉(2011)	蔺永诚(2016)

2.4 曾在本学科担任高级职称人员名单①

教　授：　　卜英勇　　白玉衡　　曾　韬　　陈欠根　　陈贻伍

　　　　　　古　可　　何将三　　何竞飞　　何清华　　何少平

　　　　　　胡军科　　胡昭如　　黄志辉　　姜文奇　　李　坦

　　　　　　李仪钰　　梁镇淞　　刘省秋　　刘世勋　　刘舜尧

　　　　　　毛大恒　　钱去泰　　孙宝田　　谭　青　　夏纪顺

　　　　　　杨襄璧　　张智铁　　周恩浦　　朱泗芳

研 究 员：　　蒋建纯　　曹中一　　李新和

副 教 授：　　蔡崇勋　　常业飞　　陈慕筠　　陈南翼　　陈学耀

　　　　　　陈泽仁　　陈祖元　　成日升　　程良能　　段佩玲

　　　　　　方　仪　　冯绍熹　　傅星图　　洪　伟　　黄俊岳

　　　　　　黄宪曾　　黄竹青　　简　祥　　江乐新　　邝允河

　　　　　　李瑞莲　　李铁钢　　李小阳　　刘厚根　　刘建湘

　　　　　　刘水华　　龙力强　　吕志雄　　聂昌平　　彭海波

　　　　　　齐任贤　　饶自勉　　任立军　　任耀庭　　任正凡

　　　　　　宋在仁　　唐城堤　　唐国民　　王果兴　　王惟声

　　　　　　吴继锐　　吴建南　　肖绍芳　　肖世刚　　谢邦新

　　　　　　颜竞成　　杨文周　　俞春兴　　喻　胜　　张春元

　　　　　　郑仲皋　　周　昊　　周　明　　周桂凡　　周锦燃

　　　　　　朱　本

高级工程师：刘绍君　　孙　旭　　钟世金

高级实验师：蔡膺泽　　董国江　　罗家美　　罗胜余　　吴　波

　　　　　　吴　纯　　杨务滋　　余　朋

---

① 按姓氏拼音先后顺序排列。

2.5　机械系(机电系、机电工程学院)历任负责人

机械系(机电系、机电工程学院)历任负责人见表2-2、表2-3。

表2-2　历任党组织负责人一览表

时间	总支(党委)书记	党总支(党委)副书记	备注
1959—1966	丁　岩	丁　岩、陈裕葵、张明新、张庆民、杨焕文	
1970—1978	于振宾	李肇云、徐毓才(1978.6—)	
1979.9—1981.3	石来马	赵文业、徐毓才	
1981.4—1984.8		吕希勤(主持工作)、徐毓才	
1984.9—1985.11		刘世勋(主持工作)、徐毓才(—1984.12)、郭金亮(1984.10—)	
1985.12—1996.3	刘世勋	郭金亮	
1996.4—1997.6		毛大恒(主持工作)、周涤非(1996.6—)	
1997.7—2002.3	毛大恒	周涤非(—1998.9)、李登伶(1998.7—)	
2002.4—2005.11	毛大恒	李登伶	
2005.12—2010.10	李晓谦	李登伶	
2010.11—2014.5	李晓谦	李登伶	
2014.6—2019.1	邓华	马俊(2014.6—2017.11)、黄凯(2017.11—)	
2019.1—	肖来荣	黄凯	

表2-3　历任行政负责人一览表

时间	主任 （院长）	副主任（副院长）	备注
1958—1966	白玉衡	刘尚威、郑仲皋、吕希勤、王鸿贵、卢达志	1958年成立 矿冶机电系
1970—1978	石来马	吕希勤、陈裕葵、郑仲皋	1970年成立 机械系
1979.9—1981.6		朱启超（主持工作）、陈裕葵、郑仲皋	
1981.7—1984.8		王庆祺（主持工作）、郑仲皋（—1983）	
1984.9—1986.1	夏纪顺	程良能、钟　掘、季国彦	
1986.2—1991.3	钟　掘	吴建南、何将三	
1991.4—1993.5	钟　掘	张智铁、宋渭农、陈欠根	
1993.6—1995.5	钟　掘	毛大恒、刘义伦（—1994.8）、 陈欠根（—1994.8）、陈贻伍（1994.9—）、 何清华（1994.9—）	
1995.6—1996.3	钟　掘	陈贻伍、何清华、毛大恒	1995年成立 中南工业大学机 电工程学院
1996.4—2002.3	谭建平	严宏志、胡均平、夏建芳	
2002.4—2010.8	吴运新	黄明辉、唐进元、黄志辉、王艾伦、 李晓谦（—2006.5）、张怀亮（2005.12—）	2002年成立 中南大学机 电工程学院
2010.9—2014.5	黄明辉	王艾伦（—2013.7）、张怀亮、邓华、 段吉安、刘德福、湛利华（2012.11—）	
2014.6—2019.1	黄明辉	张怀亮、段吉安、刘德福、湛利华、杨忠炯、 严宏志	
2019.1—	段吉安	夏毅敏、蔺永诚、孙小燕、云忠、帅词俊、 吴万荣	

2.6 本学科在职高级职称人员名单

教　授：	钟　掘	陈　超	陈泽宇	邓圭玲	邓　华	段吉安
	傅志红	韩　雷	贺地求	胡均平	胡仕成	胡友旺
	黄明辉	黄元春	黄长清	蒋炳炎	李涵雄	李建军
	李军辉	李　力	李群明	李晓谦	李　艳	廖　平
	蔺永诚	刘德福	刘少军	陆新江	欧阳鸿武	帅词俊
	孙小燕	谭建平	唐华平	唐进元	汪炼成	王艾伦
	王福亮	王恒升	翁　灿	吴万荣	吴运新	夏建芳
	夏毅敏	肖来荣	徐海良	徐绍军	严宏志	杨放琼
	杨忠炯	易幼平	喻海良	云　忠	湛利华	张怀亮
	张立华	赵海鸣	赵先琼	周海波	朱文辉	
研究员：	朱建新					
副教授：	蔡小华	陈　斌	陈明松	陈思雨	陈　卓	崔晓辉
	戴　瑜	邓春萍	邓跃红	樊广军	冯　佩	高成德
	龚　海	龚艳玲	郭海波	郭淑娟	韩奉林	何　虎
	何玉辉	贺继林	贺小涛	胡　宁	胡　琼	胡小舟
	黄始全	李国顺	李松柏	李　蔚	李毅波	刘春辉
	刘景琳	刘峙麟	柳　波	罗春雷	罗筱英	母福生
	欧阳立新	潘晓红	彭先珍	申儒林	石　琛	谭冠军
	汤晓明	汤晓燕	王　聪	王　刚	王青山	吴　波
	吴旺青	谢敬华	谢习华	许良琼	薛　云	姚亚夫
	禹宏云	袁望姣	翟瞻宇	张星星	张友旺	郑　煜
	郑志莲	钟国梁	周宏兵	周　英	周元生	朱桂华
副研究员：	郭　勇	刘光连	赵宏强	周亚军		
高级工程师：	龚　进	刘诗月	彭高明	胡爱武	周　立	
高级实验师：	李　燕	刘介珍	舒金波	邹利民		

3.1　高性能复杂制造国家重点实验室

高性能复杂制造国家重点实验室 2011 年 10 月由科技部批准立项筹建，2013 年 11 月通过科技部组织的验收，正式开放运行。实验室依托中南大学，以机械工程、材料科学与工程、交通运输工程 3 个一级学科国家重点学科和控制理论与控制工程 1 个二级学科国家重点学科为主干，面向国家重大需求和国际学科前沿，针对航空航天、轨道交通、信息产业等领域的战略需求，以材料构件—工艺—装备多科学原理协同制造为基本学术思想，开展高性能构件复杂制造及其制造装备集成科学的基础研究。实验室拥有一支具有强大创新能力的学术梯队，其中中国工程院院士 3 人、国家特聘学者 4 人，长江学者特聘教授 7 人，国家"万人计划"领军人才 5 人，国家"杰出青年基金"获得者 2 人，教育部创新团队 1 个，科技部重点领域创新团队 2 个。

高性能材料及其零（构）件复杂制造是国家当前发展的急需，也是支撑国家战略竞争力的基础，是制造领域的高难度前沿方向。实验室围绕高性能装备与零件构件的复杂制造原理与关键技术开展基础研究，为我国自主发展高端装备提供科学基础。主要研究方向包括：超大型高性能构件制造；特种功能曲面零件的设计制造；光电信息传输功能结构的高性能制造；高功能装备的集成设计制造。

近年来，实验室承担完成了国家与省部级项目 234 项，其中国家级项目主要有：国家重大科研仪器设备研制专项 1 项；国家 2011 协同创新计划项目 1 项；国家重点研发计划重点专项 2 项；国家 973 首席项目 3 项。获得国家科技进步特等奖 1 项，国家科技进步创新团队奖 1 项，国家科技进步二等奖 3 项，国家自然科学二等奖 1 项；获省部级特等奖 3 项、一等奖 17 项；发表期刊论文 2500 余篇，被 SCI 收录 970 余篇；获得授权发明专利 356 项，出版专著 17 本。

3.2 深海矿产资源开发利用技术国家重点实验室

深海矿产资源开发利用技术国家重点实验室是依托长沙矿冶研究院，联合中南大学共同建设的国家重点实验室，于 2007 年经科技部批准组建，2012 年通过科技部验收正式授牌。拥有一支国内一流的深海矿产资源开发利用技术研发的研究队伍，其中正高职称 19 人，副高职称 13 人，具有博士学位的 12 人。

实验室是我国唯一一家深海矿产资源开发利用技术研究的国家级重点实验室，是国内一流的深海矿产资源开发利用技术研发、实验平台。主要开展多金属结核、富钴结壳、多金属硫化物等深海矿产资源从矿物采集破碎、提升输送到选冶加工等各环节的技术原理研究，虚拟仿真、建模和物理实验研究，关键设备设计、研制及实验，工程技术开发，工程规模放大研究等。

实验室拥有国内一流的深海矿产资源开发利用实验系统，设立了深海矿产资源开发系统技术、深海矿物采集与海底行走技术、深海矿物输运技术、深海作业装备设计与分析技术、深海矿物高效提取和新型加工技术等 5 个研究方向。先后承担了包括国家 973 项目、国家 863 项目、大洋专项、国家科技支撑计划、国家重点研发计划、国家自然科学基金等国家重大科研项目 25 项，省市纵向项目 12 项，纵向经费总计 1.39 亿元，组织实施了三个航次的国际海底矿区勘探活动，组织开展了国内首次深海扬矿泵管输送系统 300 米海上试验和海底集矿系统 500 米海上试验，开创了国内深海采矿装备海上试验的先河。参与了中国大洋协会组织的《国际海底新矿区申请战略研究与工作方案》编写工作，主持编写中国大洋协会的《国际海域矿产资源开采技术发展行动方案》等，获得省部级科技成果奖 1 项，获发明专利 9 项。

3.3 国家高性能铝材与构件工程化创新中心

国家高性能铝材与构件工程化创新中心于 2009 年在国家产业跃升计划项目"高性能铝材工程化研究与创新能力建设"的平台基础上组建，依托我校机械工程和材料科学与工程等国家重点学科，拥有国内一流水平的创新研究团队。

中心以形成新型铝合金基础研究能力、工程化关键技术的研发能力和高性能铝材与整体构件的试制能力，创建高性能铝材体系与关键制备技术，支撑国家中长期战略目标实现为目标。已建立第三代铝合金材料工程化全套技术，解决当前国民经济建设与国家重大工程对铝材的需求；完成第四代铝合金材料的研制与工程化研究，为发展中的高技术产业提供新一代材料支撑；持续开展第五代铝合金材料应用基础研究和产品原型研发。目前已建立了高品质大规格半连续铸锭、大规格锻件等温模锻、大型薄壁构件时效成形、大规格中/

厚板深度淬火、大型构件焊接与表面强化、材料构件正反向等温挤压等 6 条工程化试制线，以及 20 余项国际先进核心技术。针对我国高性能铝材"工程化"的瓶颈，结合具体真实产品的全生命周期，建设集高性能铝合金材料研制 – 关键制备技术工程化研究 – 高性能铝材产品试制为一体的研发基地，形成产学研国家团队，建立支撑我国铝合金材料制造产业持续跃升的创新能力平台。

3.4 国家有色金属先进结构材料与制造协同创新中心

国家有色金属先进结构材料与制造协同创新中心是以中南大学为牵头高校，联合北京航空航天大学、中国铝业公司、中国商飞上海飞机设计研究院等多家单位于 2012 年 9 月共同发起组建的，2013 年 5 月被教育部认定为 2012 年度"2011 协同创新中心"。中心以研发航空航天急需的机体用轻质高强铝及钛合金材料、制动系统用高温耐热有色金属材料、发动机用难熔金属与高温材料及其构件为目标，构建跨行业、跨学科的协同创新体，提升有色金属行业持续创新能力，满足国家重大需求。

中心围绕国家大飞机、航空发动机、新型飞行器、探月工程和有色金属行业重大需求，发展有色金属材料与结构一体化集成设计与制造的理论，形成 10~15 个新型合金品种，试制出新型合金工程样件，应用于航空航天领域，引领有色金属材料发展。创新 10 余套航空航天轻质高强机体构件、飞机制动材料与系统、航空发动机与航天飞行器核心部件的先进制造技术，形成了多种新工艺技术体系。建立新工艺生产线，制造出大飞机、航空发动机、新型飞行器、探月工程急需的系列材料与构件，带动有色金属行业的技术进步。经过 5 年建设，中心已初步建成国际一流的有色金属先进结构材料与构件制造的基础研究 – 工程化研究 – 工程应用各环节紧密融合的协同创新研发基地与人才培养基地。2013 年以来，中心发展迅速，不仅在有色金属材料与制造多个研究领域形成了一批标志性成果和特色技术，还以国家科技、经济和社会发展重大需求为导向，积极推进了队伍建设和人才培养，引进了一批高层次人才，培养造就了若干具有国际领先水平的学科领军人才和带头人、一批 40 岁以下青年学术带头人与学术骨干，形成了多个取得重大研究成果的优秀创新团队。在人才培养方面，中心结合国家重大科研和工程化任务，进行了体制机制创新，优化设置了本科生、硕士研究生、博士研究生培养方案和培养环节，在牵头高校建设了国家创新人才培养示范基地，建立了具有多学科知识、创新创业能力突出、适应行业科技创新发展需要的复合型拔尖创新人才培养体系。在学科建设方面，中心在为以大飞机工程、大推力火箭、新型飞行器等为代表的国家重大工程研制过程中，形成了与有色金属材料与先进制造相关的一系列基础理论、关键技术、学术成果，显著提高了学科水平，大大推动了学科发展。中心高校及相关学科的国内外学术影响力显著提升。2017 年，中南大学与北京航空航天大学双双入选"世界一流大学"建设行列，其材料科学与工程学科也顺利入选"世界一流学科"建设行列。在第四轮学科评估中,北京航空航天大学材料科学与工程学科被评为 A+,中南大学的材料科学与工程学科、机械工程学科均为 A−。中南大学和北京航空航天大学的材料科学与工程学科均进入了 ESI 全球前 1‰ 行列,其中中南大学材料学科排名全球第 45 位。此外,中南大学与北京航空航天大学的工程学科也都已进入全球前 1%。2017 年,中南大学材料科学与工程学科顺利通过了国际论证,成绩为"优秀"。

3.5　教育部铝合金强流变技术与装备工程研究中心

教育部铝合金强流变技术与装备工程研究中心于 2001 年由教育部批准组建成立,由中南大学机电工程学院和材料科学与工程学院的相关资源组成。形成了以院士为学术带头人,以长江学者、"万人计划"领军人才等杰出人才为学术骨干的高水平研究团队。中心总人数为 91,其中固定研究人员 46 人,流动研究人员 38 人,技术人员 5 人,管理人员 2 人。

中心的研究领域涉及材料轧制、铸轧、锻造、挤压、拉拔、快速成型等各类制备工艺技术装备与控制技术,已成为面向我国有色金属流变成形技术与装备的高新技术研发基地、产业化基地和技术创新人才培养基地,形成了自己独有的多项理论技术成果,并开发有新的材料制备工艺与成套设备。

近年来,中心承担国家、省部级、企业项目共 151 项,其中国家重大科研仪器设备研制专项 1 项,财政部产业技术跃升计划项目 1 项,国家 973 首席项目 2 项,国家重点研发计划 1 项,国家 973 课题 3 项,国家自然科学基金重点基金 1 项等。获得国家科技进步二等奖 2 项,省部级一等奖 5 项、二等奖 1 项。获授权发明专利 70 项,制定企业标准 5 项。

中心设有铝合金超常铸轧研究、铝加工润滑技术研究、耐热铝合金喷射沉积研究、超高强铝合金制备研究、摩擦搅拌焊研究、高性能铝板带材制备室和铝材制备专用成套装备研究等数个研究室。形成了从铝合金的材料制备、流变加工、装备研发、控制技术到质量检测监控的完整技术支持体系,以产、学、研紧密结合的运作模式推进了工程化的进展,同时,通过工程实践和技术创新,培养和锻炼了一批技术创新人才和企业管理人才。

3.6　中国有色金属行业金属塑性加工摩擦润滑重点实验室

中国有色金属行业金属塑性加工摩擦润滑重点实验室于 1998 年成为中国有色金属工业总公司重点实验室,2011 年经中国有色金属工业协会认定为第一批中国有色金属行业重点实验室。该重点实验室目前拥有研究人员 9 人,其中教授 4 人,副教授 2 人。实验室针对现代金属加工对产品质量和生产效率等方面的综合性能要求,长期围绕金属塑性加工过程摩擦润滑机理、金属塑性流动润滑界面动力学、金属塑性加工润滑技术及开发等方向开展基础研究与应用基础研究，研究领域涉及铝、铜、镁等多种有色金属的轧制、铸轧、锻造、挤压、拉拔、快速成型等各类加工过程中摩擦机理研究与润滑技术的开发，取得了一系列有创新的理论研究成果，开发了纳米微粒金属塑性加工润滑剂、环境友好型水基金属塑性加工润滑剂、多功能有色金属塑性加工润滑剂等一系列高效工艺润滑剂及配套助剂等产品，在提高产品质量和生产效率、降低生产成本等方面起到了积极的作用，促进了我国有色金属塑性加工工艺润滑技术的进步。实验室以学科发展和技术进步为基础，通过技术创新和机制创新大力推进科技成果转化和高新技术产业化，成立的产学研公司——长沙高新技术产业开发区神润科技有限公司生产的系列金属塑性加工润滑剂已在国内外金属加工企业得到广泛应用，解决了我国金属加工行业长期存在的润滑难题，取得了良好的经济效益和社会效益，促进了我国有色金属塑性加工工艺润滑技术的进步。

3.7 湖南省岩土施工装备与控制工程技术研究中心

湖南省岩土施工装备与控制工程技术研究中心由中南大学学科性公司山河智能装备股份有限公司依托中南大学机电工程学院的资源，于 2006 年经湖南省科技厅批准组建。现拥有各类技术人员 109 人，其中副高及以上职称人员 19 人，留学归国人员 3 人。

中心充分利用产学研相结合的优势，致力于高端岩土施工工程装备与控制领域用现代高新技术提升传统产业，在地下工程装备、挖掘机械、凿岩设备等设计和控制方面开展理论研究与技术开发。中心自主研发的岩土工程装备等产品，均具有自主知识产权，其中包括多项原创性研究成果，产品稳居国内一线品牌位置，部分技术引领行业技术进步。在现代液压凿岩设备的设计理论与机电液控制、高性能地下工程装备、液压挖掘机机电一体化技术，节能减排技术的研究与开发、机器人化应用技术等方面的研发与应用能力具有较高的行业技术地位，创造了国内多项第一，中心研发团队是国内综合水平和研发实力稳居一流的团队。山河智能装备股份有限公司近年来始终保持为世界工程机械 50 强，世界挖掘机械 20 强的地位，且排名也在稳步提升。

中心参加制定和修改国家、行业标准 29 项，获得国家专利授权 800 余项，新项目开发 200 多项，实现新产品转化率 90% 以上，为研发成果的快速和有效转化提供了有力保障。通过开展岩土施工装备智能化关键技术的应用基础研究和高新技术研究，不断研制出集液压、微电子及信息技术于一体的智能控制系统，并广泛应用于岩土施工装备的产品设计之中。

3.8 湖南省铝加工工程技术研究中心

湖南省铝加工工程技术研究中心于 2006 年经湖南省科技厅批准成立，由湖南晟通科技集团有限公司联合中南大学机械工程等学科共同组建。拥有中国工程院院士、享受国家特殊津贴专家等一批各种专业、领域精英组成的研发团队。

中心针对公司生产的高精铝板带箔、高品质工业型材、铸轧卷、铝锭、预焙阳极等主导产品，瞄准新材料、新能源发展方向，改进生产工艺，研制新装备，提高产品质量，开发新产品的研究和成果转化。承担了一批国家 863 计划等国家、省、部委科研项目，以及市场急需的数十个技术产品开发项目。在消化吸收国内外新技术和研制新产品上做了大量卓有成效的工作，取得了一系列节能减排、产品升级、市场创新的成果，并迅速转化为生产力，获得了较好的社会经济效益。其中自主研发的"短流程制备高品质铝及铝板带箔"技术、"低硅低铁"铝锭技术、吨铝电耗均达国际先进水平，生产废水实现了零排放，全部循环利用。

3.9　湖南省高效球磨及耐磨材料工程技术研究中心

湖南省高效球磨及耐磨材料工程技术研究中心由中南大学学科性公司——湖南红宇耐磨新材料股份有限公司依托中南大学国家重点学科优势，于 2011 年经湖南省科技厅批准组建。中心拥有一支经验丰富、研发能力强的研究队伍。

中心瞄准国际先进水平，致力于最领先的节能耐磨新材料及生产工艺的创新研发，拥有多项自主知识产权和核心技术，开发了一系列高档的耐磨铸件，在行业中具有明显的竞争优势，自主研发的"球磨机台阶形简体衬板"系列技术，获国家发明专利，并列入了"2011 年度国家重点新产品"；高效球磨与台阶形衬板配套应用整体技术成果被鉴定为国际领先水平，属国内首创，该项技术的应用可使用户的球磨机装球量减少 30% ~ 50%，球磨机产能提高 5% ~ 30%，电耗下降 20% ~ 40%；自主成功研发了具有国际先进水平的金属型自动化造型生产线，并获得多项国家专利。

3.10　机械工程国家级实验教学示范中心

机械工程国家级实验教学示范中心依托中南大学机电工程学院机械工程一级学科，于 2015 年申请，2016 年批准立项。中心面向国家需求，在探索科学真理的实践中培养和造就国家急需的高层次工程创新型人才，将人才培养、科学研究和成果转化相结合，坚持以人为本的教育理念和"高质量地培养高素质人才"的办学思想。

中心现有专兼职实验教师和技术人员 79 人，其中教授 31 人，副教授 20 人，讲师 25 人。至今为机电工程学院机械制造及其自动化、车辆工程、微电子制造工程三个本科专业近 7 千名本科生、全校其他 43 个本科近 1.5 万名本科生开设了机械设计、工程图学、工程训练 A/B/C/D 等相关实验项目 553 项。中心教师指导的本科生获国家级创新、创业类项目立项 40 余项。

　　中心坚持"教师为主导，学生为主体，素质教育为核心，能力培养为主线，努力造就创新创业型人才与高素质领军人才"的实验教学理念，提出了"一个中心、两个协同、三个开放、四个平台、五个结合"为主体的实验教学人才培养模式。在科研与教学互促、校企联合培养、学生创新创业教育方面具有鲜明特色，改革与建设成绩显著，获得国家级和省部级的教学成果奖多项。

人才培养

自学科组建以来，共为国家培养了博士后研究人员 70 余名，博士研究生 271 名，各类硕士研究生 2800 多名，本专科学生 14000 余名。

4.1　本科生培养

学科组建以来，培养本专科学生 14000 余名。2000 年三校合并以来，各专业本科学生人数如表 4-1 ~ 表 4-3。

表 4-1　机械设计制造及其自动化专业①本科学生历年人数

年级	学生人数/人
2000	251
2001	247
2002	510
2003	475
2004	475
2005	474
2006	471
2007	480
2008	490
2009	496

①　1996 年合并专业，原名：机械工程及自动化专业。

续表 4-1

年级	学生人数/人
2010	446
2011	436
2012	460
2013	431
2014	410
2015	414
2016	404
2017	396
2018	408
2019	410

表 4-2　微电子科学与工程专业①本科学生历年人数

年级	学生人数/人
2004	28
2005	63
2006	60
2007	57
2008	43
2009	29
2010	33
2011	32
2012	30
2013	49
2014	51
2015	41
2016	51
2017	49
2018	50
2019	57

---

① 2003 年设立，原名：微电子制造专业。

表 4-3 车辆工程专业①本科学生历年人数

年级	学生人数/人
2010	50
2011	43
2012	47
2013	66
2014	55
2015	63
2016	59
2017	56
2018	56
2019	45

4.2 硕士、博士和博士后培养

硕士和博士培养详情见表 4-4，博士后培养详情见表 4-5。

表 4-4 机械工程学科专业历年博士和硕士学位授予名单

年份	博士	硕士
1960	—	万金荣　王湘玲　张晓光　黄达贤（研究生班）
1983	—	何清华
1984	—	刘克夫　唐焕斌　吕　锦
1985	—	钟国桢　刘义伦　杨勇学　李晓谦　谭　青　李积彬　王志刚
1986	—	王艾伦　刘少军　丁建中　吴运新　肖跃发　王　毅　任保林
1987	—	何竞飞　刘霞光　季　光　刘　加　周顺新　李晓明　赵　雄　伍　怡　冯世海　张克南　蔡铁隆　王立香

① 本专业于 2010 年设立。

续表 4-4

年份	博士	硕士						
1988	—	张国旺	雷群安	王应生	肖湘杰	余克芳	李范坤	廖能武
		马 燕	成焕成	黄晓林	李国锋	黄明辉	杨益民	张仕铁
		廖义德	何亚刚					
1989	—	肖 巨	梅 萍	易顶清	陈家新	杨建思	李 光	李洛妮
		郭淑娟	谭建平	谢永宏	蒋孝德	尹 凌	严宏志	银金光
		薛 祥	杨建思	郭体鸣	胡均平	吴世忠		
1990	杨勇学	龚 进	彭 琚	朱建新	徐绍军	李卫红	谭援强	刘排秧
		喻曙光	刘 坚	骆建彬	夏建芳	石宏骏	蒋炳炎	李 斌
		关国军						
1991	李积彬	伍凡光	张立华	石绍清	刘 红	贺超武	彭顺彪	肖 健
		郑志莲	曾洪茂	李庆丰	黄 强			
1992	张永祥　肖湘杰	周 鹏	乐起胜	贾玉双	赵积玉	宋 坚	李 力	高宇清
		黄嶙谷	黄 辉	彭先珍	张平华	曹昊翔	钱水保	叶子明
		吴光宇	李全旺	何忆斌				
1993	谭建平	徐海良	朱祥舰	杨永波	张义海	胡 敏	吴万荣	周京金
		龚姚腾	母福生	潘晓涛	郭 勇	刘晓波	何亚强	郭海波
		张辉斌	安景旺	刘志超	刘传绍	易幼平		
1994	严宏志	夏毅敏	张 浩	何 伟	赵宏强	苏 红	曾广钧	潘建军
		张志强	罗松保					
1995	廖建勇　刘义伦	查晨阳	蒋俊文	潘昭武	熊勇刚	王林丰	李可平	卓志红
		罗春雷	王文明	龙卫平	邓跃红	贾人献	樊广军	
1996	胡均平　周 鹏 李世炬　谭 青 刘德顺　徐禾芳	杨 平 吴乐成	梁 涛 侯 宾	丁问司	龚艳玲	周安明	曹建平	言 坚
1997	陈安华　刘少军	张 可	张 璋	陈 杰	陈 实	朱志华	吴 凡	李子萌
		谢国勇	辛业薇	周宏兵	谌 江	刘哲辉	曾克俭	
1998	赵宏强　黄伟九	曾桂英	李 宏	陈德华	肖文锋	杨胜培	邓宏翔	秦雅琴
		周海军	姚 伟					
1999	吴万荣　罗松保 陈 杰　谭援强	王蔚娟	何 超	张白冰	李 艳	刘智明	夏 铮	臧铁钢
		朱晓华	张芙蓉	舒 滢	尹中荣	王天虹	刘 勇	李玉声
		李庆春	薛 云	张 宏	刘光连	刘 忠	向 勇	张朝阳
		朱梅生	张志勇	黎 靓	虞仲龙	徐晓晖	胡仕成	李毅锋

续表 4-4

年份	博士	硕士						
2000	张　新	方　向	叶云友	梁　薇	丁祥海	姜　勇	喻　亮	李新春
		钱宇强	刘　昊	贺湘宇	陈志盛	李　磊	黄玮泽	
2001	杨国平　丁问司 谭怀亮　刘晓波 高　志	康志成	周厚明	王　刚	朱仲琦	汤晓燕	涂亚鸣	缪　欣
		湛利华	黄志开	陈兴强	袁文辉	王红志	于凤银	黄步玉
		张　材	吴　波	李　岸	曾益昆	李　旸	赵耀强	梁广涛
		彭　军	徐东喜	袁　春	彭宏伟	刘　欧	雷　鸣	邹恒华
		朱辉剑	吴立民	郭军华	马健哲	王克岳	肖友刚	贺淑云
		胡　秋	袁英才	施　林				
2002	刘　忠　胡志刚 梁　涛　刘　勇	赵先琼	胡志明	阳小燕	陈　新	吕江柱	黄志雄	曹　俊
		邹湘伏	周鹏展	邱显燚	邓益善	何海军	魏　刚	胡文东
		黎　峰	滑广军	李建强	吴吉平	杨　庄	杨吉华	
2003	周友行　廖　平 贺尚红　邱长军 郭观七　李　光 李力争　李学军 朱萍玉	黄中华	胡建华	仇　勇	毛　艳	陈大舵	董晓倩	温勇明
		欧阳金龙	叶南海	许静静	黄　昕	匡付华	郭华伟	谢　坚
		黄素平	王万静	张希林	段湘安	杨琛盛	张亦军	徐建华
		杨　超	黄　错	王　垒	陈　平	赵振宇	顾　跃	王建华
		黄建雄	钟　勇	程　颖	刘　伟	郭春明	饶大可	陈黎明
		罗柏文	张舒原	廖　凯	肖永山	蒋　欣	陶功安	王　卫
		袁望姣	徐泽华					
2004	李旭宇　贺建军 徐海良　何学文 傅戈雁　肖友刚 王艾伦　张　璋 易幼平　王桥医	陈　阳	袁碧华	周伟华	唐俊龙	吴伟辉	何志强	张云湘
		王　麟	王同洲	曾晨阳	徐　昱	杨国庆	尤胜利	雷　亮
		卢伟岸	周立宏	李文炜	邱云松	宋子辉	周　理	吴　烨
		张舞杰	龙江志	王　静	南亦民	段　凯	赵延明	姜　俊
		范素香	王震宇	黄秀祥	熊　文	秦衡峰	龚海飞	李　兵
		周长江	唐永辉	周新衡	纪云锋	殷盛福	张　红	宋红光
		杨俊华	姚天富	严信平	董建国	周志红	罗凌辉	曾　斌
		徐　平	唐朝阳	崔　保	钟向文	朱腊梅	杨明富	陈悦忠
		刘章荣	卢建新	杜天柏	魏长流	傅可明	徐　伟	温朝晖
		林　峰	陈和平	邓家龙	关淑玲	廖春蓝	王凌辉	张　榕
		薛光明	陈毅章	张海涛	刘　甦	叶晓洪	黄雪峰	

续表 4-4

年份	博士	硕士						
2005	张材 彭成章 丁智平 黄良沛 罗春雷 秦宣云 胡仕成 湛利华 郭有贵	杨锋力	陈建伟	李浩宇	陆新江	王炯	刘美林	杨成云
		陈国栋	王政	张志平	刘亚	唐永正	黄神富	杨安全
		张静	刘兴农	曾松盛	宁崴	郑益华	莫江涛	张迁
		陈书涵	邱佰平	孙恒	向本祥	郭磊	谢磊	尹俊峰
		田强	许焰	唐鼎	邓年生	王广斌	敖世奇	彭全凡
		阳昶	郭运涛	施圣贤	李俊	吴晓健	罗飞霞	刘良敏
		刘惠玲	唐蒲华	李清明	王静文	舒霞云	彭早生	王清标
		冯旭树	王伟	罗筱英	赵培杰	许浩	杨兴清	范学文
		张公明	何炎权	杨相稳	蔡丹	刘琳琳	金燕	邱海灵
		魏会文	夏益民	苗健宇	易子馗	蔡国华	侯玲珑	
2006	周鹏展 朱浩 黄中华 周贤 帅词俊 黄明辉 夏毅敏 龚中良 倪正顺 王恒升 周俊峰 徐先懂 张大庆	何永强	任凤跃	樊艳花	韩庆珏	霍军亚	曹锋	杨锋
		尹松夺	马波	王龙	李毅波	许文虎	符荣华	黄立
		彭娅清	龚天军	吴任和	王玲芳	郝志东	邓增君	戴中华
		夏立斌	易念恩	张利	罗晶晶	邹月灿	李爱强	龙赛琼
		付伟华	杨新清	吕文利	颜建华	潘鑫	黎鑫溢	曾芸
		周亮	马治国	尹珊波	唐青云	张祁莉	谢喜春	陈家斌
		常毅华	赵娟	余振	郭堃	李士会	董建民耿	菲傅杰
		崔会喜	吴靓	宋杰	李渊博	周宏权	周宏慧	唐勇
		郭陵松	赵世富	聂朝辉	胡鹏	罗建华	贺光军	翁灿
		汤迎红	赵晓涛	陈丽芬	赵崇友	肖鹏	邹兴龙	李晓光
		熊清华	刘慧玲	钟定清	于晓伟	闫炳雷	全江琳	左鹏
		谢红清	马强	李晓丽	朱汉松	邱寿昆	梁建章	王会星
		戴瑜	帅文	刘艳萍	郭瑞霞	谭祖香	王永华	符林
		黄伟	唐军	刘德阳	耿军晓	张际强	苗润田	徐继付
		孙晓亚	刘伟阳	胡小舟	李有荣	何学科	崔保兴	张荣涛
		崔天同	谢晓宇	李科生	宁丽霞	王永华	黄文进	倪必红
		苏卫民	宋东葵	陈孝龙	孙东洪	赵珂	苑建英	肖志兵
		张铁军	黄彬	杨成林	胡传华	帅希士	韩庆波	易定忠
		高训兵	李章平	李宗勇	罗红萍	杨积慧	李延伟	陈晖
		闫红涛	苏勇	黄运明	杨丰	陈林		

续表 4-4

年份	博士	硕士						
2007	王文明 李晓谦 云 忠 俸 颢 王福亮 隆志力 杨忠炯 柳 波 邓习树 黄 昕 黄长征 周 英 胡忠举	刘 军 陈金涛 张合明 闵四宗 高志雄 聂四军 刘巧红 黄安涛 沈龙江 吴国锐 陈思雨 张瑞亭 罗 斌 张启军 朱 明	关敬波 龙杰强 邹中升 舒 畅 姚灿阳 广明安 梁建玲 陈奎宇 李天富 李 丹 曾立平 江培发 崔 静 邢义忠 向阳辉	王纪婵 王俊杰 洪 元 肖俏伟 宋爱军 刘 波 肖志军 高双锋 邓 航 王宗宽 陈保新 赵红伟 马慧坤 高兴中 郭雄文	李善德 刘 丹 程度旺 龚 寄 宋跃辉 李乐奇 胡爱武 彭 灿 韩 玮 谢乐添 俞天兰 江 荧 石 岩 于 洋 景传峰	刘光华 胡昌良 张 洁 李怀福 高荣芝 王华东 翟晓巍 陈 坤 鲁湖斌 邹 丽 谭立新 袁东来 杨辅强 陈 勇 马鹏超	杜 磊 蒋凯平 万 梁 何成申 罗永顺 张西伟 王素芳 胡火焰 陈勇平 王 宇 王先安 周 科 陈 峰 禹 丹 陈明礼	杨 洪 李永胜 张小桥 李宝童 刘哲明 赵红伟 汤美林 蒋丛华 刘 欣 唐运军 许韵武 孙启超 李小红 何 攀
2008	申儒林 罗柏文 肖永山 龙东平 向 勇 郝 鹏 贺湘宇 刘德福 张怀亮 李军辉 阳小燕 熊勇刚 朱建新 张小平	聂双双 赖雄鸣 彭伟波 公衍军 付 欣 郭嘉博 朱 伶 周 明 孟 莹 聂荣光 黄 斌 李素娥 胡桂涛	贺茂坤 李丽敏 蒋日鹏 李炳华 刘彦伟 齐 斌 徐大鹏 庞 浩 李 斌 王 弦 骆 舟 张园园 易 昕	张 超 周 铁 段智勇 王晓崇 程 宝 屈 圭 尹平伟 黄天喜 冀 谦 梅勇兵 周敏华 史天亮 吕 雷	鲁志佩 刘 侃 李 强 刘金标 丁国红 江 朋 高 斌 李 硕 曾智灵 肖富英 刘 云 吴士旭 彭红军	刘江丽 李美香 严勇文 马维策 李东辉 肖爱武 戴 进 尹中保 张德胜 何平良 秦克利 陈俊林 杨 军	骆 拓 涂书柏 段建辉 翁 伟 王长春 陈应杰 黄云飞 杨 蟲 杨海军 魏学锋 周 勇 张银生 李登伶	杨岳锋 刘荣光 赵 辉 张学文 刘 洋 王 猷 周 超 冯 广 蔡纯杰 章圣聪 沈华龙 张丽娜

续表 4-4

年份	博士	硕士						
2009	陈书涵 李艳 王刚 龙东平 周凯红 谢习华 周旭	夏勇	徐平安	喻飞	肖剡军	邹春来	叶水祥	王亚军
		刘云龙	曹兴强	文跃兵	张立志	唐云岗	王致坚	张震
		赵近谊	刘金书	任小增	周红平	王军泉	陈正杰	刘永磊
		伍利群	胡世恩	张振兴	唐崇茂	颜祯	刘厚根	聂拓
		赵厚继	周木荣	谢嵩岳	张涛	李金莲	陈旭	彭南华
		许勇	李琳	易达云	宋明龙	刘松柏	沈平	胡永清
		张晓明	付明志	黄始全	赵晓海	王炎	楼静	杨波
		李雄	孙东坡	陈艳	梁世伟	林丹	吴钰	唐鹏飞
		谢恩华	黄毅	陈平	杨程旭	暨智勇	李雅娟	刘涛
		吴永宏	王伯长	高丹	严东兵	胡魁贤	张灵	顾俊
		肖将	李友元	周良	曹康	李小飞	杜晋	宁子超
		廖熙淘	陈维涛	袁文君	熊亭	胡雄伟	倪佳	袁燕萍
		杜斌	叶鹏飞	申文静	王勇刚	朱晓东	李磊	李志鹏
		廖菲	薛洋	蓝才红	李抗	楚纯朋	谢武装	申瑞霞
		蒋海华	董小金	杨栋	武秀媛	刘杰中	葛玉柱	刘炜
		刘广	克瑞思	王传金	武伟	谢彦	吴冬华	于水琴
		陈金全	周艳	肖云平	伊飞	李胜	陈庄庄	黄利辉
		孙栓辉	文传顺	苏基协				
2010	明兴祖 王志永 何玉辉 赵先琼 时彧 戴瑜 石琛 段小刚 杨勃 李战慧 吴鸿云 杨放琼 廖凯 吴波 许焰 王广斌 蒋玲莉 周海波 赵萍	周玉军	段俊	文新海	刘新良	张亚楠	过新华	刘少华
		彭勇	彭宏道	闫鹏飞	毛勇	刘钊	邓强泉	黄惠繁
		葛志旗	黄飞	陈鹤梅	龙清	张峥明	刘佰昂	杨培邦
		高晓毅	郭俊康	贾逢博	曾凤艳	张玉勋	卢元申	李祺
		胡宇铎	李云	王涛	郝长千	化世阳	姜永正	薛静
		杜磊	周喜温	匡洋	章彩云	文灏	张魁	汤晓勇
		戴能云	潘竞香	杨远平	刘明	朱联邦	王北战	聂现伟
		陈铭	杨大伟	赵世琏	丁争荣	邓丽娜	陈瑞涛	吴昊
		石文君	李开晔	袁继栋	邹培海	丁征宇	张敏	李罡
		双志	曾琦	吴永红	李抗	谭青	梁米	赵喻明
		刘江明	冯雨萌	刘志坚	陈闻	叶玉全	张平	黄剑飞
		刘自由	刘瑶	唐彪	余军	刘伟	胡建良	刘振
		翟瞻宇	李楠楠	滕韬	罗前星	柏友运	张雪	陈卿
		李健	谢世冠	徐洲龙	冷志坚	李婷	刘伟涛	刘超
		刘学	蒋佳利	周立	曾建成	雷国伟	杨加玲	仇灵
		邢彬	邹红光	蒲太平	罗维	高旭光	夏罗生	龙云泽
		张家富	聂金安	李候清	彭方进	彭玉凤	衡保利	戎毅仁
		杨勤	丁曲	柳青	陈丽伟	张延松	罗斌	罗斌
		王世怀	孙彦	邹益来	罗新俊	尹江华	段汉波	李琴
		张祥	刘勇					

续表 4-4

年份	博士	硕士					
2011	胡小舟　胡　琼 文泽军　康煜华 龚　海　赖雄鸣 袁英才　康辉梅 戴巨川　史春雪 陈明松　李松柏	贺　浩 王少辉 甘建伟 宋光伟 朱利君 孙　欣 南江鹏 钟　杰 欧阳涛 李　辉 田　科 孙勃海 罗　宁 李　巍 刘石梅 南现伟 周　炜 熊兴波 冯利花 邢留涛 王　凯 毕红霞 石文泽	宁林波 周　刚 管付如 邓清方 赵冠中 朱　伟 邹长辉 彭志勇 娄丙民 危丹锋 汪海斌 潘　云 黄新磊 李恒斌 康新库 秦庆华 王智泉 胡永会 陈远益 陈智洪 时圣鹏 曹旭辉 周　灿	万正喜 李江波 翁武钊 陈　炜 王志富 陆江斌 黎正华 陈桂芳 罗德志 邹砚湖 袁　理 吴　凯 贺暑俊 周友中 陈盛钊 祝忠彦 马昌训 刘　革 郭　艳 胡江平 刘指先 汪辉辉 谢燕琴	申爱玲 邓文卫 刘　韬 徐　圆 韩德夫 谢纪东 胡智勇 陈　津 杨　柳 张秋阳 陈金波 张朝锋 王晶晶 李常峰 龚金利 胡香平 陈　嫦 李　松 陈　栋 陈玲萍 廖　伟 王　虎 贺建超	邵高建 涂　星 周现奇 张　总 曾　凯 黄　杰 张　明 曾　晶 杜三成 雷少敏 陈　辉 杨　兵 李　剑 唐省名 赵　聪 杨新泉 王　帅 金　浩 陈海锋 谭明敏 董　方 严国政 赵耐丽	廖国防 王芳芳 刘海阳 阳凌霄 胡建冰 李齐文 余　星 王瑞山 李　进 易　文 李　林 杨丽新 李　硕 李代兵 刘恒拓 周　游 罗才旺 王祁波 吴双斌 张晓建 汪辉辉 王艳丽 刘金波	夏晨希 吴道辉 何　巨 张　灿 郭宁平 乔家平 许显华 龚　俊 刘　锋 董　志 张　勇 何明生 胡层良 王金羽 邓　锐 王艳芬 王光宇 丁艳宝 王石林 刘明涛 李　俊 刘卓文 关文芳

续表 4-4

年份	博士	硕士					
2012	周育才 唐宏宾 郭 勇 张 耿 李流军 蒋 勉 陈思雨 廖力达 蒋 蘋 刘忠伟 张舒原 郑 煜 陈 晖 刘光连	陈 磊 姜洪锋 孔德功 胡谦谦 李炎光 刘晓宏 刘燕平 汪 建 何小龙 谭斯格 赵文龙 易雪雄 仇风神 张刚强 覃经文 彭建红 王卫卫 方晓南 陈 春 陈鼎欣 王 琪 郭东柱 田晶晶 林学杰 严岳胜 陈兴明 朱 彪 王海勇 高成德 胡 凡 张世伟 钟志宏 陈小敏 张 猛 程 峰 李志鹏 刘艳平 徐少华 陈铖彬 何霞辉 向 康 曾立帮 刘昌发 张士军 龙运栋 吴 峰 何 利 陆文龙 张振华 崔 莹 刘 明 李许岗 涂江涛 姚启萍 曾晓锋 吴雨欣 吴 智 丁睿明 王仁全 邓方平 吴 晟 刘 质 朱李斌 王国庆 全凌云 王明峰 司玉校 肖芳其 蒋婷婷 李 辉 陈庆广 王立杰 温荣耀 吕 丹 涂开武 徐孜军 卢 翔 瞿吉利 李新明 周 胜 胡 威 邹兆鹏 金 凯 侯文潭 龚黎军 邱庆军 罗新桃 廖 竞 王 哲 李 凯 黄 飞 郭金成 刘 超 来佳峰 吕丹丹 刘朝峰 王从权 代向歌 陈庆杰 王乙生 林良程 韩 龙 龙 辉 吴海龙 石 芬 黄 胜 李 帅 肖国柱 向 闯 熊劲华 刘瑞国 梁箭武 王 鹤 梁向京 张玉柱 吴程晨 丁 吉 王 浩 钟锡继 高 宇 吴伟传 刘武波 周乾刚 刘成沛 周创辉 黄亚光 赵 鑫 王昌平 袁 政 任继良 陈艳军 舒敏飞 方晓瑜 李赛白 刘 鹏 梁 靖 刘学良 张国浩 李铁辉 刘 蕾 陶 轩 李齐飞 亢文祥 陈纪军 石美华 刘文华 李 享 马邦科 王 虎 王艳丽 刘志勇 刘文倩 郝前华 曹智超 刘均益 李 俊 陈 正 陈 波 曾亦愚 李光磊 邓 岭 方立志 范家庆 崔燕青 李文琪 瞿田华 夏雨驰 刘生奇 肖开政 冯 敏 张栋梁					

续表 4-4

年份	博士	硕士						
2013	黄　宁　阳　波 徐　震　李毅波 任耀庆　黄文静 黄始全　滑广军 谭　军　孙振起 王　宪　刘云龙 曾谊晖	张　彪	刘　阳	赵苏琨	扶宗礼	李益华	许志杰	吴中怀
		王晓燕	杨家旺	郑　蕾	吴正辉	银　恺	向继文	王文祝
		鞠增业	邓　静	林　森	赖瑞林	叶绍勇	肖　琼	吴　元
		胡兴怀	顾健健	林赍觊	卞章括	唐　亮	胡建明	罗海东
		杨厚忠	陈　琳	赵　博	杨　飞	秦清源	代　伟	黄湘龙
		尹　凤	徐虎明	张　燕	邸拴虎	雷敦财	陈启会	焦付军
		郑永锋	徐建军	田明华	李　杰	沈文奇	丁　毅	刘正华
		刘灵刚	邓路华	冯　佩	聂　毅	范登科	阳　康	李　滔
		朱弘源	陈　星	杨慧栋	付　涛	左金玉	谭　璐	徐　涛
		杨　斌	舒招强	陈　玲	姚建雄	李变红	朱　逸	卢子敏
		谢木生	罗　涛	施亮林	程鑫鑫	李屹罡	张　正	潘珏承
		蔡玉鑫	黄振兴	杨添任	朱俊霖	刘复平	肖　华	管　伟
		李百儒	熊　博	张龙凯	左　杰	强维博	文国臣	陈　有
		高　珊	宋　军	饶水冰	张龙赐	谭武中	龙尚斌	陈中原
		马　鑫	刘小超	谭永青	吕　斌	陈玉辉	梅　明	栗　慧
		杨　鹏	翟辰辰	李雅瑾	庄静宇	洪余久	曹　飞	蒋艳红
		刘真兵	袁晓亮	陈　清	龚国芹	汤万文	侯占勇	王子坡
		张政华	刘　坤	代建龙	李亮红	谢海军	范增辉	张　宜
		宋长春	邱团辉	李成佳	陈　杰	黄礼坤	王前进	邹　伟
		肖　雷	袁　坚	邹佰文	胡彩云	秦玉彬	祝孟鹏	聂　广
		祝建明	苏　斌	李　辉	单鹏飞	廖东日	胥　晓	黄红波
		姚秀超	李大勇	朱震寰	莫少武	戴　欢	刘　驰	李　平
		黄小青	肖雄辉	熊宏志	凌以健	王亚辉	殷建坤	刘芳华
		黄　溦	敖方源	徐　超	刘大帅	刘建发	牛　杰	王　鹏
		秦华生	吴云峰	吴　桐	郭程熙	刘　操	张　强	郭强华
		龚　理	段晓威	夏　凡	蒋　涛	刘亚东	杨福新	朱　充

续表 4-4

年份	博士	硕士					
2014	邱显焱 许宝玉 谢敬华 易继军 张龙燕 付 卓 韩庆钰 何国旗 赵延明 楚纯朋 蒋日鹏 沙麦一 何志勇 杨 俊 陈 云	周 明	云现杰	刘 斌	朱华东	陈林易	章 毅	韩 强
		王少清	黄向阳	于广淼	吴伟胜	罗文键	卢胜强	楚 礼
		吴昌伟	朱高科	高 飞	李雪峰	邓 旺	谭 超	周 江
		夏 子	罗 志	魏灵娇	胡 鹏	杨海钦	官 通	张 威
		潘 祺	万闯建	杨 鸣	郎献军	李 宁	陈志贤	郑海华
		李 栋	叶 鑫	巫 将	杨文彬	王 辉	朱政宇	刘 振
		何二春	宋晶晶	邹宁波	欧阳烁	刘 彬	宋文举	谢金晶
		汪志能	刘 宇	杨星星	曹 玉	许方雷	解士聪	许 奎
		聂胜钊	周陆腾	乐 鹏	赵 楠	曹 拓	黄明哲	宁佳杰
		张 敏	张 旭	舒 晨	吴跃松	王 鹏	岳莉莉	邓 姣
		李智宝	丁 晟	彭 杰	董 能	马立勇	凌于蓝	蒋丰泽
		龙紫照	刘 相	朱贤云	潘友峰	毛中正	杨 博	夏国才
		谭 卓	杨 武	何 雷	李建芳	李镔桦	谢吕坚	吴丽娟
		唐健杰	王志伟	楼 江	雷高思	霄殷杰	苏永雷	唐伟东
		邹铁庚	史 建	冒振文	徐智张	赵 威	廖智奇	杨朝蓬
		郑 细	昭封溢	刘继佼	沈 斌	杨 凯	欧阳涛	陈 奇
		谢秋敏	卿茂辉	陈小立	王 旋	朱翰成	王彦飞	徐 康
		周振峰	胥 景	罗国云	何海林	许晓龙	阳 凌	章国亮
		刘智龙	郑 伟	舒 标	王 焜	苏 琦	尹登峰	李 冰
		郑晓梅	刘文国	田 杰	喻 坚	戴 鹏	尹 升	李进军
		常跃雷	刘罗成	谢 明	孙 侠	胡 垠	张 凯	吴自龙
		赵 旻	邓 坎	黄明登	何芳芳	彭先安	阮 杰	黄 进
		张小龙	吕亚平	姜玉强	张雅鑫	聂桂国	董诚诚	许颖光
		廖雅诗	胡 旺	喻 威	顾增海	卢鹏飞	李鹏健	尹芳莉
		贺 翔	李武俊	胡泽华	朱湘衡	胡 宜	谭 波	贾树峰
		齐征宇	孙晓红	曹亚鹏	张春成	邓 玲	周永海	朱振新
		章 程	檀甲友	郭利伟	谭品袁	夏 丽	彭 欢	梁星海

续表 4-4

年份	博士	硕士						
2015	龚　俊　陈海锋 任　武　胡建良 陈　磊　丁文华	吴海宇	张祥剑	张冰珂	罗杰华	周立军	邵质中	龙诗东
		王豪放	尹业刚	王广松	袁　清	周　恒	姚俊歌	谭　耀
		马云荣	蒋亚军	赵　斌	段小龙	贾　旺	胡骞兰	文　军
		郑　聪	易　滔	孔祥奎	罗国平	吕文兵	陈鹏冲	李云峰
		柯佳见	周　双	白鹏展	张　露	吕　辉	贾云龙	张　胜
		王　鑫	谢益波	何晋全	田　波	尹　琨	刘纯亮	李　玉
		郑友娟	吴先洋	刘　冠	周　密	邹文兵	胡　庆	秦贞国
		刘江峰	张　滔	陈　君	周　维	肖益民	刘　健	谢海庆
		韩子凯	黄智才	曾　乐	唐华全	张旭辉	黄于林	何艳飞
		曹茂鹏	蔡卫星	李雪鹏	占德友	秦伟业	冯小磊	蒋绍松
		赵志然	喻向阳	张红波	王鹏磊	胡承欢	唐　露	徐　雷
		叶　辉	温广旭	陈新宇	黎　超	鲁耀中	李洪宾	袁宏亮
		秦继文	彭杰林	张　欢	林　益	张　姣	李　密	张　麟
		马　凯	唐　啸	李泽杰	谷智超	文亚杰	李文娟	周晶晶
		李海涛	王志伟	李　曙	陈建庚	刘　栓	周　群	董建雄
		王海军	李　然	王并乡	李文坚	杜志勇	姜俊超	范国荣
		张兴宇	徐运扬	欧阳春平	倪松松	张　昀	王　也	卜佳南
		胡兴佳	张　亮	贾广成	余卫星	毛　健	吴元兴	张振海
		彭志方	陈周伟	宋鹏程	陈　龙	邓俊杰	董欣然	周宇峰
		许洪韬	孙鑫健	任志湘	邓赛帮	彭　旋	左　博	黄平伦
		陈伟锋	汪西力	杨泽华	姚建超	曹明慧	肖　峰	陈　锦
		田彦朝	陈　卓	李　峰	史　博	赵　俊	蒋　坤	陈　真
		李畅梓	邓智仁	王　猛	熊志宏	徐小龙	高明泉	夏　阳
		徐　胜	崔广亮	郭　兴	彭搏涛			

续表 4-4

年份	博士	硕士					
2016	周亚军　张魁 董　方　陈小敏 颜海燕　陈辉 姜永正　张宇 周炜　高成德 周灿　李科军 潘钟键　唐思文 汤晓燕　胡赟 石文泽　张涛 银恺　唐皓 袁海洋　金永平 李瑞卿　周明勇 金嘉瑜　娄磊 肖政兵　黄元春 刘玉振　杨大炼 周洲　黄志雄 李力 李树健(轻合金)	殷泽军　曹弋远　刘婷婷　刘军林　盛昌杰　范茹军　陈珍颖 郑惠斌　费凡　靳道硕　樊超　程阳　柯常训　胡悦 贺峰　吕志海　汤涛　汪成生　杜雄春　孙磊磊　闫东 杜鹏　徐维跃　黄克勤　彭富霞　张宇　廖晓文　谢琴 范吉志　雷兵振　彭洪美　蒋文　唐靖川　谢姣　黄诚 张林　林姬　雅倩　谢信　杨德友　樊光锋　雷星 刘仁喜　韩伟伟　唐海红　郭亮　白海明　杨有良　张泳安 尹旭妮　王维　王铎　郑静安　葛大松　彭聪　柳瑞 罗家文　宋亚宫　汤良　高尚康　程海鹏　李俊　吴书舟 黄国兵　周腾飞　赵聪　王祎维　张诗颖　赵鹏　徐婷 傅斯龙　陈庆　周茂贤　陈广林　严日明　佘亦曦　李熙 印桂珍　张贝贝　刘琪　杨孛　何耀华　尹凯　赵健 闫大富　张金龙　梁英杰　何敏　劳同炳　魏来　高浩 罗建　张晋浩　罗真　张海彪　王兰　李威　杨根 刘攀　冯东昱　李立　李旺　周卓　谢凯　王丽军 李继攀　王伟华　郑加勉　吕文　周剑杰　周井行　王蔚坪 刘森　周帅华　吴慧　罗博艺　沈东羽　罗升　徐世平 黄启彬　段焱辉　顾林坤　龙浩　蔡超　徐军瑞　张睿 毛晴松　王洋　吴才章　丛国强　骆亚洲　罗不凡　高继松 陈保卫　周斌　周芳　张贝贝　蒋玉孝　陈骏霆　郑雨天 黎向宇　尹志敏　邹又名　刘怡　王亚非　吴志鹏　林波 刘思思　李艳妮　许德涛　毛鹏　张质子　张星　王万斌 张丽欣　唐汝琪　魏伟　杨晓宇　孙甲尧　盛兆华　王艺 欣雨　赵国伟　周剑奇　高雨　董栋羿　九火　兰三东 范楠楠　夏振东　张晋霞　吴猛　姚晨　杜明明　杨楚戈 唐井元　周振宇　刘核　邓小保　邹玮　刘庆荣　魏新明 王特　潘若阳　唐顺　王萌　杨英　格雷杰　麻鹏达 刘东升　孙田　李志森　黎思根

续表 4-4

年份	博士	硕士
2017	杨义蛟　金　燕 胡建华　潘　晴 刘延星　温东旭 冯　佩　谢　政 易念恩　路春雨 王林丰　沈　平 徐康康　张　翼 朱宗铭　林赍觊 王会敏　张玉勋 马慧坤　陶　洁 张子娇　谭　华 李承波（轻合金）	陈李松　苏文毅　吴　涛　郑志恒　任俊利　汪　融　徐　聪 聂　川　祝九思　刘　强　万国新　杨传平　常　振　鲁云鹏 唐　佳　周　闯　马　俊　李淑敏　黎　醒　蒋　礼　谭　芳 李渭松　彭　敏　李亦杰　张潇睿　吴佳斌　夏　旺　王　凯 钟贞涛　魏　准　王　鑫　陈永坤　严展鸿　许伟坚　李　佳 李阔阔　孙加东　张瑞强　方　特　孙　凯　汤　芳　郭林林 吴中鼎　王亚熊　李先梦　程后旗　闵金才　李若梅　李　铭 段松林　周建华　刘曼玉　李　锋　张逸超　江　波　易　亮 许方炜　钱露露　周镇宇　崔　伟　狄亚鹏　彭天博　王　飞 谢国贞　谭良辰　蒋方敏　李文琪　钱　聪　杨　妹　郭　犇 郑　义　江晓磊　肖　蒙　罗　凤　陈朵云　包　捷　吴长俊 吴天苗　蒋　毅　谭景升　殷　锐　冯静文　宁海辉　刘瑞春 王　坤　李豪武　杨　端　李白冰　李　林　郭　超　罗　刚 朱　湘　陈　望　张雨辰　罗　琪　刘　卫　倪秀衡　汪大伟 赵莉嘉　万荣桥　唐　楚　林俊渊　蒙元明　王小飞　陶圣壬 王丽娟　刘　镇　邓　鹏　张万高　田郁林　岳浩铭　邓　捷 吴俊辉　王红建　李　兴　齐鹏程　刘　洋　王　宁　李　飞 徐　舟　耿志敏　曹　飞　张　坦　常士武　卢　飞　廖科伏 胡鑫乐　余　青　聂振超　王燕鹏　陈　宇　刘　畅　唐志清 梁　根　黄　伟　周　楚　黄　涛　王带领　肖红彬　朱海新 黄灵辉　王思远　黎振胜　吴威威　黄　潜　邓佳欣　巢　军 廖津余　陈定平　陈　旺　胡志安　李　静　潘文龙　郝　奇 廖小乐　边国敏　许江阴　胡宇轩　刘志友　黄　凯　张美玉 朱天宏　洪小波　黄翠翠　贺佳文　曹　森　吕敬科

续表4-4

年份	博士	硕士					
2018	赵新宇　肖承地 谌东东　李刚龙 丁　撼　张旭辉 罗更生　刘溯奇 刘志辉　潘　阳 何海林　何道广 辛桂阳 李　杨（材料）	任　成	梁　芳	蒋刘璐	吴　凡	刘思琪	程习康	曹　然
		王胜泽	乔榆凯	柳颖娇	万　月	杨　秧	田　阳	陈毅龙
		赵志鹏	李　俊	成　赟	张震钢	尹　峰	王巧斌	董文勇
		赵　存	李从波	彭要明	陈晋琳	陈昌顺	孙　航	朱锦涛
		庞李平	袁武权	王梓勋	刘俊言	李　卫	秦　霞	杨冬娇
		吴奇峰	覃高峰	董　非	付继先	段　伟	周圆卓	聂南天
		熊　宇	牛奇斌	蒋彬彬	敖小乐	李成雷	赵贝贝	刘曦程
		王艳丽	李正光	宋雨欣	李喜财	刘　叕	李　伟	吴贤斌
		彭忠超	何易鹏	杨　占	张　顺	卓雯迪	施万发	董　喆
		李　皓	杨键刚	刘尧喜	孙　畅	王　琳	开小超	高兆康
		刘　洲	田广天	李自强	李德明	郑金超	艾伍轶	肖　靖
		高广彬	尹高冲	杨超帅	陈　颖	李国文	杨小雨	农富淇
		徐坤鸿	蔡道俊	刘　明	周永兴	陈昊森	刘庆亚	朱卓平
		邓桂龙	刘　健	王　鹏	张　磊	周　明	陈新新	冯　珂
		陈国炜	黄松松	王三星	扶正夫	聂帅黄	刘　田	张立斌
		刘宇奇	白　帆	李　昂	卢泰安	王晓玲	王　庆	杨志翔
		张　健	彭　舸	姚　菁	袁　顺	胡及雨	马颖如	姚　毅
		肖永前	刘方帅	康子剑	吴　聪	王建业	陈志伟	罗洪龙
		袁　鑫	赵志峰	高贺朋	王　鑫	苏家辉	黎子兵	曾　理
		罗定辉	李云栋	任鑫宇	熊豪利	陈　龙	高　静	蔡　央
		廖海龙	臧公正	聂文罗	陈鑫子	胡立彬	袁　柱	徐　聪
		田文亚	曾　鹏	伍天翔	沈　倩	饶国举	彭晓斌	李立成
		刘　畅	罗南安	蔡岳林	徐洪威	黄　卓	沈　克	夏　峰
		徐风尧	曾　斌	周万龙	曹　权	滕　飞	刘宇翔	刘向军
		张高峰						

续表 4-4

年份	博士	硕士						
2019	刘昌盛 赵喻明 兰　浩 崔金栋 李建涛 刘　驰 胡泽华 张　帆 孟献兵 杨友文 董欣然	肖智勇	郭林浩	江俊鑫	刘润华	徐文标	田亚湘	刘建睿
		姚　垚	边海梁	刘　阳	郭轶可	马博松	刘佳鹏	龙果锐
		刘　炜	王康伦	张浩亮	刘　毅	商　兵	黄天然	张志赟
		夏冰心	周朝君	陈　婷	李　俊	李红星	汪必升	吴云展
		王　莹	彭　海	李智勇	李永勃	孔维阳	陈哲曦	陈　梁
		杨　辉	颜　科	康旭辉	王　娜	温　猛	陆　鹏	邹宗怀
		王乾威	李德钊	冯龙飞	章　壮	姜义尧	都海锋	吕　彤
		张英平	李德果	张小云	名　礼	隋　昊	田　昊	巫伟强
		曾　凯	徐春蓉	王志远	吴　伟	鲁晓亮	唐　昕	崔东妹
		闵丽萍	蔡进雄	赵　贺	罗永康	任常吉	崔文健	沈　烽
		余媛君	胡文港	周　鹏	叶梦琪	唐子锴	陈义忠	彭南辉
		吴　凯	刘　通	孔先念	侯杨东	周恩至	林　俊	郑　广
		陈昭君	祝贵祥	戚媛婧	陈　龙	栗梦丹	李　鹏	蔡　韬
		刘　乐	范诗萌	王昊君	文　豪	姚之威	邱伟俊	刘晓明
		朱万霞	江艳蕊	刘思聪	周舰航	曾武杨	李　胜	李坤霖
		朱亚威	林贵堃	李　凡	刘　寒	杨翰杰	姚艺峰	王潇杰
		毛祚霈	贺　迪	何　军	张　洲	谢欣彤	吴志杰	张双海
		孙友庆	王　卿	王旭成	刘　塑	江　心	刘桂铭	巴　赛
		刘智慧	莫　鑫	贺崇贤	唐博豪	付冠林	侯富龙	温彭真
		罗胜蓝	徐　周	杨硕文	陈斯卓	张傲林	周畅樊	袁　东
		王海军	舒　斌	王　冲	李　辉	张曰东	叶肖杰	韩志强
		高亚飞	陈学师	孙　凯	赵丽娜	彭臣西	刘　杰	冯玉立
		胡　雷	钱树生	梁健明	蔡　金	万宇阳	汪　凯	张绪烨
		冯慕鑫	孔　亨	潘远星	罗文哲	陈志胜	陈樟楠	陈建伟
		陈　果	罗　成	彭美豹	文圣明	王　磊	王臣臣	雷　刚
		张　攀	唐仕林	龚　航	杨书勤	秦邦江	龚伟业	张明明
		容　瑛	刘爱强					

表4-5　机械工程学科专业历年博士后研究人员名单

进站年份	博士后
1993	谭建平
1994	严宏志
1996	胡均平　吴首民
1997	段吉安
1998	蔡敢为
2000	何　云
2001	周科平　傅志红
2002	雷正保　吴万荣
2003	贺尚红　赖旭芝　周知进　罗松保
2004	赵运才　陈志国
2005	肖于德　邹伟生　刘永红
2006	黄中华　罗春雷
2007	蔺永诚
2008	康志成　周俊峰　邓习树
2009	胡少虬
2010	鲁立君　胡仕成　杨　胜　何　浩　金　耀　龚志辉　叶凌英
2011	李　生　刘　忠　康辉民　刘景琳　陈幸开
2012	丁　雷　廖　俊　沈龙江　赵党军　向建化　廖金军
2013	刘圣军　彭文飞　陈　辉　陈宇翔　李　兵　陈　卓

4.3 部分杰出校友代表^①

李圣怡，1946 年 4 月出生。1963—1968 年在中南矿冶学院矿山机电专业学习，在校期间曾任第十二、十三届校学生会副主席，1968—1978 年在辽宁鞍山钢铁公司任机电技术员和助理工程师，1981 年在浙江大学科学仪器系研究生毕业，1988 年和 1994 年于美国哥伦比亚大学和美国伦塞勒尔理工学院做高级访问学者。2017 年 4 月，中国工程院 2017 院士增选候选人名单公布，经中国工程院主席团审定，最终确定的有效候选人共 533 位，李圣怡位列其中。

李圣怡教授曾任国防科技大学机电工程与自动化学院院长，原总装备部先进制造专业组专家，湖南省政协委员等，2001 年被授予专业技术少将军衔，现任博士生导师，国家有突出贡献的中青年专家，中国微米纳米技术学会常务理事，中国机械工程学会生产工程学会精密工程委员会主任，《机械工程学报》编委会委员等。

李圣怡教授主要从事超精密工程的教学与科研工作。以他为学术带头人的国防科技大学精密工程创新团队，以纳米精度和微纳米尺度制造为核心的研究方向，在单点金刚石车、铣等超精密加工及机床；磁流变、离子束和 CCOS 先进非球光学镜可控柔体加工装备与工艺；基于硅光刻的微机电系统（MEMS）制造与应用；超精密光、机、电测控技术等方面的基础研究取得很多成绩，在国内外都具有很好的学术影响和地位。他的创新团队是湖南省优秀创新团队，也是国内同行公认有重要的影响的优秀学术团队之一。

李圣怡教授先后承担 20 余项重大科研项目的研究，曾任国家 2 项 973 项目技术首席专家和两项 02 重大专项的技术项目负责人。成果获国家发明奖 2 项，部委级科技进步一、二等奖 10 余项，国家专利 50 余项，出版学术专著 8 部，培养硕士、博士研究生近百人。1997 年获光华科技基金二等奖。

蔡国强，男，1951 年 1 月出生，广东东莞人，1971 年 6 月加入中国共产党，高级工程师，1973 年 8 月—1976 年 8 月在中南矿冶学院冶金机械专业学习，任学生党支部书记。毕业后曾在广东惠阳地区轧钢厂、广东惠阳地区冶金局、惠阳有色金属公司工作，任车间主任、党支部书记、副科长。1984 年调中国有色金属工业总公司直属中国有色金属工业深圳联合公司工作，组建中国有色金属工业深圳联合公司

---

① 按校友在本学科毕业时间排序。

首个中外合资企业深圳金粤幕墙装饰工程有限公司，任总经理，董事长，深圳市青联委员。1995 年受聘为中南工业大学兼职教授，并在机电工程学院设立强国奖学金，1997 年任上市公司深圳中金实业股份有限公司党委委员、副总经理，2000 年任上市公司深圳市中金岭南有色金属股份有限公司党委委员、副总经理、纪委书记、工会主席。曾荣获深圳市优秀经理(厂长)、深圳市先进生产(工作)者、深圳市优秀共产党员、深圳市首届十大杰出青年企业家、广东省职工先进生产(工作)者、全国五一劳动奖章获得者、全国优秀工会主席、第六届有色金属行业有影响人物、中南大学第二届杰出校友、曾任中国有色金属工业协会专家委员会委员。2006 年起任深圳市中南大学校友会会长、党支部书记，现任中南大学校友总会副会长、中南大学教育基金会理事，系中国摄影家协会会员、中国艺术摄影协会会员。

曹建社，男，1955 年 11 月生，湖南衡阳人，中南矿冶学院冶金机械 791 班校友。历任衡阳钢管厂副厂长，广州黄埔钢管有限公司总经理、党委书记，深圳市莱英达集团董事、副总经理，现任深圳市运发集团股份有限公司董事长、党委书记、总经理，并担任深圳市人大代表、深圳市道路运输协会会长、深圳市工商联(总商会)常委、深圳市社会组织总会副会长，深圳市企业联合会副会长，深圳市商业联合会副会长、深圳市进出口商会荣誉会长。2009 年荣获交通部评选的"辉煌 60 年中国道路运输 60 位旗帜人物"称号，2011 年被评为首届"深圳百名行业领军人物"。

杨勇学，男，1962 年 2 月出生，山西人，中共党员，1978 年 10 月—1985 年 7 月于中南矿冶学院冶金机械专业攻读学士和硕士学位，1985 年 7 月至 1986 年 12 月任中南大学机械工程系教师；1986 年 12 月至 1990 年 10 月于中南大学机械工程系攻读博士研究生，师从中国工程院钟掘院士，发表学术论文 20 余篇，与钟掘院士联合署名出版《力学分析的高效计算法》专著。1990 年 10 月至 1996 年 10 月任深圳市中华自行车集团总经理室主任、总监；曾任深圳建材集团特科泰公司副总经理、深圳华嘉名集团副总经理、华润万家华南区工程总监、红旗连锁公司有限公司副总经理、深圳人人乐商业集团工程总监、福田燃机电力有限公司常务副总经理、福田投控投资发展部部门负责人与部长等职务，现任深圳市福田福华建设开发有限公司副总经理。

刘克夫，1955 年 6 月出生，山东肥城人，1975 年毕业于桂林电子机械高等专科学校，1978—1984 年在中南矿冶学院冶金机械专业攻读学士和硕士学位，1984—1988 年在中南工业大学机械系担任讲师，1988—1992 年在加拿大哈利法克斯的新斯科舍大学攻读机械制造博士学位，1993—1995 年在哈利法克斯的玛丽大学担任助理教授，1995—1998 年在哈利法克斯的达尔豪西大学担任助理教授，1998 年至今一直在加拿大桑德贝市的莱克黑特大学机械制造工程系工作，2005 年成为莱克黑特大学机械系终身教授，2010 年被聘为中南大学兼职教授。主要从事机械振动、主动振动控制、系统识别、机械电子方面的研究，在国际期刊发表论文 40 余篇。

李科明，男，汉族，1956 年 10 月出生于湖南新化，湖南隆回人，中共党员。曾任长沙经济技术开发区党工委副书记、管委会主任。长沙市第十届政协常委，长沙市第十一届党代会代表、市委委员。

1974 年参加工作，1981 年 12 月于中南矿冶学院矿山机械专业本科毕业，先后担任中南矿冶学院机械系助教、长沙市中山商业大厦党委副书记、副经理，中共浏阳市委副书记、市长，长沙市发展和改革委员会党委书记、主任，长沙市纪委副书记、市监察局局长、市政府党组成员等职。现任长沙市人民政府党组成员、督导。

邹树梁，男，1956 年 5 月生，湖南醴陵人，中共党员，博士，教授，博士生导师，英国剑桥大学访问学者、英国格拉摩根大学名誉教授。1975 年参加工作，1982 年 8 月于中南矿冶学院机械设计与制造专业本科毕业，2005 年 6 月—2016 年 4 月，任南华大学党委书记，2017 年 7 月至今任衡阳市科学技术协会主席、核工业第六研究所所长、"核设施安全管理与可靠性分析技术"国防科技创新团队学术带头人、"核设施应急安全技术与装备"湖南省重点实验室学术带头人、"核能经济与管理"湖南省社科重点研究基地首席专家、南华大学一级学科博士点"安全科学与工程"学科带头人、湖南省重点学科"管理科学与工程"学科带头人、国家国防特色学科"核安全与核应急技术"学科带头人。主要社会兼职有：国家原子能机构国际合作委员会委员、中国核仪器行业协会副理事长、中国核工业教育学会副理事长、中国核能行业协会理事、中国安全科学与工程学会理事、国防科技工业军工文化首席专家、湖南省人民政府学位委员会委员、湖南省人民政府科学技术奖励评审委员会委员、湖南省科学技术协会常务理事、湖南省机械工程学会副理事长、湖南省高校设置评议委员会委员、《中国核电》

杂志社编辑委员会委员、中美核安保示范中心（COE）培训教材编委会委员、核燃料循环技术与装备湖南省协同创新中心主任、核设施应急安全技术与装备湖南省重点实验室主任。享受国务院政府特殊津贴。

曾获"全国优秀教师""全国工人先锋号学科带头人""中国核工业总公司有突出贡献中青年专家""湖南省教育系统劳动模范""湖南省国防科技工业系统优秀科技工作者""湖南省国防科技工业科技创新先进个人""第五届中国侨界贡献奖""湖南省高校青年骨干教师""湖南省高校思想政治工作十佳领导干部"等荣誉称号，荣立湖南省人民政府一等功。

罗亚军，男，汉族，1959 年 8 月出生，湖南宁乡人，民建成员，工学硕士，机械工程师。曾任湖南省科技厅副厅长，湖南省十一届政协常委。现任民建中央科教委员会副主任、民建湖南省委副主委、民建湖南省委参政议政委员会主任、湖南省政协常委。

1975 年 12 月参加工作，1982 年 7 月中南矿冶学院机械设计与制造专业本科毕业后，先后在湖南省二轻工业学校和娄底地区机械局工作。1985 年 8 月—1988 年 6 月在武汉钢铁学院攻读硕士学位，先后任娄底地区经委干部，湖南省国际信托投资公司投资部投资管理科长、深圳分公司办公室主任，国信华中铝轮公司副总经理，湖南省专利管理局实施处、办公室干部，国家知识产权局长沙专利代办处副处长（2002 年 9 月—2003 年 3 月参加湖南省第二期中青年领导干部赴美培训），醴陵市人民政府副市长，湖南省知识产权局副局长等职。2007 年 10 月—2012 年 5 月，任湖南省科技厅副厅长；2012 年 5 月—2016 年 7 月，任湖南省科技厅副厅长，民建湖南省委副主委；2016 年 7 月至今，任民建湖南省委副主委。

黄新亮，男，汉族，1963 年 3 月出生，湖南宁乡人，中共党员，管理学博士。曾任湖南省科学技术厅党组成员、省产业技术协同创新研究院专职副院长。

1982 年 8 月中南矿冶学院矿山机械专业本科毕业后，先后任原核工业部 716 矿机动科助理工程师，长沙市职工大学团委书记、讲师，湖南省科委开发处、计划处干部，湖南省科委综合计划处副处长（1997 年 9 月—1999 年 12 月在职攻读湖南大学国际商学院工商管理 MBA 专业硕士研究生），湖南省科技厅政策法规与体制改革处处长（2002 年 8 月—2002 年 11 月参加共青团中央组织赴美国公共行政管理培训），湖南省科技厅发展计划处处长（2001 年 9 月—2007 年 7 月在职攻读湖南大学管理科学与工程博士研究生；2006 年 2 月—2006 年 7 月参加湖南省委党校第 30 期中青班培训），湖南省科技厅副厅级干部，湖南省科学技术厅党组成员，湖南省高新技术产业发展领导小组办公室主任（副厅级）等职。

卫华诚，男，1959 年 12 月出生，内蒙古人，中共党员，正高级经济师、高级工程师、高级政工师，管理学博士、清华大学 MBA、高级职业经理人。1982 年中南矿冶学院冶金机械专业本科毕业后，在钢铁行业中从事设计、生产、管理等多种岗位工作。1998 年被任命为首钢总公司副总经理。2000 年担任北京市委工业工作委员会副书记。2002—2013 年先后任北京医药集团有限责任公司党委书记、董事长，双鹤药业党委书记、董事长，万东医疗监事会主席，华润医药集团有限公司党委副书记、副总经理。曾任北京汽车集团有限公司党委常委、副董事长，分管过通用航空、汽车国际化业务、现代农业等领域。

所担任过的社会兼职有：华中科技大学兼职教授，中国人民大学客座教授，国家"653 工程"客座教授，北京第十二、十三届人民代表大会代表，北京市工业经济联合会、北京企业协会副会长，中国企业联合会、中国企业家协会理事会常务理事，中国医药企业管理协会副会长，中国医药物质协会会长，中国成人教育协会副会长，中南大学教育基金会理事、中南大学校友总会副会长、中南大学北京校友会会长。

曾被评为："2005 年中国十位最具价值经理人""中国 2005 年管理 100 人""2006 年北京优秀创业企业家""2007 年全国优秀创业企业家""2009 年度最受关注企业家""2005—2009 年度全国医药行业思想文化建设特殊贡献奖""2011 年度中国星光董事局优秀董事长""中南大学杰出校友"等荣誉称号。

吴世忠，男，汉族，1964 年 1 月出生，湖南常宁人，工学硕士学位，研究员级高级工程师。长沙矿冶院董事、五矿稀土股份有限公司董事。

1983 年于中南矿冶学院冶金机械专业本科毕业，分配到水口山矿务局工作。1986—1988 年在中南工业大学机械工程研究生班学习，1989 年获工学硕士学位。历任水口山矿务局技术员、副科长、科长、副厂长、处长、厂长等职。2004 年任水口山集团公司党委副书记、水口山有色金属有限责任公司总经理；2009 年任水口山集团公司党委书记、总经理，2012 年任水口山集团公司董事长、总经理。

吴世忠任现职以来，经营业绩屡创新高，百年老矿再展新姿，2012 年公司实现营业收入 70 亿元，实现利税 3.1 亿元，经营规模居全省有色行业第二位，纳税额居衡阳市第一位。吴世忠善谋发展，抢抓机遇，争取到中国五矿集团超过 50 亿元的大规模投资。

刘　强，男，1963年3月生于湖南耒阳，1979年9月至1983年7月于中南矿冶学院机械工程系学习，获工学学士。现任北京航空航天大学机械工程及自动化学院教授（长聘、二级）、博士生导师、北航江西研究院院长、国防科技工业高效数控加工技术创新中心主任，2000—2007年任机械工程及自动化学院院长，并任北航第七、八届校学术委员会委员。兼任"高档数控机床与基础制造装备"（04）重大科技专项监督评估专家组副组长和发展战略研究组副组长、"科技创新-2030"智能制造与机器人重大项目总体组专家、全国数控系统技术标委会副主任委员、全国金属切削机床标委会智能化数控机床创新工作组（SAC/TC22/WG2）首席专家、数字化制造技术航空科技重点实验室学术委员会副主任、中国兵器装备集团公司智能制造技术中心专家委员会委员、《机械工程学报》和《计算机集成制造系统》编委等，还曾兼任原863计划先进制造技术主题专家、某基础科研计划工艺与装备专家组组长、中国机械工程学会机械工业自动化分会/中国自动化学会制造技术专委会主任委员、首都国庆60周年群众游行指挥部专家组成员、中国航天科工集团公司工艺专家组顾问等。

卢　进，安徽省怀宁县人，1980年9月至1984年7月，在中南矿冶学院机械工程系矿山机械专业学习，1984年参加工作，历任中国冶金地质总局技术装备处干部、助工，合作开发处副处长，工业企业及对外开发处处长，资产管理处处长，黑旋风锯业公司、投资公司董事长，中国冶金地质总局党委委员、副局长，中国冶金地质总局党委书记、副局长，局长，现任中国黄金集团有限公司党委书记、董事长。

罗　伟，男，1963年10月出生在株洲市，中共党员，1984年7月毕业于中南矿冶学院机械系，先后担任株洲市委农村工作部副部长、农业和农村工作办公室副主任，株洲市高新区党工委委员、管委会副主任（正处级），株洲市天元区委常委、区委副书记、区人民政府副区长，株洲市经济委员会主任，株洲市石峰区委书记、清水塘循环经济工业区工委书记，株洲市政府副秘书长。2017年1月，任湘潭市人民政府副市长，兼任市公安局党委书记、局长。

罗伟同志长期在地方负责园区建设、经济工作，有着丰富的实践经验、开阔的视野和战略思维，曾获评株洲市改革开放三十年"经济人物"。他十分重视对毛泽东思想和中共党史的研究，是湖南大学区域经济研究员、湘潭大学毛泽东思想研究员。在任湘潭市人民政府副市长，兼任市公安局党委书记、局长期间，全面推进警务机制改革，全面提升科技信息化水平，全面加强基层基础建设，全面深化执法规范化建设，全面展现公安特色品牌，湘潭市公安 110 报警服务平台和 12345 市长热线前台合署运行的工作经验受到国务院办公厅推介；国保专案侦办、反恐怖、"三合一"平台建设、警务督察等多项工作先后在全省作经验交流；湘潭市在全省公安综治考评中名列全省第一。

康国华，湖南涟源人，1969 年出生，1986 年 9 月至 1990 年 7 月，在中南工业大学矿山机械专业学习。2012 年获工商管理硕士学位。先后担任长沙有色冶金设计研究院人事政工部部长、分公司总经理、院长助理、副总经理等职，现任长沙有色冶金设计研究院有限公司党委副书记、纪委书记。

潘党育，男，1968 年出生于广东省东莞市石龙镇，1990 年获得中南工业大学冶金机械学士学位。毕业后历任广州铝材厂销售部长、佛山实达科技有限公司副总经理等职务。2001 年 5 月成立了豪鹏国际，先后担任公司总经理、执行总裁、董事会主席等职务，现任豪鹏国际董事长兼总裁。2018 年 6 月，豪鹏国际集团向中南大学教育基金会捐赠 300 万元人民币设立"豪鹏国际奖学金"，用于奖励中南大学机电工程学院、化学化工学院、冶金与环境学院的优秀学生和优秀教师。

潘党育担任的主要社会公职有：2009 年 12 月，创办深圳市龙岗区平湖民营工业协会，任首任会长；2011 年 10 月，任深圳市龙岗区平湖街道商会第五届理事会副会长；2011 年 10 月，任深圳市龙岗区平湖工商联合会执委会副主席；2012 年 3 月，被选举为深圳市龙岗区人大代表。

周振宇，男，汉族，1970 年 1 月出生，湖南省邵阳县人，中共党员。曾任湖南省益阳市人民政府副市长。现任湖南省益阳市委常委、市委统战部部长，市政协党组副书记(兼)。

1991 年中南工业大学矿山机械专业本科毕业参加工作，任长沙有色冶金设计研究院助理工程师，1994—2011 年，历任湖南省纪委副主任科员、主任科员，湖南省纪委副处级纪检员、监察员，湖南省纪委办公厅正处长级秘书，长沙市芙蓉区委副书记，沅江市委副书记、市长，益阳市资阳区委书记。2011 年 12 月—2016 年 9 月任益阳市人民政府副市长、政府党组成员，2016 年 9 月—2016 年 10 月任益阳市委常委，益阳市人民政府副市长、党组成员；2016年10月—2017年1月益阳市委常委、市委统战部部长，益阳市人民政府副市长、党组成员，市政协党组副书记(兼)；2017年1月—2017年2月益阳市委常委、市委统战部部长，益阳市政府党组成员，市政协党组副书记(兼)；2017年2月任益阳市委常委、市委统战部部长，市政协党组副书记(兼)。

聂亚文，男，1970年11月生，贵州毕节人，1991年毕业于中南工业大学机械系矿业机械专业，先后担任贵州铝厂石灰石矿机修车间技术员、副主任、装备能源科主管，贵州铝厂石灰石矿白刚玉厂厂长，贵州铝厂工贸实业总公司副总经理、总经理，中铝贵州工业服务有限公司总经理；2015年任贵州铝厂副厂长，2016年任贵州铝厂党委副书记、副总经理(主持工作)至今。在企业陷入亏损，亟须通过转型升级走出困境的关键时期，聂亚文走马上任，担任贵州铝厂主持工作的副总经理。他披荆斩棘，锐意进取，带领企业坚定不移地推进"退二进三，转型升级"发展战略，在他的领导下，企业生产经营实现了持续盈利，改革改制取得了重要成果，重点发展项目实现了多路突破，贵州铝厂逐步走向了良性发展的轨道。2015年至2018年，聂亚文先后多次获得中铝集团公司年度总经理特别奖和中铝资产公司年度总经理特别奖。

聂亚文积极践行中南大学"知行合一、经世致用"的校训，不驰于空想，不骛于虚声，长期扎根中国铝工业第一线，一步一个脚印，从最基层的岗位做起，通过在多个管理岗位的扎实历练，不断提高综合管理水平，是中南大学为有色金属行业培养的优秀的管理人才之一。

何亚刚，男，1964年生，湖南益阳人。1980年9月至1984年7月就读于中南矿冶学院机械工程专业，获工学学士学位；1985年9月至1988年7月就读于中南工业大学机械系矿山机械专业，获工学硕士学位。1987年至1992年任中南工业大学机械系矿山机械教研室任助教、讲师。1992年进入泰阳证券有限责任公司工作，从1992年至今在证券行业工作27年，曾任泰阳证券部门总经理、方正证券总裁助理、方正证券副总裁、泰阳证券总裁、方正中期期货董事长、中国民族证券董事长，现任：方正证券股份有限公司党委委员、董事、总裁、董事会秘书，方正和生投资有限公司董事长，方正富邦基金管理有限公司董事长，湖南证券业协会会长。

姚竹贤，研究员，硕士研究生导师，1972 年 10 月 17 日出生，湖南益阳人。1994 年本科毕业于中南工业大学机械系冶金机械专业，1997 年硕士研究生毕业于中国运载火箭技术研究院精密仪器及机械专业。现任航天科技九院 13 所/230 厂副所长/副厂长，中国机械工程学会精密装配委员会副主任委员，机床专业委员会常务委员，中国航天科技集团公司学术技术带头人，国防超精密机械加工技术研究应用中心专家委员会委员，航天科技集团公司科技委制造技术专业组专家委员，航天科技集团九院精密装配技术领域首席专家，科工局航天行业标技委成员，科技部、科工局在库专家。现在主要从事和研究的技术方向：惯性器件及其制造技术、精密超精密制造技术和智能制造技术。目前在 13 所/230 厂主持惯性器件制造技术和技术基础等工作，并主持科工局精密超精密机械加工技术研究应用中心的建设和运行工作。历任 230 厂技术员、总师助理、副总工程师、厂长助理、副厂长、副厂长兼总工程师，曾作为工厂技术负责人负责主持载人运载火箭、长征二号丙系列、长征三号甲系列运载火箭惯性器件的研制生产；曾获中国载人航天工程突出贡献者奖章。承担并主持包括国家自然科学基金重点项目，科工局国防基础科研重大、重点项目，总装先进制造技术预研，北京市科技创新项目，航天科技集团公司支撑技术预研、重大工艺等项目十余项，获国防科技发明一等奖 1 项，国防科技进步奖二等奖 1 项、三等奖 3 项，航天科技进步奖二等奖、三等奖各 1 项，获批国家发明专利、国防专利十余项。

刘德顺，男，1962 年出生，湖南湘潭人，中共党员，博士，教授，博士研究生导师。1985 年参加工作，1996 年在中南工业大学矿山机械专业获工学博士学位，2004—2005 年在美国 University of Missouri-Rolla 做访问学者。曾任湖南科技大学党委副书记、校长，2014 年 10 月任湖南科技大学党委书记。

湖南省普通高等学校学科带头人，湖南省"121 人才工程"第一层次入选者，煤炭行业技术拔尖人才，中国机械工程学会高级会员，湖南省机械工程学会副理事长，湖南省仪器仪表学会理事长，中国机械动力学学会副理事长，《煤炭学报》编委，《机械工程学报》编委，《振动与冲击》编委。享受国务院政府特殊津贴。

主要学术兴趣为矿业机械、机械系统动力学、流体传动与控制、产品概率设计与质量工程、绿色制造与工业信息化。先后承担和完成国家 863 计划、国家 973 计划、国家自然科学基金等课题 20 余项；在《机械工程学报》、《振动工程学报》、ASME, *Journal of Mechanical Engineering*、*Machine and Mechanism Theory* 等国内外刊物和国际学术会议发表论文 100 余篇；出版专著、文集 5 部，先后获得 10 项国家、省部级科技奖励，3 项省教学成果奖励。

阚保勇，男，汉族，山东成武人，1973 年 6 月生，1996 年毕业于中南工业大学机械系冶金机械专业，中国共产党，工程师。曾任任中国有色金属工业总公司干部；中国铜铅锌集团公司筹备组、人事部干部；中央企业工委组织部干部、副主任科员；国务院国有资产监督管理委员会企业领导人员管理二局副主任科员、主任科员；中国铝业公司人事部（老干部局）干部处副处长、处长；长沙有色冶金研究设计院有限公司党委副书记、纪委书记；长沙有色冶金设计研究院有限公司党委书记。现任中国铝业公司人力资源部（老干部工作部）主任、中国铝业集团有限公司人力资源部（老干部工作部）主任，中铝大学副校长、中铝党校副校长。

陈安华，男，1963 年出生，湖南祁东人，九三学社社员，工学博士，教授。1997 年在中南工业大学冶金机械专业获工学博士学位。现任湖南科技大学副校长，湖南省政协常务委员，湘潭市政协副主席，九三学社湖南省委常委、湘潭市委主委，湖南省机械设备健康维护重点实验室主任，湖南省高校学科带头人，中国振动工程学会故障诊断分会常务理事。

主要从事机械动力学、机械状态监测与故障诊断、非线性振动等领域的教学和科研工作。承担国家和省部级科技计划项目 20 余项，发表学术论文 90 余篇，获省部级科技奖励 7 项，省级教学成果奖 1 项，出版著作 2 部，参编高校教材 3 部。

黄伟九，男，1969 年出生，湖南长沙人，中共党员，工学博士，教授，博士生导师。1994 年 9 月参加工作，1998 年在中南工业大学机电工程学院冶金机械专业获工学博士学位，2000 年 10 月在后勤工程学院化学工程与技术博士后流动站完成博士后研究工作，曾在英国 Strathclyde 大学留学，现任重庆理工大学副校长。2018 年 6 月任重庆文理学院党委副书记、院长。新世纪百千万人才工程国家级人选，教育部新世纪优秀人才资助计划和教育部优秀青年教师资助计划人选，重庆市首批学术技术带头人，重庆市首批高校优秀中青年骨干教师，重庆市"322"人才计划第二层次人选，重庆市首批有突出贡献的中青年专家。兼任中国材料研究学会青年委员会理事、中国摩擦学会青年委员会理事、四川省摩擦学及表面工程学会理事，重庆市材料学会理事。

主要从事功能材料、材料摩擦学，涂层和薄膜制备，精细化学品制备等领域的教学与研究工作。承担和完成各类科研课题 20 余项，公开发表学术论文 150 余篇，被三大检索收录 72 篇，出版教材 1 部。获国家授权发明专利 1 项、实用新型专利 2 项，获省部级科技成果奖励 9 项(其中一等奖 4 项)。应邀担任 *Tribology Letters*、*Wear* 等 4 个杂志的审稿人。

邹　迪,男,2001 年毕业于中南大学机电工程学院机械自动化专业,出于对所学专业的热爱,毕业后应聘到京东方科技集团,从一名基层的自动化技术员做起,把所学专业不断应用于工作领域,并不断钻研,之后依托于技术逐渐走上技术和管理岗位,担任子公司技术部门负责人,由于业绩突出,调往总部任京东方科技集团团委书记兼任集团行政部副部长。

邹迪从事管理工作后深感自身需要进行系统化管理培训,2004 年考入北京航空航天大学在职就读工商管理专业,并于 2007 年毕业。毕业后进入北京鑫恒集团,担任集团人力资源部总经理、总裁助理、副总裁等职。2012 年起担任首都师范大学特聘教授。2012 年至 2018 年挂职共青团西宁市委副书记,任西宁市青年企业家协会会长,西宁市青联副主席。2015 年起任青海省西宁市政协委员。现任北京鑫恒集团常务副总裁,分管集团电解铝项目、氧化铝项目以及房地产等项目。

黄　辉,男,1963 生,1989 年 9 月—1992 年 2 月就读于中南工业大学机械工程系,获硕士学位;1992 年 2 月至今就职于珠海格力电器股份有限公司,历任质量控制部部长、公司总裁助理、公司常务副总裁、公司技术总工程师、公司执行总裁等。华中科技大学兼职教授及博士后合作导师,中国制冷学会副理事长,广东省制冷学会副理事长,广东省轻工业协会副理事长,国际制冷学会 B2 委员会委员等。

黄辉长期从事制冷和热泵、压缩机、电机等领域的研究工作,主持、参与了国家科技支撑计划、国家火炬计划等十余项国家级课题。曾获中国质量协会质量技术奖一等奖、国家科学技术进步二等奖、广东技术发明奖一等奖、广东省科学技术特等奖、广东省科学技术一等奖、中国制冷学会技术发明特等奖、中国制冷学会技术发明一等奖、中国专利优秀奖、广东省专利金奖等奖项。入选"国家百千万人才工程""广东特支计划杰出人才(南粤百杰)",并被授予"国家有突出贡献中青年专家"称号,享受国务院政府特殊津贴。先后荣获"广东省发明人"称号和"广东省五一劳动奖章""全国五一劳动奖章"等荣誉。

程永亮，男，1978 年 10 月 2 日出生，河南太康人，中南大学机电工程学院 2019 届博士毕业生，现任中国铁建重工集团股份有限公司董事、党委副书记、总经理。历任中铁隧道股份有限公司助工、工程师、机械制造公司副总工程师、研究所所长，中国铁建重工集团有限公司副总工程师、副总经理兼总工程师，是科技部先进制造领域专家，先后获得国务院特殊津贴、中国青年科技奖、国家万人计划科技创新领军人才等荣誉。参加工作以来一直从事地下工程装备研发，牵头承担或参与多项国家 863 计划、重点研发计划、省科技重大专项等项目，在盾构机国产化方面做出突出贡献，先后牵头研制全球首台煤矿斜井 TBM、国产首台复合式土压平衡盾构、大直径全断面岩石隧道掘进机（TBM）等。

陈高华，男，1967 年生，湖南新邵县人，2013 年 9 月进入中南大学机电工程学院攻读博士学位，师从钟掘院士。中共党员，教授级高工，中车株洲电力机车研究所有限公司研究院副院长，中国中车首席技术专家。

长期从事轨道交通电气系统研究设计。高性能交流传动控制系统、"中华之星"高速列车、"奥星"电力机车、直线电机地铁列车和中低速磁浮列车的主要研制者，机车车辆半实物仿真系统和列车控制网络一致性测试系统的开创者，动车组和机车国家重点实验室（株洲）的首要设计者和建设者。现主持国家重点科技项目 600 km/h 磁浮交通电气系统研制，参与中国工程院"低真空管（隧）道超高速磁浮铁路车辆装备关键技术方案研究"课题。

主要社会兼职有：中南大学、湖南工业大学和湖南铁道职业技术学院特聘教授；同济大学国家磁浮研究中心学术委员会委员；湖南省磁浮工程研究中心技术专家；国家科技奖励专家库评审专家，湖南省、山西省和云南省科技厅专家库评审专家；全国时间频率计量技术委员会委员（中国计量测试学会时间频率专业委员会）；智能制造全国专家委员会委员；SAC/TC278 技术专家；IEC/TC9 技术专家；IEEE-SA 技术专家；学术期刊《机车电传动》和《控制与信息技术》编委和审稿人；中国职业技术教育学会理事。

曾获国家科技进步二等奖、国家专利奖、湖南省和广东省科技进步一等奖、株洲市青年科技奖、铁道部火车头奖章和茅以升科技奖。

本学科先后承担了 300 余项国家级科研项目、200 多项省部级科研项目、900 多项横向合作科研项目。共获得国家级科技成果奖 12 项、省部级科技成果奖 140 项、国家发明专利授权 500 余项，获得国家级及省部级教学成果奖 34 项。2000 年以来，公开发表被 SCI 检索论文 1800 余篇。

5.1 国家级科技成果奖励

本学科共获得国家级科技成果奖励 12 项，具体见表 5-1。

表 5-1 国家级科技成果奖励情况汇总表

序号	年份	成果名称	获奖名称与级别	获奖人（排名）
1	1964	超平面投影法及图解 n 元线性方程	国家科委成果公布	梁再义
2	1985	轧机变相单辊驱动技术及其开发	国家科技进步一等奖	古可、钟掘、徐茂岚（6）、陈开平（7）
3	1989	全液压凿岩技术优化设计及其装置	国家技术发明三等奖	杨襄璧、杨务滋、何清华、陈泽南
4	1989	铁路隧道小断面全液压凿岩钻车(附配套集成阀)	国家科技进步三等奖	陈泽南（2）、杨襄璧（3）、杨务滋（4）
5	1991	软铝加工新工艺新设备（连续挤压）的研究	国家科技进步三等奖	孙宝田（5）
6	1995	双机架铝热轧现代改造和新技术开发	国家科技进步二等奖	钟掘（7）

续表 5-1

序号	年份	成果名称	获奖名称与级别	获奖人(排名)
7	1996	高性能特薄铝板	国家科技进步二等奖	钟掘(8)
8	2002	铝带坯电磁铸轧装备与技术	国家技术发明二等奖	钟掘、毛大恒、赵啸林(6)
9	2003	高性能液压静力压桩机的研制及其产业化	国家科技进步二等奖	何清华、朱建新、郭勇、陈欠根、龚进、吴万荣(7)、龚艳玲(9)、周宏兵(10)
10	2005	巨型精密模锻水压机高技术化与功能升级	国家科技进步二等奖	黄明辉、吴运新、谭建平(4)、刘少军(6)、周俊峰(7)、张友旺(8)、张材(9)
11	2007	铝资源高效利用与高性能铝材制备的理论与技术	国家科技进步一等奖	钟掘、黄明辉(14)
12	2015	12000 吨航空铝合金厚板张力拉伸装备研制与应用	国家科技进步二等奖	吴运新(15)

5.2 省部级科技成果奖励

本学科共获得省部级科技成果奖励 140 项,具体见表 5-2。

表5-2 省部级科技成果奖励情况汇总表

序号	年份	成果名称	获奖名称与级别	获奖人(排名)
1	1978	台车支臂液压自动平行机构的研究	湖南省科学大会奖	矿山机械教研室
2	1978	新型铝箔轧机单辊驱动的研究	湖南省科学大会奖	冶金机械教研室
3	1978	内燃机废气净化催化剂的研究	湖南省科学大会奖	机械系热工实验室
4	1978	ND2 型内燃机车转速表速度表试验台	湖南省科学大会奖	机械系
5	1980	铝箔轧机单辊驱动的机理研究	湖南省科技成果一等奖	古可、钟掘
6	1980	辊式磨粉机负载特性及动力传递规律测试研究	陕西省科技成果一等奖	古可、钟掘、徐茂岚

续表 5-2

序号	年份	成果名称	获奖名称与级别	获奖人（排名）
7	1980	武钢 1700 热连轧机主传动系统测试研究	冶金部科技成果三等奖	古可、钟掘、张明达等
8	1980	40 马力、20 马力低污染内燃机车	湖南省科技成果二等奖	机械原理教研室
9	1980	硬质合金不重磨刀片周边磨床的研制	湖南省科技成果四等奖	姜文奇、余慧安、简国民
10	1980	提高油隔离活塞泵寿命	湖南省科技成果四等奖	胡昭如（3）
11	1981	CGJ-2Y 型全液压凿岩台车	湖南省科技成果三等奖	杨襄璧、陈泽南、宋在仁
12	1981	FM 型机动绞磨机研制	湖南省科技成果三等奖	古可、徐茂岚
13	1984	1200 铝板轧机高效增益的研究	中央侨办科技成果一等奖	古可、钟掘
14	1984	2MMB7125 精密半自动周边磨床	中国有色金属工业总公司科技成果三等奖	姜文奇、宋渭农、简国民、周振华
15	1984	耐磨新材料 MTCr15MnW 铸铁的研制	华中电力局科技成果二等奖	钱去泰、任立军
16	1984	高铬铸铁热处理新工艺研究	华中电力局科技成果二等奖	钱去泰、任立军
17	1986	SGD-320/18.5 型刮板输送机	湖南省科技进步四等奖	高云章（3）
18	1986	均匀磁场烧结法及烧结炉	全国发明展览会银奖	张达明等
19	1987	YYG-90A 型液压凿岩机	中国有色金属工业总公司科技进步二等奖	杨襄璧、杨务滋、何清华、齐任贤、夏纪顺等
20	1987	均匀磁场烧结硬质合金技术	中国有色金属工业总公司科技进步二等奖	张达明等
21	1987	（HS）牌 $\phi48$ 热固齿柱齿钎头	湖南省科技进步三等奖	余慧安、陈学耀、黄宪曾、卢达志
22	1987	钨渣代钼抗磨新材料	湖南省科技进步三等奖	任立军（3）

续表 5-2

序号	年份	成果名称	获奖名称与级别	获奖人（排名）
23	1988	九号模锻新工艺（含润滑剂）	中国有色金属工业总公司科技进步一等奖	朱本(8)、高爱华(9)
24	1988	QSG-2836 格子型球磨机	中国有色金属工业总公司科技进步一等奖	周恩浦等
25	1988	铁路隧道半断面全液压凿岩台车	铁道部科技进步二等奖	陈泽南（2）、杨襄璧（3）、杨务滋(4)
26	1988	CGJS-2YB 型铁路隧道半断面全液压凿岩台车	中国有色金属工业总公司科技进步二等奖	陈泽南、杨襄璧、杨务滋、刘顺成
27	1988	YYG-JF 型液压凿岩机集成控制阀	中国有色金属工业总公司科技进步四等奖	杨务滋、杨襄璧、陈泽南
28	1989	CS492Q 型汽车发动机配气机构改进设计	湖南省科技进步三等奖年湖南省教委科技进步二等奖	李坦、梁镇淞（3）、邓伯禄(5)
29	1989	CGJ25-2Y 型中深全液压掘进钻车	中国有色金属工业总公司科技进步二等奖	杨务滋、杨襄璧、何清华
30	1989	MTCr15Mn2W 高铬铸铁砂泵耐磨件的研制	中国有色金属工业总公司科技进步二等奖	钱去泰等
31	1989	铁路隧道小断面全液压凿岩钻车(附配套集成阀)	铁道部科技进步二等奖	陈泽南（2）、杨襄璧（3）、杨务滋(4)
32	1990	软铝加工新工艺新设备的研究	中国有色金属工业总公司科技进步一等奖	孙宝田(5)
33	1990	予剪机列精确剪切系统	中国有色金属工业总公司科技进步二等奖	钟掘(1)、陈欠根(4)
34	1990	$\phi1500$ mm 龙门锯床改造	中国有色金属工业总公司科技进步三等奖	姜文奇（1）、段佩玲（4）、贺地求(6)
35	1990	单轨平巷中深孔掘进工艺技术研究	中国有色金属工业总公司科技进步三等奖	机械系

续表 5-2

序号	年份	成果名称	获奖名称与级别	获奖人（排名）
36	1992	KQD-100G 多功能潜孔钻车	中国有色金属工业总公司科技进步三等奖	刘绍君（2）
37	1992	700 初轧机测试与分析	湖南省科技进步四等奖	钟掘、吴运新、周顺新（5）
38	1993	2800 mm 双机架热轧新技术开发	中国有色金属工业总公司科技进步一等奖	钟掘（7）
39	1993	液压落锤式碎石机	中国有色金属工业总公司科技进步二等奖	何清华、朱建新、杨襄璧、陈泽南、胡均平（7）、夏纪顺（8）、杨务滋（9）
40	1993	KmTBCr18Mn2W 抗磨白口铸铁	中国有色金属工业总公司科技进步三等奖	任立军、胡昭如、刘舜尧（4）、陈学耀（5）
41	1993	PE250×400B 复摆颚式破碎机	广西壮族自治区新产品成果三等奖	周恩浦等
42	1993	煤棒成套设备	湖南省科技进步三等奖	李建平等
43	1994	CS-1 双臂工业机器人研制及铍铜合金生产过程机构自动化	中国有色金属工业总公司科技进步二等奖	李坦等
44	1994	铝板带箔轧制及铜管棒拉伸系列高效润滑剂研制	湖南省科技进步二等奖	王淀佐、钟掘、谭建平、毛大恒、严宏志、肖刚
45	1995	高性能特薄铝板开发	中国有色金属工业总公司科技进步一等奖	钟掘（6）
46	1995	300MN 水压机功能评估与增压改造工程研究与应用	中国有色金属工业总公司科技进步二等奖	钟掘、周顺新（3）、吴运新（4）、谭建平（6）、杨平（8）、刘光连（9）
47	1995	EFC 系列光电测距仪频率校准仪	中国有色金属工业总公司科技进步三等奖	简祥（3）
48	1995	多挡液压凿岩机 CAD 系统	中国有色金属工业总公司科技进步三等奖	杨襄璧、胡均平（3）、杨务滋（4）、罗春雷（5）

续表 5-2

序号	年份	成果名称	获奖名称与级别	获奖人（排名）
49	1995	计算机辅助设备维修管理	中国有色金属工业总公司科技进步三等奖	卜英勇、张怀亮(3)、谭冠军(5)
50	1995	角轧工艺开发与理论研究	中国有色金属工业总公司科技进步三等奖	钟掘(6)
51	1995	PH-250×400 回转式破碎机	湖南省科技进步三等奖	张智铁、刘省秋、蔡膺泽
52	1995	铝带热轧板形、板凸度控制技术开发	湖南省科技进步一等奖	钟掘、周顺新、黄明辉(4)、李世焜(6)、刘光连(7)、杨平(9)
53	1996	ZQF 型系列自动倾翻装卸料球磨机	湖南省科技进步三等奖	刘绍君(2)
54	1996	大型矿山设备维修及物资管理信息系统	中国有色金属工业总公司科技进步二等奖	卜英勇(1)、张怀亮(5)
55	1996	矿用大型设备轴承磨损系统控制理论与应用	中国有色金属工业总公司科技进步二等奖	蒋建纯、李国锋、成日升(4)
56	1996	工程构件疲劳寿命预测线图性	中国有色金属工业总公司科技进步三等奖	刘义伦(1)、黄明辉(4)
57	1996	YS-50A 型液压碎石机的研制	中国有色金属工业总公司科技进步四等奖	何清华(1)、朱建新(3)、郭勇(5)
58	1996	有色金属塑性加工新型高效系列润滑剂开发	国家教委科技进步三等奖(丙)	钟掘、谭建平、毛大恒、严宏志、肖刚、李丽、黄伟九、谭援强、向勇
59	1997	高效节能静力沉桩机	湖南省科技进步二等奖	何清华、朱建新、郭勇、胡均平、陈泽南
60	1997	55 kN 齿轮减速机电机	湖南省科技进步四等奖	李建平等
61	1998	特大型露天铜矿矿山综合开采技术的研究与应用	国家有色金属工业局科技进步一等奖	卜英勇、张怀亮等
62	1998	岩石冲击加载合理波形与冲击活塞动态反演设计	国家有色金属工业局科技进步三等奖	杨襄璧(4)、胡均平(6)

续表 5-2

序号	年份	成果名称	获奖名称与级别	获奖人（排名）
63	1998	金川铜镍矿闪速浮选工业试验	国家有色金属工业局科技进步三等奖	何清华(5)
64	1998	100MN 多向模锻水压机运行操作与保护系统的研制	国家有色金属工业局科技进步三等奖	黄明辉、谭建平(3)、刘少军(5)、郭淑娟(7)
65	1998	井下深孔大直径全液压高风压潜孔钻机研究	国家有色金属工业局科技进步三等奖	杨襄璧、胡均平、吴万荣(4)、罗春雷(6)
66	1998	金属塑性加工润滑机理研究与系列润滑剂开发与推广	湖南省科技进步一等奖	钟掘、谭建平、毛大恒、严宏志、肖刚、李丽、黄伟九、谭援强、郑锋
67	1998	新型滑动轴承研制	湖南省科技进步四等奖	肖刚(2)、周顺新(4)
68	1998	JFD 电提前高能无触点点火系	浙江省科技进步优秀奖	姚亚夫(2)
69	1999	电磁铸轧技术开发及应用	国家有色金属工业局技术发明二等奖	钟掘、毛大恒、赵啸林(6)
70	1999	《有色金属冶炼设备》专著	国家有色金属工业局科技进步二等奖	程良能（2）、肖世刚（7）、陈贻伍（8）
71	1999	大型矿山采矿场计算机集成管理与生产信息系统	国家有色金属工业局科技进步三等奖	卜英勇、张怀亮(3)、梁广涛(5)、刘勇(7)
72	2001	300MN 模锻水压机同步控制系统	中国有色金属工业科技进步一等奖	谭建平、黄明辉(3)、张友旺(5)、刘昊(7)、周俊峰(9)、张材(11)、贺地求(12)、易幼平(13)、赵啸林(14)、云忠(15)
73	2001	金属粉末注射成形理论与应用	中国有色金属工业科技进步一等奖	蒋炳炎(10)
74	2002	铝合金超常铸轧技术与设备	中国高等学校十大科技进展	钟掘、李晓谦、黄明辉、毛大恒、肖刚、谭建平、贺地求、吴运新、张立华、刘少军、李新和、段吉安

续表5-2

序号	年份	成果名称	获奖名称与级别	获奖人（排名）
75	2002	电磁场铸轧设备与工艺研究	中国高等学校科技发明一等奖	钟掘、毛大恒、赵啸林（6）、陈欠根（10）、严珩志（14）、张友旺（16）、李范坤（17）、贺地求（18）
76	2002	多功能静力压桩机	湖南省科技进步一等奖	何清华、朱建新、郭勇、龚进、陈欠根、吴万荣（7）、龚艳玲（9）、周宏兵（10）、黄志雄（11）、邓伯禄（12）
77	2002	JKB300-51型扣压剥皮机组	湖南省科技进步三等奖	杨务滋、周立强、刘顺成（5）
78	2002	集成型多回转窑表面温度与壁厚红外在线监测系统	中国有色金属工业科技进步二等奖	严宏志、廖平、王刚（4）、易幼平（6）、刘少军（8）、段吉安（11）、吴运新（12）
79	2002	大型铝冶炼联合企业现代集成制造系统（PGL-CIMS）	中国有色金属科工业技进步二等奖	卜英勇（12）
80	2003	回转窑运行状态分析与监测	湖南省科技进步二等奖	刘义伦、赵先琼（6）
81	2004	巨型精密模锻水压机高技术化与功能升级	教育部提名国家科学技术奖科技进步一等奖	黄明辉、吴运新、谭建平（4）、刘少军（6）、周俊峰（7）、张友旺（8）、张材（9）、毛大恒（11）、赵啸林（12）、易幼平（13）、李建平（14）、郭淑娟（15）、李晓谦（16）、段吉安（17）
82	2004	YK2045数控螺旋锥齿轮磨齿机	中国机械工业科技进步二等奖	曾韬、刘建湘、吕传贵、唐进元等
83	2004	高速开关阀控车辆主动悬架系统及控制方法研究	湖南省科技进步三等奖	刘少军、郭淑娟、李艳、黄中华、王刚、夏毅敏
84	2004	坦克射击基础练习数字化训练系统	军队科技进步三等奖	卢建新、刘少军、廖平（4）、王刚（6）

续表 5-2

序号	年份	成果名称	获奖名称与级别	获奖人（排名）
85	2004	铬锰钨抗磨铸铁磨球的研制及工业生产技术和应用	中国有色金属工业科学技术三等奖	任立军（2）
86	2005	铝合金铸轧新技术与设备研制	湖南省科技进步一等奖	钟掘、李晓谦（3）、黄明辉（5）
87	2005	铝合金超常铸轧技术与设备	教育部提名国家科学技术奖技术发明一等奖	李晓谦、黄明辉（3）、毛大恒（5）、肖刚（6）、谭建平（7）、李新和（8）、邓圭玲（9）、胡仕成等
88	2006	中国铝业升级的重大创新技术与基础理论	中国高等学校十大科技进展	钟掘、黄明辉（6）
89	2006	一体化液压潜孔钻机	湖南省科技进步一等奖	何清华、陈欠根、赵宏强、郭勇（5）、邹湘伏（6）、朱建新（7）、黄志雄（8）、谢习华（9）
90	2006	全数控螺旋锥齿轮磨齿机系列化产品的研究与制造	湖南省科技进步一等奖	曾韬、刘建湘（3）
91	2006	300MN 模锻水压机生产线改造	中国有色金属工业科学技术一等奖	谭建平（2）、周俊峰（6）、黄长征（7）、徐先懂（8）
92	2006	斜拉桥拉索风雨振机理与振动控制技术研究	湖南省科技进步一等奖	黄志辉（10）
93	2006	大型多支承回转窑健康维护理论与技术	高等学校科学技术奖科技进步二等奖	刘义伦、赵先琼（3）、何玉辉（6）、袁英才（9）
94	2006	铝薄板高精度板凸度在线装置研制及应用	中国有色金属工业科学技术二等奖	谭建平、周俊峰、张材（4）、云忠（6）、徐先懂（8）、黄长征（9）
95	2006	高强度装甲铝合金厚板焊接技术	国防科学技术二等奖	贺地求（6）
96	2007	模糊控制的理论研究及应用	湖南省科技进步二等奖	李涵雄

续表 5-2

序号	年份	成果名称	获奖名称与级别	获奖人（排名）
97	2007	熔锥型光纤器件的流变成形机理、规律与技术研究	湖南省科技进步二等奖	段吉安、帅词俊、廖平、刘景琳
98	2007	1+4 铝热连轧板厚板凸度建模与控制技术	湖南省科技进步三等奖	邓华、黄长清（2）
99	2007	智能模糊 PID 控制的研究	教育部高等学校自然科学二等奖	李涵雄、邓华
100	2008	超声键合机理、规律与技术研究	湖南省科技进步一等奖	李军辉、韩雷、王福亮、隆志力、蔺永诚
101	2008	轻合金热变形行为、挤压加工关键技术及在工程中的应用	湖南省科技进步二等奖	黄长清（5）
102	2009	125MN 挤压机数字化智能控制系统	中国有色金属工业科学技术一等奖	谭建平（2）、周俊峰（6）、严宏志（9）、陈晖（11）
103	2009	高性能二硫化钨润滑脂的研制及应用	中国有色金属工业科学技术三等奖	毛大恒、俸颢（3）、毛向辉（4）、毛艳（5）、石琛（6）、熊文（7）、孙晓亚（8）
104	2010	SF33900 型 220t 电动轮自卸车	中国机械工业科技进步一等奖	唐华平（12）、王艾伦（13）
105	2011	高性能旋挖钻机关键技术及产业化	湖南省科技进步一等奖	何清华、朱建新（2）、郭勇（3）、龚进（4）、黄志雄（5）、谢习华（9）、邹湘伏（10）
106	2011	SF33900 型 220 t 电动轮自卸车研制及产业化	湖南省科技进步一等奖	罗春雷（4）、唐华平（5）
107	2011	高性能电池用新型铅基合金材料及高效铸型技术	湖南省科技进步三等奖	严宏志（2）、廖平（5）、彭高明（8）、韩奉林（10）
108	2011	煤矿液压驱动架空乘人装置的研发与应用	湖南省科技进步三等奖	胡军科（2）、杨四新（5）

续表 5-2

序号	年份	成果名称	获奖名称与级别	获奖人（排名）
109	2011	大型液压机状态监测及故障预警技术研究与应用	中国有色金属工业科学技术一等奖	谭建平、陈晖(4)、周俊峰(5)
110	2011	SF33900 型 220t 电动轮自卸车	国家能源科技进步一等奖	唐华平(12)、王艾伦(13)
111	2011	自动液压箱梁模板成套设备	湖南省科技进步二等奖	胡仕成(3)
112	2012	复合式土压平衡盾构设备研制及其应用	湖南省科技进步一等奖	夏毅敏(2)
113	2012	高精度反扭成绳双捻机	湖北省科技进步一等奖	谭建平(3)
114	2012	复杂难采地下残留矿体开采关键技术	中国有色金属工业科学技术二等奖	卜英勇(7)
115	2012	H2000C/G 数控螺旋锥齿轮铣/磨齿机	黑龙江省科技进步二等奖	曾韬、刘建湘(5)
116	2013	智能挖掘机关键技术及应用	湖南省科技进步一等奖	何清华、郭勇(4)、陈欠根(9)、谢习华(10)
117	2013	阵列波导器件封装工艺与装备	湖南省技术发明二等奖	段吉安、郑煜(2)、邓圭玲(3)、廖平(4)、周剑英(5)
118	2013	光器件高效传输的制备机理与技术	教育部高等学校科学研究优秀成果自然科学二等奖	帅词俊、段吉安(2)、刘景琳(3)、刘德福(4)、高成德(5)
119	2013	可自动调平的液压静力压桩机	湖南省科技进步三等奖	胡均平、张怀亮(2)、王琴(5)、徐绍军(6)
120	2014	智能挖掘机关键技术及应用	湖南省省级科技进步一等奖	何清华(2)
121	2014	800MN 大型模锻压机研制	四川省省级科技进步一等奖	黄明辉(8)

续表 5-2

序号	年份	成果名称	获奖名称与级别	获奖人（排名）
122	2014	高性能钙磷陶瓷骨支架材料的关键制备技术研究	中国有色金属工业协会科学技术二等奖	帅词俊
123	2015	防污染无菌隔离高速针剂生产联动整体技术与装备	湖南省科技进步一等奖	段吉安（3）
124	2015	KCS-100D、120D、180D、220D、260D、300D、500D、630D 矿用湿式除尘风机	江西省科技进步二等奖	谭青（3）
125	2015	转子机械智能诊断与健康维护	湖南省自然科学三等奖	刘义伦（3）
126	2016	工程机械瞬变大负载能量回收与利用关键技术及应用	湖南省技术发明一等奖	何清华、郭勇（5）
127	2016	煤矿斜井全断面掘进装备关键技术研究及应用	湖南省技术发明二等奖	夏毅敏（5）
128	2016	YQC7000 中心轴式预切槽机研制	湖南省技术发明三等奖	谭青（6）
129	2016	三维封装窄节距、大跨度互连关键技术与应用	教育部高校科研成果科学技术一等奖	王福亮、李军辉（2）
130	2016	巨型液压机关键状态参数监测技术及应用	湖南省科技进步一等奖	谭建平
131	2016	高性能大型复杂整体锻件的控形控性理论研究	湖南省自然科学二等奖	蔺永诚、陈明松（2）
132	2016	ZTS6250 泥水平衡盾构设备研制及应用	湖南省科技进步二等奖	夏毅敏（2）
133	2016	滑移装载机关键技术及产业化	湖南省科技进步三等奖	黄志雄（2）
134	2017	微电子先进封装光学非接触检测方法与装备	中国有色金属工业协会科技进步一等奖	王福亮、王恒升（2）、李军辉（3）

续表 5-2

序号	年份	成果名称	获奖名称与级别	获奖人(排名)
135	2017	高性能变形镁合金及大构件制备关键技术	中国有色金属工业协会技术发明一等奖	易幼平(5)
136	2017	低维功能材料的设计合成结构调控与物化性能	湖南省自然科学二等奖	李军辉(3)
137	2018	超快激光微纳制造理论、方法及在人工骨制备中的基础研究	湖南省自然科学一等奖	帅词俊、冯佩(3)、高成德(4)
138	2018	复杂地层城市土压平衡盾构渣土改良与掘进安全控制技术	湖南省科技进步一等奖	夏毅敏(6)
139	2018	凿岩钻车自动定位炮孔的系统开发及在煤矿巷道爆破的应用	四川省科技进步一等奖	王恒升(3)
140	2019	大型构件蠕变时效形性一体化制造关键技术及应用	湖南省技术发明一等奖	湛利华、黄明辉(2)、张劲(3)、邓运来(4)

5.3 省部级及以上教学成果奖励

本学科共获省部级及以上教学成果奖励 34 项, 具体见表 5-3。

表 5-3 省部级及以上教改成果(含其他)奖励情况汇总表

序号	年份	成果名称	获奖名称/等级	获奖人
1	1985	机械原理零件实物教材及实物实验室建设	中国有色金属工业总公司教改成果特等奖	机械原理零件实验室
2	1987	研究生培养模式改革实践	中国有色金属工业总公司教改成果一等奖	古可、钟掘
3	1989	机械原理及机械零件课程教学内容、方法改革的探索与实践	国家级优秀教学成果奖	梁镇淞、周明、吕志雄
4	1990	研究生智能结构新模式改革实践	湖南省教学成果三等奖	古可、钟掘

续表 5-3

序号	年份	成果名称	获奖名称/等级	获奖人
5	1996	《机械工程材料》	中国有色金属工业总公司优秀教材二等奖	胡昭如等
6	1997	"金工"课程的建设与改革	湖南省高等教育省级教学成果二等奖	胡昭如等
7	1997	成人学历教育教学计划的研究与实践	湖南省高等教育省级教学成果二等奖	余慧安（2）、刘舜尧（4）
8	1997	画法几何及机械制图试题库系统	全国高等工业学校"第二届工科优秀 CAI 软件"三等奖	卜英勇等
9	1999	《画法几何及机械制图》	湖南省教委进步二等奖	朱泗芳（2）
10	2001	建设一流实践基地，培养工程实践能力与创新精神——现代工业制造技术训练的研究与实践	湖南省教学成果二等奖	刘舜尧等
11	2001	提高博士研究生创造能力的培养模式研究	湖南省高等教育省级教学成果三等奖	刘义伦等
12	2001	机电综合实验系统配套建设与实践	湖南省高等教育省级教学成果三等奖	黄志辉等
13	2002	基于整合并校优势的研究生跨越式发展战略研究	湖南省高等教育省级教学成果一等奖	刘义伦（3）
14	2002	工程硕士校企促动培养模式	湖南省高等教育省级教学成果二等奖	刘义伦等
15	2002	工程制图与机械基础系列课程教学内容与课程体系改革与实践	湖南省"九五"教育科学研究课题优秀成果二等奖	何少平等
16	2002	《机械创新设计》	全国普通高校优秀教材二等奖	唐进元（3）
17	2004	研究生创新教育体系的构建与实施	湖南省高等教育省级教学成果三等奖	刘义伦（3）

续表 5-3

序号	年份	成果名称	获奖名称/等级	获奖人
18	2006	信息学科研究生创新能力及国际化培养的研究与实践	湖南省高等教育省级教学成果二等奖	刘义伦(2)
19	2007	工程制图	湖南省精品课程	朱泗芳
21	2009	熔锥型光纤器件的流变形成机理、规律与技术研究	全国优秀博士学位论文	帅词俊
22	2009	基于大学生创新性实验计划的创新人才培养研究与实践	国家级教学成果二等奖	刘义伦(2)
23	2009	研究生思想政治教育实施主体和载体的新探索	国家级教学成果二等奖	刘义伦(8)
24	2009	大材料学科研究性学习和创新能力培养的研究与实践	湖南省高等教育省级教学成果二等奖	刘义伦等
25	2009	适应国际化要求，提升工科人才工程素质的拓展性培养	湖南省高等教育省级教学成果二等奖	王艾伦等
26	2009	机械设计制造及其自动化	国家级特色本科专业	
27	2009	机械制造工程训练	国家精品课程	刘舜尧
28	2010	理工科本科学生实践与创新能力培养模式的探索与实践	湖南省高等教育省级教学成果一等奖	王艾伦(4)
29	2010	机械设计基础	国家精品课程	王艾伦
30	2011	基于模型的鲁棒设计及其与控制的集成研究	上银优博优秀奖	陆新江
31	2013	基于创新大赛的机械工程创新创业人才培养	湖南省高等教育省级教学成果三等奖	王艾伦等
32	2016	制造业转型升级背景下的机械工程高层次人才培养模式的研究与实践	湖南省教学成果二等奖	张怀亮、云忠、刘舜尧、王艾伦、钟掘
33	2019	基于现代设计方法的"工程图学"系列课程改革的研究与探索	湖南省教学成果二等奖	徐绍军、云忠、杨放琼、汤晓燕、赵先琼
34	2019	科研成果融入大学生创新创业教育的研究与实践	湖南省教学成果二等奖	蔡小华、何竟飞

5.4 国家授权发明专利(部分)

本学科共获国家授权发明专利 500 余项,表 5-4 列出了 1993 年以来已授权的部分专利。

表 5-4　部分国家授权发明专利

序号	发明名称	专利号	发明人			授权时间
1	无级调频锥阀控制液压冲击装置	ZL88105670.7	杨襄璧　张克南			1993-05-06
2	用于岩矿二次破碎的碎石机	ZL91106882.1	何清华　朱建新　杨襄璧			1993-08-22
3	液压静力沉桩机	ZL93110671.0	何清华　朱建新　胡均平　陈泽南			1995-03-17
4	冲击器	ZL93115614.9	何清华　朱建新　胡均平　陈泽南			1995-05-24
5	液压冲击装置	ZL96118034.X	杨襄璧　晏从高　赵宏强　胡均平　罗春雷			2000-01-22
6	按流量控制的液压凿岩机控制系统	ZL95110838.7	杨襄璧　胡均平　王　琴　罗松保			2000-02-05
7	一种液压钻车的推进系统	ZL95110837.9	杨襄璧　罗松保　罗春雷			2000-07-14
8	铬锰钨系抗磨铸铁	ZL98112329.5	任立军　胡昭如　刘舜尧　陈学耀			2001-03-22
9	锰钨钛耐磨铸钢	ZL98106808.1	任立军　胡昭如　刘舜尧　陈学耀			2001-06-30
10	铝带坯电磁铸轧方法及装置	ZL98102477.7	钟　掘　毛大恒　肖立隆　丁道廉　郭士安　赵啸林　马继伦　蔡首军　陈际达　陈欠根			2002-06-19
11	热装辊套式组合轧辊	ZL02207864.9	任立军　向　勇			2003-04-16
12	快凝铸轧复合外冷装置	ZL01106825.6	肖　刚　高　志　李新和　周亚军　周　立　汤晓燕　钟　掘			2003-10-29

续表 5-4

序号	发明名称	专利号	发明人			授权时间
13	快凝铸轧铸嘴型腔布流控制装置	ZL01106832.9	毛大恒　邓圭玲　段吉安 张　璋　刘晓波　钟　掘			2003-11-19
14	铸轧机	ZL01106988.0	钟　掘　李晓谦　黄明辉 毛大恒　贺地求　肖　刚 谭建平　吴运新　张立华 李新和　张友旺　邓圭玲 段吉安　肖文铎　高云章 朱志华　越啸林			2004-01-07
15	低压配应力铸轧辊	ZL00126689.6	张立华　吴运新　黄明辉 肖文锋　贺地求　曹远锋 钟　掘			2004-01-07
16	一种铸轧辊辊芯	ZL00126702.7	黄明辉　李晓谦　肖文锋 张立华　张星星　胡忠举 钟　掘			2004-02-04
17	铸轧辊辊套及其制备方法	ZL00126688.8	黄明辉　毛大恒　吴世忠 李新和　胡长松　曹远锋 彭成章　钟　掘			2004-03-03
18	冲击器输出性能的测试装置及测试方法	ZL01119587.8	杨襄璧　丁问司　胡均平 罗春雷　刘　忠			2004-03-10
19	一种可移动分布式深海矿产资源的连续开采方法	ZL02114131.2	何清华　郭　勇　陈欠根 朱建新			2005-03-02
20	杂质泵组合机械密封装置	ZL03124476.9	任立军　吴　波　刘舜尧 王　维			2006-08-16
21	大型结构框架非接触应力测量装置	ZL200510031211.2	黄明辉　李晓谦　胡仕成 周俊峰　吴运新　钟　掘			2007-01-17
22	高精度在线铝板凸度检测装置	ZL200410023276.8	谭建平　周俊峰　张　材 李小东			2007-03-28
23	滚动联轴器	ZL200410047030.4	徐海良			2007-09-12

续表 5-4

序号	发明名称	专利号	发明人			授权时间
24	用于光纤连接器端面的超声机械复合研磨抛光方法及装置	ZL200410046920.3	李新和 谢敬华	段吉安 李群明	唐永正 刘德福	2008-01-16
25	磁流变液可调阻尼器	ZL200610031978.X	黄中华 杜 斌	刘少军	谢 雅	2008-02-13
26	超声搅拌焊接方法及其装置	ZL200610004059.3	贺地求	梁建章		2008-02-13
27	一种制造光纤器件的电阻加热式熔融拉锥机	ZL200610032235.4	段吉安	帅词俊	廖 平	2008-07-16
28	深海悬浮颗粒物和浮游生物浓缩保真取样器	ZL200410047027.2	李 力 顾临怡	金 波 黄中华	刘少军 谢英俊	2008-07-16
29	热超声倒装芯片键合机	ZL200610031493.0	易幼平 王福亮 钟 掘	李军辉 谢敬华	隆志力 韩 雷	2008-08-27
30	一种搅拌摩擦焊角接外焊方法	ZL200610031319.6	贺地求 梁建章	邓 航	周鹏展	2008-08-27
31	一种用于步进扫描光刻机的精密隔振系统	ZL200610136730.X	吴运新 王建平	邓习树 袁志扬	杨辅强 蔡良斌	2009-01-28
32	模锻水压机比例型油控水操纵系统	ZL200710004939.5	蒋太富 周俊峰	谭建平 曹贤跃	魏 亮 彭速中	2009-02-04
33	一种步进扫描光刻机隔振系统模拟试验装置	ZL200610032375.1	吴运新 贺地求 袁志扬	邓习树 王永华 蔡良斌	李建平 杨辅强	2009-03-04
34	巨型液压机同步平衡液压回路	ZL200710035814.9	黄明辉 湛利华 邓 奕	刘忠伟 周育才	刘少军 陈 敏	2009-04-29
35	液压机连续增压系统	ZL200710035917.5	黄明辉 刘忠伟	陈 敏 周育才	湛利华 邓 奕	2009-04-29

续表 5-4

序号	发明名称	专利号	发明人			授权时间
36	一种螺旋流体流动性测试模具	ZL200510031353.9	蒋炳炎	谢　磊	彭华建	2009-06-10
37	一种频率自适应的振动时效方法及装置	ZL200710035968.8	吴运新　熊卫民　张舒原 廖　凯　沈华龙　杨辅强 朱洪俊			2009-06-10
38	一种机械式微地形探测仪	ZL200510032325.9	卜英勇　任凤月　夏毅敏 刘光华　罗柏文			2009-06-10
39	利用双激光束在线监测多个活动部件中心的方法及装置	ZL200710303430.0	谭建平　杨需帅　吴士旭 肖剡军			2009-06-17
40	机电一体化挖掘机及控制方法	ZL200610031374.5	何清华	郝　鹏	张大庆	2009-11-04
41	直线铸型机用合金自动浇注装置	ZL200810030847.9	严宏志　肖功明　廖　平 夏中卫　彭高明　魏文武 顾　俊　周华文　张　华 成小元　肖新亚			2009-11-25
42	一种浇铸用熔体箱恒液位控制装置	ZL200810030848.3	严宏志　廖　平　张　华 顾　俊			2009-12-16
43	导卫装置水冷却方法	ZL200410023357.8	任立军　吴　波　向　勇 唐永辉			2010-01-20
44	多点驱动大型液压机液压控制系统	ZL200810030874.6	陈　敏　湛利华　黄明辉 刘忠伟　周育才　邓　奕			2010-02-17
45	集成光子芯片与阵列光纤自动对准装置	ZL200810143179.0	段吉安	廖　平	郑　煜	2010-02-24
46	一种基于电磁吸力驱动的胶液喷射器	ZL200810031261.4	邓圭玲　王军泉　谢敬华 彭志勇			2010-03-24
47	巨型模锻液压机立柱应力采集装置及应力监控系统	ZL200810168419.2	谭建平	陈　晖	龚金利	2010-06-02

续表 5-4

序号	发明名称	专利号	发明人			授权时间
48	可无级调节冲击能和频率的液压打桩锤气液控制驱动系统	ZL200810143594.6	胡均平　王　琴　罗春雷 朱桂华　刘　伟　史天亮 夏　勇　严冬兵　张　灵			2010-06-02
49	阵列波导器件用的多维对准平台	ZL200810143178.6	段吉安　郑　煜			2010-07-14
50	深海近海底表层水体无扰动保真取样器	ZL200610032457.6	黄中华　刘少军　李　力			2010-07-14
51	压电式超声换能器驱动电源	ZL200810143325.X	王福亮　邹长辉　乔家平			2010-08-11
52	一种石墨离心泵蜗壳的制备方法	ZL200810031598.5	严宏志　朱联邦			2010-08-25
53	一种可调式多滚刀切削破岩试验装置	ZL200810143552.2	李夕兵　赵伏军　夏毅敏 周子龙　谭　青　周喜温			2010-08-25
54	一种集成光子芯片与阵列光纤自动对准的机械装置	ZL200810143180.3	段吉安　郑　煜			2010-09-29
55	航道钻机	ZL200710035680.0	何清华　赵宏强　陈欠根 高淑蓉　林宏武			2010-09-29
56	一种实现大惯性负载快速启停与平稳换向的液压传动系统	ZL200710192485.9	邓　华　夏毅敏　李群明 何竞飞			2010-10-13
57	一种基于电磁斥力驱动的胶液喷射器	ZL200810031262.9	邓圭玲　王军泉　谢敬华 彭志勇			2010-11-03
58	一种气体加压式齿刀切削性能测试装置	ZL200810143589.5	夏毅敏　欧阳涛　罗德志 黄利辉　薛　静			2010-11-10
59	一种基于压力反馈的液压同步驱动系统	ZL200710192486.3	邓　华　夏毅敏　李群明 王艾伦　何竞飞			2010-12-22
60	挖掘机用摆转装置	ZL200810143911.4	何清华　黄志雄　姜校林			2010-12-29

续表 5-4

序号	发明名称	专利号	发明人			授权时间
61	微型陶瓷轴承内孔研磨机	ZL200810030939.7	李新和	徐觉斌		2011-01-05
62	一种位置可调的多滚刀回转切削试验台	ZL200810143551.8	夏毅敏　周喜温 谭　青　欧阳涛		薛　静	2011-02-02
63	一种深海钴结壳破碎方法及装置	ZL200810107585.1	黄中华	刘少军		2011-02-09
64	挖掘机铲斗用摆转装置	ZL200810031173.4	何清华	黄志雄	姜校林	2011-02-16
65	一种集成光子器件快速对准方法和装置	ZL200910307873.6	段吉安　郑　煜 徐洲龙　李　罡		阳　波	2011-02-16
66	高稳定性重载夹钳	ZL200710192489.7	何竞飞　邓　华 李群明　夏毅敏		王艾伦	2011-04-13
67	电动叉车功率效率检测分析装置	ZL200910308029.5	何清华　邓　宇 刘均益		郭　勇	2011-04-20
68	控制旋挖钻机快速抛土的方法	ZL200910042885.0	何清华　朱建新 曾　素　张奇志		郭　勇	2011-04-20
69	一种大流量水节流阀开口度的控制方法	ZL200910044014.2	谭建平　周俊峰 汪顺民		文跃兵	2011-05-04
70	一种控制石油钻杆内加厚过渡带自由面形状的方法	ZL200910303383.9	唐华平	郝长千	姜永正	2011-05-04
71	大直径随钻跟管钻机全液压随钻跟管驱动装置	ZL200810143407.4	何清华　朱建新 谢嵩岳		吴新荣	2011-05-11
72	一种利用超声频振动实现聚合物熔融塑化的测试装置	ZL200810031054.9	蒋炳炎　吴旺青 沈龙江　彭华建		楚纯鹏	2011-05-11

续表5-4

序号	发明名称	专利号	发明人	授权时间
73	芯片封装互连中的超声键合质量在线监测判别方法及系统	ZL200910307746.6	王福亮　刘少华	2011-06-01
74	机电一体化挖掘装载机及控制方法	ZL200810143776.3	何清华　张大庆　郭　勇　何耀军	2011-06-08
75	一种基于机器视觉的二维位移检测方法	ZL201010128535.9	谭建平　彭玉凤　陈　晖　全凌云　司玉校	2011-06-15
76	滑移装载机用的附属挖掘装置	ZL200810143645.5	何清华　黄志雄　姜校林	2011-07-27
77	基于纳米羟基磷灰石用于制造可吸收人工骨的激光烧结机	ZL200910043210.8	帅词俊　彭淑平	2011-08-17
78	一种比例阀控蓄能器的盾构刀盘回转驱动压力适应液压控制系统	ZL200910044768.8	夏毅敏　滕　韬　罗德志　周喜温　张　魁	2011-08-31
79	一种盘形滚刀拆卸与装配平台	ZL200910309812.3	夏毅敏　周喜温　滕　韬　薛　静　吴　遁	2011-09-07
80	巨型模锻液压机活动横梁非工作方向偏移检测方法及装置	ZL200910044182.1	谭建平　陈　晖　彭玉凤　全凌云	2011-09-07
81	一种数字式水压挤压机速度控制系统和方法	ZL201010132158.6	谭建平　周俊峰　陈　晖　文跃兵　汪顺民	2011-09-07
82	用于微电子系统级封装的堆叠芯片悬臂柔性层键合的方法	ZL201010005521.8	李军辉　王瑞山　王福亮　隆志力　韩　雷	2011-12-07
83	一种基于超磁致伸缩棒驱动的点胶阀	ZL201010127672.0	段吉安　邓圭玲　葛志旗　彭志勇　谢敬华	2011-12-21

续表 5-4

序号	发明名称	专利号	发明人			授权时间
84	一种纳米 WS$_2$/MoS$_2$ 颗粒的制备方法	ZL201010200269.6	毛大恒　石琛　毛向辉 毛艳　李登伶			2012-01-04
85	一种磁悬浮精密运动定位平台的解耦控制方法	ZL200910226772.6	段吉安　周海波			2012-01-11
86	一种镁板带轧制润滑剂	ZL200910043493.6	毛大恒　周亚军　周立			2012-03-07
87	一种应用于分布参数系统的三域模糊 PID 控制方法	ZL200910043937.6	李涵雄　段小刚　唐彪 沈平			2012-03-28
88	一种液压挖掘机动臂势能回收方法及装置	ZL200810143874.7	黄中华　刘少军			2012-03-28
89	复合型土压平衡盾构刀盘 CAD 系统	ZL201010557947.4	夏毅敏　罗德志　林赉贶 卜章括　谭青　董建斌 景凯凯			2012-03-28
90	深海钴结壳、热液硫化物采掘剥离试验装置	ZL201010177888.8	夏毅敏　张振华　张刚强 卜英勇　罗柏文			2012-03-28
91	基于 CAD/CAE 和优化设计的盘形滚刀地质适应性设计方法	ZL200910044767.3	夏毅敏　薛静　周喜温 欧阳涛			2012-03-28
92	一种细化析出或弥散强化型块体铜合金晶粒的方法	ZL201010539182.1	杨续跃　蔡小华　张雷			2012-04-25
93	新型铜凸点热声倒装键合	ZL201010583985.7	李军辉　韩雷　王福亮 隆志力			2012-04-25
94	水面漂浮垃圾清理机	ZL201110007067.4	刘建发　陈阳　李平 朱充　周刚			2012-05-02
95	一种采用磁悬浮技术的光刻机掩膜台	ZL201010242033.9	段吉安　周海波　郭宁平			2012-05-23

续表 5-4

序号	发明名称	专利号	发明人			授权时间
96	镉锭自动浇铸机	ZL201010208215.4	严宏志 肖功明 刘志祥 杨 兵 张 林 吴 凯			2012-05-30
97	一种多模定量铟锭自动浇铸系统	ZL201010208633.3	严宏志 周正军 叶柏瑞 彭曙光 吴 凯 王荣辉 杨 兵 何明生			2012-05-30
98	利用超声振动实现各向异性导电膜连接芯片与基板的方法	ZL201010584095.8	蔺永诚 金 浩 方晓南 陈明松			2012-07-04
99	一种激振力自适应的泵车臂架疲劳试验激振方法及装置	ZL201010502633.4	吴运新 唐宏宾 滑广军 石文泽 马昌训 王 帅			2012-07-11
100	基于阴影法的高密度BGA焊料球高度测量系统及方法	ZL201010530416.6	王福亮 覃经文 田晶晶 陈 云			2012-07-11
101	一种数字式液压机立柱应力多点在线检测方法及装置	ZL201010124343.0	谭建平 龚金利 陈 晖			2012-07-25
102	一种加柔性放大臂的基于超磁致伸缩棒驱动的点胶阀	ZL201010127299.9	段吉安 邓圭玲 葛志旗 彭志勇 谢敬华			2012-07-25
103	一种永磁悬浮支承圆筒型直线电机	ZL201010299992.4	李群明 邓 华 韩 雷 周 英			2012-07-25
104	一种镁合金板带的电磁场铸轧方法	ZL201110126846.6	毛大恒 李建平 石 琛			2012-07-25
105	防止人工铅钙合金浇注过程中产生溢流的方法及其装置	ZL201010594796.x	严宏志 魏文武 李新明 马凡凯 韩峰林 何岳峰 刘 明			2012-08-15
106	一种预测大锻件轴向中心线上空洞闭合率的方法	ZL201010559006.4	蔺永诚 陈明松			2012-08-15

续表 5-4

序号	发明名称	专利号	发明人	授权时间
107	复杂航空模锻件精密等温锻造组合模具	ZL201110023213.2	易幼平　廖国防　王少辉　陈　春　黄始全	2012-08-29
108	一种自动化锻造的操作机与压机联动思迹规划方法	ZL201010558985.1	蔺永诚　陈明松	2012-10-10
109	一种多组合液压长管系振动效应测试方法及装置	ZL201010564742.9	谢敬华　何　利　李建平　夏毅敏　田　科	2012-10-31
110	一种超声波水下微地形探测试验装置及其方法	ZL201110116752.0	赵海鸣　洪余久　曹　飞　卜英勇	2012-11-07
111	一种光电子器件封装对准的单自由度微动平台	ZL201110158522.0	郑　煜　段吉安　祝孟鹏　赵文龙　陆文龙　周剑英	2012-11-07
112	一种含高熔点合金元素的钛合金的熔炼方法	ZL201110302219.3	杨　胜	2012-12-05
113	一种主动磁浮支承圆筒型直线电机	ZL201010299626.9	李群明　邓　华　韩　雷　周　英	2012-12-19
114	油电混合动力系统机电耦合特性测试装置	ZL201110079766.X	刘少军　黄中华　胡　琼　刘　质	2012-12-19
115	一种车用机油添加剂及机油	ZL200910307979.6	毛大恒　石　琛　毛向辉　李登伶	2012-12-19
116	磁悬浮平面进给运动装置	ZL201110040403.5	廖　平	2013-02-13
117	汽轮机缸体结合面现场修复大型可移动式加工铣床装备	ZL201010169190.1	唐华平　雷少敏	2013-03-13
118	一种微流控芯片注塑成型及键合的模具	ZL201010542724.0	蒋炳炎　楚纯朋　周　洲　章孝兵	2013-03-13

续表 5-4

序号	发明名称	专利号	发明人			授权时间
119	一种海底钴结壳开采方法	ZL201010197291.X	夏毅敏 吴 峰	赵海鸣 卜英勇	刘文华	2013-03-20
120	自动封罐机用一体化分盖放盖机构	ZL201110399993.0	韩奉林	严宏志		2013-05-08
121	同步驱动模锻液压机超慢速液压系统	ZL201110326822.5	陈 敏 湛利华	李毅波 陆新江	黄明辉	2013-06-26
122	一种形板式机械加载蠕变时效成形装置	ZL201110194174.2	湛利华 李毅波	黄明辉 谭思格	李 杰 李炎光	2013-07-03
123	一种实现负载均衡的液压同步驱动控制系统	ZL200810143791.8	邓 华	李群明	夏毅敏	2013-07-17
124	一种收线工字轮边缘位置检测装置	ZL201110326953.3	谭建平 陈 玲	刘云龙	杨 武	2013-10-09
125	一种拉丝机收线工字轮边缘位置检测系统及其控制方法	ZL201110326952.9	谭建平 刘云龙	张松桥 熊 波	杨 武 姚建雄	2013-10-09
126	一种可编程序控制器与上位机之间的数据通讯方法	ZL201110301552.2	谭建平	陈 晖	舒招强	2013-10-09
127	噪声环境下激光束中心高效精确检测方法	ZL201210052980.0	谭建平 文跃兵	王 宪	全凌云	2013-10-23
128	一种多频同时驱动式的超声发生器及其实现方法	ZL201110194283.4	王福亮	邹长辉	韩 雷	2013-10-23
129	一种铝箔坯料热处理工艺	ZL201210240930.5	黄元春 刘 宇	朱弘源 杜志勇	肖政兵	2013-11-13
130	用于微流控芯片制造的旋转多工位注射成型模具	ZL201010542571.X	蒋炳炎 章孝兵	陈 闻	周 洲	2013-12-04

续表 5-4

序号	发明名称	专利号	发明人			授权时间
131	同轴型光收发器件自动耦合焊接封装机械装置	ZL201110192578.8	段吉安 郑 煜 赵文龙 陆文龙 邓圭玲			2013-12-11
132	一种基于机器视觉平面摆动的摆心测试方法	ZL201110382185.3	谭建平 王 宪 文跃兵			2013-12-18
133	一种外磁式微型磁流变阻尼器	ZL201320242676.2	李军辉 夏 阳 邓路华 韩 雷 王福亮			2013-10-16
134	一种钢管桩连接座	ZL201320268273.5	罗春雷 范增辉 刘小文 顾增海 喻 威 刘芳华 宋长春 刘 健 陈周伟 张 宜			2013-11-27
135	一种大吨位液压静力压桩机夹桩机构	ZL201320268425.1	罗春雷 宋长春 张 宜 刘芳华 喻 威 顾增海 范增辉 陈周伟 刘 健 刘小文			2013-11-27
136	一种双速大扭矩液压马达保护阀	ZL201320803313.1	娄 磊 吴万荣 梁向京			2014-06-25
137	一种用于半导体封装的助焊剂浸沾装置	ZL201420058315.7	李军辉 张 威 王 维 韩雷 王福亮			2014-07-09
138	一种节能挖掘机储能元件安装结构	ZL201420064654.6	龚 进 徐 波 张大庆 唐中勇			2014-07-30
139	一种工程机械蓄电池电能管理装置	ZL201420060907.2	邹泉 刘心昊			2014-07-30
140	一种液压凿岩推进系统连接装置	ZL201420014372.5	罗春雷 陈周伟 刘健 刘小文 喻威 陈珍颖 郑惠斌 顾增海			2014-08-13

续表 5-4

序号	发明名称	专利号	发明人	授权时间
141	一种对凿岩机进行无级调节控制的油路系统	ZL201420031250.7	罗春雷　刘　健　陈周伟 刘小文　郑惠斌　喻　威 陈珍颖　范茹军　李卫平 杨襄璧	2014-08-13
142	对液压凿岩的定位速度进行调节控制的油路系统	ZL201420031227.8	罗春雷　刘小文　陈周伟 刘健　陈珍颖　喻　威 郑惠斌　顾增海　范茹军 杨襄璧	2014-08-13
143	一种快速响应防卡钎液压凿岩控制系统	ZL201420013148.4	罗春雷　喻　威　陈周伟 刘健　刘小文　陈珍颖 郑惠斌　范茹军	2014-08-13
144	一种液压流量分配控制装置	ZL201420243608.2	廖金军	2014-09-24
145	一种用于液压阀测试的控制装置	ZL201420243859.0	廖金军	2014-09-24
146	一种可实现金属熔体密封的塞杆结构	ZL201420293154.X	周华文　严宏志　刘文德 王　旋　卿茂辉　夏中卫 江晓磊　胡　杰　魏文武 张诗颖　王祎维	2014-10-29
147	一种减少合金氧化的浇注结构	ZL201420293183.6	周华文　严宏志　刘文德 王　旋　卿茂辉　夏中卫 江晓磊　胡　杰　魏文武 张诗颖　王祎维	2014-10-29
148	一种装甲车变速箱故障诊断系统	ZL201420287303.1	谭建平　吴志鹏　何　雷 尹芳莉	2014-11-26
149	一种手持式模芯冲击器	ZL201420332838.6	严宏志　马立明　李　英 刘文德　叶　辉　胡　杰 魏文武　周腾飞　窦传龙	2014-12-10

续表 5-4

序号	发明名称	专利号	发明人			授权时间
150	一种由气缸减载的码垛机器人	ZL201420453055.3	严宏志　于　伟　王　虎　韩奉林　母福生　朱翰成　陈小立　叶　辉　陈新宇　温广旭　黎　超　赵　聪　黄国兵			2014-12-10
151	一种面向镁金属骨支架制备的激光选区烧结设备	ZL201420617007.3	帅词俊　彭淑平　帅　熊　高成德　冯　佩			2015-01-21
152	深冲用铝合金板带的多能场非对称下沉式铸轧制备方法	ZL201310227130.4	石　琛　毛大恒　毛向辉			2015-04-08
153	一种引线成弧方法及装置	ZL201310033085.9	王福亮　陈　云　唐伟东　李军辉　韩雷			2015-04-08
154	大型水压机提阀的开启装置及其凸轮升程曲线设计方法	ZL201310277806.0	谭建平　曾　乐　杨　俊			2015-04-08
155	一种顶锤式钻机双杆钻杆库	ZL201420648286.X	舒敏飞　赵宏强　高淑蓉　林宏武			2015-04-22
156	一种液压挖掘机比例流量优先控制阀	ZL201310014338.8	何清华　郭　勇　陈桂芳　张云龙　刘复平			2015-05-06
157	一种压桩机行走小车	ZL201420707216.7	胡均平　胡　骞　王　琴			2015-05-06
158	一种方棱形桩夹桩机构	ZL201420705900.1	胡均平　贾　旺　王　琴			2015-05-06
159	一种脉冲破碎机构——海底富钴结壳破碎系统及破碎方法	ZL201310580954.X	胡　琼　刘少军　郑　皓			2015-05-27
160	采用电涡流加热的烟花外筒模压成型方法及模压装置	ZL201310549610.2	周海波　段吉安			2015-06-03

续表 5-4

序号	发明名称	专利号	发明人			授权时间
161	一种适用于突变重载的变压力角凸轮轮廓线的设计方法	ZL201210570083.9	谭建平	陈　玲		2015-06-03
162	采用电涡流加热的烟花外筒模压成型方法及模压装置	ZL201310549610.2	周海波	段吉安		2015-06-03
163	复合能场作用下非对称下沉式铸轧制备镁合金板带的方法	ZL201310225656.9	石　琛	毛大恒	毛向辉	2015-06-17
164	一种基于形态学的强干扰激光边缘图像修复方法	ZL201310061671.4	谭建平	王　宪		2015-06-24
165	一种提高白光 LED 照明器件色温一致性的方法和装置	ZL201210277437.0	王福亮	邓圭玲	李涵雄	2015-07-15
166	激光制备人工骨中加入少量聚乳酸提高烧结性能的方法	ZL201210185006.1	帅词俊　聂　毅	彭淑平　胡焕隆	刘景琳　高成德	2015-07-22
167	用于同轴型光电子器件的双工位型自动耦合焊接设备	ZL201410360425.3	段吉安　郑　煜　唐　佳	卢胜强　周海波	吴正辉　聂　川	2015-07-29
168	同轴型光电子器件的耦合对准装置及耦合对准方法	ZL201410360420.0	段吉安	卢胜强	郑　煜	2015-07-29
169	同轴型光电子器件耦合焊接的可调定位型光收发组件夹具	ZL201410360422.X	段吉安　郑　煜　聂　川	吴正辉　周海波　唐　佳	卢胜强　徐　聪	2015-07-29
170	一种用于晶圆级封装芯片自动检测的测试头及其实现方法	ZL201210067391.X	李军辉　韩　雷	邓路华　王福亮	刘灵刚	2015-07-29

续表 5-4

序号	发明名称	专利号	发明人			授权时间
171	一种手动对准的三自由度微动角位台	ZL201310564104.0	郑　煜　李继攀　段吉安 王丽军　吕　文　李文娟			2015-08-19
172	基于压电陶瓷驱动和柔性放大臂的点胶阀	ZL201210495209.0	邓圭玲　周　灿　罗文键 文亚杰			2015-08-19
173	含柔性放大臂的电磁驱动点胶阀	ZL201210495316.3	邓圭玲　周　灿　李　辉 邓衍澄			2015-08-19
174	一种车轴快锻工艺控制参数设计方法	ZL201310286450.7	黄始全　易幼平　任耀庭 贾卫东　谭　波　徐俊生 崔金栋　何海林　罗国云			2015-08-26
175	一种封装晶圆阵列微探针全自动测试系统	ZL201520310771.0	李军辉　葛大松　张潇睿 田　青　朱文辉			2015-08-26
176	一种引入超声场铸轧法生产 CTP 版基坯料的方法	ZL201310580673.4	黄元春　颜徐宇　刘　宇 杜志勇　肖政兵　张欢欢 李　青			2015-09-09
177	电加热装置及系统	ZL201310589769.7	郑　煜　李文娟　段吉安 周剑英　吕　文　王丽军 李继攀			2015-09-23
178	一种光波导芯片与光纤角度自动对准装置及方法	ZL201410327829.2	郑　煜　周剑英　段吉安 王丽军　吕　文　李继攀			2015-09-23
179	铸造用数字式超声电源控制系统	ZL201310524468.6	李晓谦　赵啸林　蒋日鹏			2015-10-04
180	选区激光烧结中用纳米氧化钛增强镁黄长石骨支架的方法	ZL201310176636.7	帅词俊　彭淑平　冯　佩			2015-10-07
181	一种数字式可调阻尼手柄装置	ZL201520401714.3	林波　谭建平　吴志鹏 王亚非			2015-10-21
182	一种阴极多自由度运动微电铸装置	ZL201310239145.2	蒋炳炎　吕　辉　马　鑫 刘　佳　徐腾飞　黎　醒			2015-11-18

续表 5-4

序号	发明名称	专利号	发明人			授权时间
183	一种喷射点胶阀装置及喷射点胶方法	ZL201310388378.9	李涵雄	陈 云	王福亮	2015-11-18
184	一种超声振动辅助的光纤阵列端面抛光装置	ZL201520498060.0	刘德福	佘亦曦	严日明	2015-11-18
185	一种减小脱模力的分段式模芯	ZL201410279293.1	严宏志	周腾飞	叶 辉	2015-11-25
186	一种测量热变形工件与模具间界面传热系数的装置与方法	ZL201310469946.8	蔺永诚 陈小敏	刘延星	陈明松	2015-12-09
187	利用选择性激光和温控炉实现二次烧结制备人工骨的方法	ZL201210149546.4	帅词俊 胡焕隆	彭淑平 高成德	刘景琳	2015-12-16
188	一种复合陶瓷骨支架表面微纳米孔隙的构建方法	ZL201310176609.X	帅词俊 庄静宇	彭淑平	李鹏健	2016-01-06
189	一种基于粒子群算法的阵列波导器件对准耦合方法及装置	ZL201310467810.3	郑 煜 吕 文	段吉安 李继攀	王丽军 卢胜强	2016-01-06
190	在激光选区烧结中引入持续液相制备陶瓷骨支架的方法	ZL201310137902.5	帅词俊	彭淑平	冯 佩	2016-01-13
191	一种利用激光选区烧结合成磷酸钙制备骨支架的方法	ZL201310144150.5	帅词俊	彭淑平	李鹏健	2016-01-13
192	一种大气隙磁力驱动的全植入式轴流式血泵及其控制方法	ZL201410150583.6	谭建平	谭 卓	刘云龙	2016-01-20

续表 5-4

序号	发明名称	专利号	发明人			授权时间
193	一种基于数值模拟的等温挤压速度曲线获取方法	ZL201410200134.8	谭建平	杨　武	杨　俊	2016-01-20
194	直线电机的推力检测方法及检测系统	ZL201410167899.6	周海波　段吉安　张子娇 周振宇　王伟华　郑加勉 谢　凯			2016-01-20
195	轨道交通走行部轴承故障诊断实验台	ZL201520763095.2	陶　洁　刘义伦　汤　芳 杨大炼　陈　辉　刘　驰 张　喆			2016-01-20
196	一种抗侧摆三维引线成弧方法	ZL201310461814.0	王福亮　陈　云　韩　雷 李军辉			2016-01-20
197	一种平面型磁浮直线运动平台	ZL201110291618.4	李群明　韩　雷　邓　华 张世伟　胥　晓　陈启会			2016-01-27
198	一种烟花筒理顺与分选方法及其装置	ZL201510029215.0	谭建平　薛少华　石理想 李　鼎　李言洲			2016-01-27
199	同轴型光电子器件耦合焊接的浮动式光收发组件夹具	ZL201410360418.3	段吉安　吴正辉　徐　聪 卢胜强　郑　煜　周海波 聂　川　唐　佳			2016-02-24
200	同轴型光电子器件耦合焊接的紧凑型光收发组件夹具	ZL201410360423.4	段吉安　吴正辉　郑　煜 卢胜强　周海波　徐　聪 聂　川　唐　佳　周晶晶			2016-02-24
201	用于同轴型光电子器件的结构紧凑型自动耦合焊接设备	ZL201410360417.9	段吉安　郑　煜　卢胜强 吴正辉　周海波　聂　川			2016-02-24
202	一种双顶缸结构的加载方式及其液压系统	ZL201410359071.0	谭建平　周宇峰　曾　乐 许洪韬			2016-02-24
203	一种用于蠕变试验的夹具系统	ZL201410160468.7	湛利华　张　姣　焦东军 黄明辉　贾树峰			2016-02-24

续表5-4

序号	发明名称	专利号	发明人			授权时间
204	一种矿井提升容器用的磁耦合谐振式无线电能传输系统	ZL201410709342.0	谭建平 林 波	刘溯奇	薛少华	2016-02-24
205	一种液压振动锤装置及其激振方法	ZL201210533858.5	罗春雷 宋长春 喻 威 刘 健	范增辉 刘芳华 陈周伟	张 宜 顾增海 刘小文	2016-03-02
206	一种TBM滚刀磨损实时监测装置	ZL201310061108.7	夏毅敏 郑 伟 张 魁	兰宗铭 程永亮	暨智勇 邓 荣	2016-03-02
207	一种双焊线头引线键合装置	ZL201110291629.2	李群明 张世伟	韩 雷	邓 华	2016-03-23
208	一种用于直升机传动系统的形状记忆合金主减速箱	ZL201410154307.7	严宏志 陈新宇	王祎维 赵 鹏	叶 辉 张诗颖	2016-04-06
209	一种大曲率铝合金整体壁板构件的制备方法	ZL201410711920.4	湛利华 祝世强 杨有良	徐永谦 李 杰 冯静文	周世杰 王 萌	2016-04-06
210	一种顶锤式钻机双杆钻杆库	ZL201410605640.5	舒敏飞 林宏武	赵宏强	高淑蓉	2016-04-13
211	一种Al-Cu-Mg系铝合金板材多级蠕变时效成形方法	ZL201410199270.X	蔺永诚 李 佳	刘 冠	姜玉强	2016-04-20
212	一种铝合金环形件喷淋淬火设备及其使用方法	ZL201410637230.9	易幼平 谭 波	张玉勋 黄始全	崔金栋	2016-04-20
213	一种3003铝合金电子箔的时效热处理工艺	ZL201310442220.5	黄元春 肖政兵	杜志勇 刘 宇	朱弘源	2016-05-04

续表 5-4

序号	发明名称	专利号	发明人			授权时间
214	同轴型光电子器件耦合焊接的夹头固定式光纤组件夹具	ZL201410360424.9	段吉安　卢胜强　郑　煜 吴正辉　周晶晶　徐　聪 唐　佳			2016-05-04
215	一种飞机行星齿轮减速箱润滑油路系统及行星齿轮减速箱	ZL201510641731.9	唐进元　崔　伟			2016-05-04
216	一种可控多孔的陶瓷/聚合物基复合骨支架的制备方法	ZL201310282922.1	帅词俊　彭淑平　毛中正			2016-05-11
217	差动轮系耦合自适应欠驱动手指装置	ZL201210084863.2	邓　华　高　飞　段小刚			2016-05-11
218	一种蜂窝式六旋翼运输飞行器	ZL201510050112.2	李涵雄　刘　洲　沈　平 王　鑫			2016-05-11
219	一种液压打桩锤防空打缓冲装置	ZL201410674856.7	胡均平　易　滔　王　琴			2016-05-18
220	一种硬岩滚刀磨损特性测试装置	ZL201410331202.4	夏毅敏　欧阳涛　程永亮 谭　青　夏婧怡　暨智勇 丛国强　谢吕坚　朱震寰			2016-05-25
221	基于磁流变技术的同轴型光电子器件自动耦合焊接装置	ZL201510269545.7	段吉安　郑　煜　唐　佳 卢胜强　吴正辉			2016-05-25
222	一种平面电机的检测装置	ZL201310700319.0	段吉安　周海波　张子娇 周振宇　周　洪			2016-06-01
223	一种污泥稀释混合池	ZL201410328252.7	朱桂华　马　凯　唐　啸 高明泉　朱宏斌			2016-06-01
224	一种多级微米/纳米孔结构的仿生人工骨的制备方法	ZL201210185031.X	帅词俊　彭淑平　高成德 胡焕隆			2016-06-01

续表 5-4

序号	发明名称	专利号	发明人			授权时间
225	大型模锻液压机混合同步平衡控制系统	ZL201410015025.9	潘　晴　李毅波　黄明辉　湛利华　陆新江			2016-06-08
226	一种用于铝合金超声净化除气的动态施振方式	ZL201310525122.8	李晓谦　蒋日鹏　张立华			2016-06-15
227	一种掘进机刀盘盘形滚刀群体运行状态监测系统和方法	ZL201310030157.4	谭　青　朱震寰　夏毅敏　谢吕坚　张　魁　易念恩　朱　逸			2016-06-22
228	一种液压打桩锤用组合锤头	ZL201410673660.6	胡均平　郭　勇　易　滔　王　琴			2016-06-22
229	一种三体式同轴型光电子器件自动耦合装置	ZL201510269531.5	段吉安　吴正辉　卢胜强　郑　煜　唐　佳			2016-07-06
230	一种硬岩滚刀破岩特性测试装置	ZL201310032227.X	夏毅敏　欧阳涛　程永亮　罗春雷　谭　青　真海鸣			2016-08-03
231	三支点电动进料小车	ZL201620138451.6	严宏志　周腾飞　张美玉　肖　蒙　胡志安　江晓磊　姚　毅			2016-08-03
232	一种 RV 减速器传动回差测试装置	ZL201620168326.X	赵海鸣　李豪武　聂　帅　蔡进雄			2016-08-10
233	一种复合乳化式高效湿式除尘器	ZL201620007247.0	赵海鸣　谢　信　廖小乐　卜英勇			2016-08-10
234	一种可实现铝合金快速时效热处理的方法	ZL201310124487.X	湛利华　贾树峰　黄明辉　张　姣			2016-08-17
235	大型锻造液压机动横梁三自由度位移随动测量平台及方法	ZL201310574783.X	谭建平			2016-08-17
236	用于同轴型光电子器件的整体旋转型自动耦合焊接设备	ZL201410360435.7	段吉安　吴正辉　聂　川　郑　煜　卢胜强　周海波　徐　聪　唐　佳			2016-08-17

续表 5-4

序号	发明名称	专利号	发明人	授权时间
237	一种飞机行星齿轮减速箱的行星架组件	ZL201510641433.X	陈时雨 崔 伟 唐进元	2016-08-17
238	一种变截面弹簧压紧定型装置	ZL201620271719.3	严宏志 张美玉 赵 鹏 江晓磊 胡志安 肖 蒙 姚 毅 黄 卓 吴 聪 艾伍轶 张 顺	2016-08-17
239	一种用于全植入式血泵的供能系统及方法	ZL201410181834.7	谭建平 黄智才 刘云龙	2016-08-24
240	一种实现发动机可变压缩比的活塞结构	ZL201410394724.9	谭冠军 谭冠政 谭 淦	2016-08-24
241	一种用于喷射点胶过程的一致性控制方法及系统	ZL201410150653.8	李涵雄 沈 平	2016-08-31
242	一种电动直线运动装置	ZL201410338613.6	郑 煜 周剑英 段吉安 王丽军 李继攀 吕 文	2016-08-31
243	一种耐高温脉冲电磁铁式电磁超声无损检测探头	ZL201620077776.8	吴运新 谭良辰 石文泽 龚 海 韩 雷 范吉志 李 伟 杨键刚	2016-08-31
244	一种车用铝板的冲压用装置及冲压方法	ZL201510274976.2	湛利华 赵 俊 徐凌志 郭 亮	2016-08-31
245	煤矿用防爆型光纤光栅压力温度多参数传感器	ZL201410179223.9	李 力 欧阳春平	2016-09-07
246	用于测试液压泵和液压马达的控制装置	ZL201410241846.4	廖金军	2016-09-07
247	一种盘形滚刀热处理装置	ZL201410851260.X	夏毅敏 丛国强 陈 雷 吴才章 庞玉申 毛青松	2016-09-07

续表5-4

序号	发明名称	专利号	发明人	授权时间
248	一种工程机械液压缸故障诊断系统与之适用的故障样本信号采集方法	ZL201410495180.5	夏毅敏　张魁　曾雷　傅杰　金耀　张欢　熊志宏	2016-09-07
249	三体式同轴型光电子器件的自动耦合焊接装置	ZL201510269655.3	段吉安　唐佳　卢胜强　郑煜　吴正辉	2016-09-14
250	碳化硅纤维强韧化陶瓷骨支架的激光制备方法	ZL201310729011.9	帅词俊　彭淑平　韩子凯　高成德　冯佩	2016-09-28
251	大径厚比大弓高比封头冲旋成形装置及冲旋方法	ZL201410570884.4	李新和　胡兴佳　卜佳南　俞大辉　骆亚洲　周磊　罗不凡	2016-09-28
252	一种基于上位机和可编程控制器的系统辨识方法	ZL201410314046.0	许洪韬　谭建平　周宇峰　许文斌　杨俊	2016-09-28
253	一种陀螺振动特性的激光调谐装置与方法	ZL201510542952.0	胡友旺　段吉安　吴学忠　邓圭玲	2016-09-28
254	基于直流电机驱动的高精度定位平台及三维运动系统	ZL201410597979.5	段吉安　徐聪　郑煜　李帅	2016-10-05
255	一种处理高温熔体的超声波导入装置	ZL201410704213.2	石琛　毛大恒　毛向辉	2016-10-05
256	一种模拟深海采矿混响环境超声微地形探测装置及其方法	ZL201410126287.2	赵海鸣　李密　郝奇　姬雅倩	2016-10-26
257	基于电化学生长的微电子封装引线互连方法与装置	ZL201410326888.8	王福亮　王峰　李军辉　韩雷	2016-11-02

续表 5-4

序号	发明名称	专利号	发明人	授权时间
258	一种深海多金属结核矿石水池模拟集矿试验系统	ZL201620472116.X	戴　瑜　陈李松　张　健　庞李平	2016-11-09
259	一种强振动环境下电磁换向阀选型优化方	ZL201310747259.8	杨忠炯　张怀亮　周立强	2017-01-11
260	一种预测镍基合金高温流变应力和动态再结晶行为的方法	ZL201510424926.8	蔺永诚　温东旭	2017-01-18
261	一种 TBM 滚刀转速在线监测装置	ZL201310413188.8	夏毅敏　兰　浩　郑　伟　程永亮　暨智勇　邓　荣	2017-01-18
262	振动环境下方向控制用二通插装阀选型方法	ZL201310749362.6	张怀亮　杨忠炯　周立强	2017-01-18
263	一种循环加载与卸载变形细化 GH4169 合金锻件晶粒组织的方法	ZL201510400965.4	陈明松　蔺永诚　陈小敏　李阔阔	2017-01-25
264	一种高速轴承环下润滑装置	ZL201510063516.5	刘少军　张晓建	2017-01-25
265	一种基于模型变换的非对称电液比例系统的控制方法	ZL201510197350.6	谭建平　曾　乐　许文斌	2017-01-25
266	一种含锆中碳钢连铸用无氟保护渣	ZL201410852424.0	马范军　颜　雄　黄道远　王万林	2017-02-01
267	动车制动器横架体集成式压装方法与装置	ZL201310100265.4	赵海鸣　舒　标　熊志宏	2017-02-08
268	一种三维复合运动平台	ZL201410338453.5	郑　煜　聂　川　周剑英　段吉安　李继攀　吕　文　王丽军	2017-02-08

续表 5-4

序号	发明名称	专利号	发明人			授权时间
269	一种具有位移探针感应复杂型材拉弯成形方法	ZL201410012681.3	唐华平 姜永正 唐海红 邓赛帮 彭旋			2017-02-15
270	一种用于温度场分区控制系统的解耦控制方法及系统	ZL201510134573.8	李涵雄 谭芳 沈平			2017-02-22
271	一种利用电磁场时效强化铝合金的方法	ZL201410548408.2	刘玉振 湛利华 马强强 赵啸林 黄明辉			2017-03-01
272	一种矿井提升容器用的磁耦合谐振式无线电能传输系统	ZL201410709342.0	谭建平 刘溯奇 薛少华 林波			2017-03-08
273	中型液压挖掘机多路阀组	ZL201510190500.0	何清华 郭勇 尤新荣 陈桂芳 张新海			2017-03-08
274	一种 GH4169 合金锻件晶粒组织的细化方法	ZL201510401971.1	蔺永诚 陈小敏 陈明松 张金龙			2017-03-08
275	金属板材蠕变弯曲成形模具	ZL201510630474.9	申儒林 湛利华 黄明辉			2017-03-08
276	一种数字式可调阻尼手柄装置零点定位方法	ZL201510319635.2	谭建平 林波 王亚非 吴志鹏			2017-03-08
277	一种基于耦合模型的阵列波导器件对准方法与装置	ZL201310468134.1	段吉安 郑煜 吕文 王丽军 李继攀 卢胜强			2017-03-15
278	一种超深矿井提升容器深度与状态检测装置及方法	ZL201510420665.2	谭建平 薛少华 刘溯奇 林波 吴志鹏			2017-03-22
279	一种渗流场-温度场模拟耦合物料仓及 TBM 切削试验台	ZL201510018734.7	夏毅敏 张魁 张晋浩 林赉贶 毛晴松 吴才章 丛国强 田彦朝 王鹏磊 傅杰			2017-03-29

续表 5-4

序号	发明名称	专利号	发明人			授权时间
280	一种具有快速反射抓取功能的多模式欠驱动仿人手指装置	ZL201210408685.4	邓　华	张　翼	段小刚	2017-04-12
281	激光制备多孔骨支架并添加氧化锌提高性能的方法	ZL201210496929.9	帅词俊	彭淑平	冯　佩	2017-04-12
282	一种带撞针位移实时检测功能的喷胶阀及其位移检测方法	ZL201510431974.X	李涵雄　李渭松　沈　平 张海宁			2017-04-19
283	一种组合式多功能纤维织物面内渗透率综合测试装置	ZL201510229796.2	吴旺青	齐鹏程	蒋炳炎	2017-04-19
284	一种超越离合器的斜撑块的制造工艺	ZL201510046517.9	严宏志　王祎维　刘志辉 赵　聪　张诗颖　叶　辉 陈新宇　赵　鹏			2017-04-26
285	基于直线切削的面齿轮加工方法	ZL201510657267.2	陈思雨	唐进元	杨晓宇	2017-05-24
286	一种挖掘机动臂势能回收利用的方法及其控制装置	ZL201410782507.7	何清华　许长飞　郭　勇 郝　鹏　张新海　张大庆 唐中勇　刘昌盛			2017-05-31
287	一种基于组合导航技术的超深矿井罐笼位姿测量系统及方法	ZL201510419527.2	谭建平　林　波　刘淑奇 薛少华　吴志鹏			2017-06-09
288	一种静压导轨	ZL201510522510.X	胡均平　刘成沛　兰文军 王　琴			2017-06-16
289	一种电流变液静压导轨系统	ZL201510522507.8	胡均平　刘成沛　易　滔 王　琴			2017-06-16
290	一种缠绕式矿井提升机实验台	ZL201510413639.7	谭建平　薛少华　林　波 刘溯奇　吴志鹏			2017-06-16

续表 5-4

序号	发明名称	专利号	发明人			授权时间
291	一种复制天然生物超疏水表面的模芯及其制备方法和应用	ZL201410537628.5	翁 灿 黎 醒 王 飞 吕 辉 蒋炳炎			2017-06-30
292	一种微波自动加热装置及方法	ZL201610027791.6	湛利华 陈效平 韦东才 黄明辉 常腾飞 李树健 李自强 丁星星			2017-07-18
293	一种铝合金筒形件喷淋淬火设备及其使用方法	ZL201610367836.4	易幼平 张玉勋 黄始全 王并乡 董 非			2017-07-21
294	一种利用二维测量功能平板的机器人工具中心点标定方法	ZL201410697684.5	韩奉林 严宏志 何锐波			2017-08-04
295	一种抗烟尘干扰的铸造机金属液位激光检测装置及方法	ZL201410582088.2	谢敬华 葛大松 李军辉			2017-08-25
296	一种复合能场加热方法	ZL201610027866.0	湛利华 陈效平 韦东才 黄明辉 常腾飞 李树健 李自强 丁星星			2017-08-25
297	一种基于机器视觉的卷筒钢丝绳排绳故障监测方法及系统	ZL201510025651.0	谭建平 吴志鹏 刘溯奇 薛少华			2017-08-29
298	模锻压机运行状态的在线预测方法及系统	ZL201610213348.8	陆新江 黄明辉 雷 杰			2017-09-05
299	一种液压缸任意行程位置微小内泄漏量测量方法及其装置	ZL201610019569.1	夏毅敏 曾 雷 张 魁 罗春雷 金 耀 周 明			2017-09-19
300	一种制备镁合金人工骨的激光选区熔覆设备	ZL201510446383.X	帅 熊 帅词俊 彭淑萍 高成德			2017-10-10

续表 5-4

序号	发明名称	专利号	发明人			授权时间
301	一种大口径薄壁圆筒对接焊接装配夹紧装置	ZL201510349523.1	贺地求			2017-10-17
302	一种斜撑离合器阿基米德曲面楔块的修形方法	ZL201610270876.7	严宏志　赵　聪　赵　鹏 王祎维　张诗颖　张美玉 姚　毅			2017-10-17
303	一种纳米银导电墨水的热超声低温烧结方法及装置	ZL201510566877.1	王福亮　毛　鹏　李艳妮 何　虎　朱文辉			2017-10-20
304	一种用于假肢手的快速反射抓取的微驱动机构	ZL201210206869.2	邓　华　张　翼　段小刚 罗海东			2017-10-27
305	一种强振动环境下输流管道抗振支承及其设计方法	ZL201510035034.9	张怀亮　杨忠炯　彭　欢 周国栋等			2017-10-27
306	利用石墨烯强韧化生物陶瓷材料及其人工骨的制备方法	ZL201210358185.4	帅词俊　彭淑平　高成德 李鹏健			2017-11-03
307	一种具有冻结功能的泥水平衡盾构机	ZL201510786452.1	程永亮　代　为　王　昭 赖伟文　夏毅敏　王　洋 杨　端			2017-11-07
308	一种基于图像分析的TSV结构的三维应力表征方法	ZL201510585488.3	何　虎　李军辉　陈　卓 朱文辉			2017-11-10
309	一种基于具有冻结功能的泥水平衡盾构机的换刀方法	ZL201510788461.4	赵　晖　王　昭　易　觉 赖伟文　程永亮　代　为 夏毅敏　王　洋　杨　端			2017-11-10
310	一种预测时变工况下高合金化材料动态再结晶分数的方法	ZL201610522942.5	陈明松　蔺永诚　李阔阔			2017-11-14

续表5-4

序号	发明名称	专利号	发明人			授权时间
311	一种喷淋淬火工艺研究装置及其使用方法	ZL201710016344.5	易幼平	张玉勋	黄始全	2017-11-24
			董菲			
312	一种无损、快速TSV结构侧壁形貌测量方法	ZL201510584682.X	何虎	李军辉	陈卓	2017-12-01
			朱文辉			
313	一种等温模锻模具温度场的在线重构方法	ZL201510400997.4	蔺永诚	陈明松	吴先洋	2017-12-01
314	一种考虑回弹补偿的复杂空间曲面薄板成型模面设计方法	ZL201510045973.1	杨忠炯 李洪宾 高雨 董栋	袁宏亮 鲁耀中 王卉	周立强 姜东升 周剑奇	2017-12-08
315	一种含层片状纳米粒子的高温模锻润滑剂	ZL201410704209.6	石琛	毛大恒	毛向辉	2017-12-15
316	一种大直径环件机械扩径机	ZL201610631061.7	李毅波	黄明辉	潘晴	2017-12-15
317	一种预测镍基合金加工硬化和动态回复行为的方法	ZL201510424888.6	蔺永诚 陈小敏	温东旭	陈明松	2017-12-19
318	一种海底履带式作业车行走牵引通过性能评价测试系统	ZL201610101194.3	戴瑜	陈李松	刘少军	2017-12-22
319	一种利用平面标定板的机器人工具中心点标定方法	ZL201510867618.2	韩奉林 何锐波	江晓磊	严宏志	2018-01-09
320	一种假肢手抓握物体初始参考力模糊估计方法	ZL201310329353.1	邓华	张翼	段小刚	2018-01-19
321	一种多功能液压测试试验台的液压控制系统	ZL201710058335.2	谭建平 肖智勇	王帅 陈樟楠	巫伟强	2018-01-30

续表5-4

序号	发明名称	专利号	发明人	授权时间
322	精密液体静压导轨的预见控制方法、装置及系统	ZL201510522519.0	胡均平　胡　骞　刘成沛 王　琴	2018-02-09
323	一种微波加热装置及方法	ZL201610030557.9	湛利华　陈效平　韦东才 黄明辉　常腾飞　李树健 李自强　丁星星	2018-02-09
324	一种热轧无缝钢管壁厚精度的控制方法及轧辊孔型	ZL201410068310.7	唐华平　姜永正	2018-02-16
325	一种采用两段阶梯应变速率工艺细化GH4169合金锻件晶粒组织的方法	ZL201610523629.3	陈明松　蔺永诚　李阔阔	2018-02-23
326	工程机械液压缸动态性能综合测试平台	ZL201710259494.9	李毅波　潘　晴　黄明辉	2018-02-23
327	一种透明介质微结构均匀改性加工的方法	ZL201610457799.6	孙小燕　褚东凯　胡友旺 段吉安　王　聪	2018-02-23
328	一种回转式多工位自动翻转与复位机构	ZL201610036653.4	赵海鸣　张林林　阳林峰 谢信	2018-03-09
329	一种梯度带材的深冷表层连续轧制制备方法	ZL201611188205.2	喻海良	2018-03-16
330	工程机械液压缸及导轨的摩擦特性测试装置及测试方法	ZL201710259511.9	潘　晴　李毅波　黄明辉	2018-03-27
331	提高2219铝合金环件综合力学性能的工艺方法	ZL201610894661.2	易幼平　何海林　黄始全 张玉勋　崔金栋　吴长俊	2018-04-03
332	一种二维铂系列合金材料的复合轧制制备方法	ZL201611187204.6	喻海良	2018-04-06

续表 5-4

序号	发明名称	专利号	发明人	授权时间
333	一种可自动折叠的电动车脚踏板机构	ZL201610286636.6	荣卫东　王福亮	2018-04-10
334	一种降低铝钛复合板材轧制边裂的方法	ZL201611187673.8	喻海良	2018-04-13
335	一种音圈电机	ZL201610318940.4	周海波　段吉安　罗梅竹 张子娇	2018-04-13
336	一种应用在线检测装置测量旋压过程中筒型件外径的方法	ZL201610248691.6	谭建平　文　学　黄　涛 李新和　刘溯奇　曾　乐	2018-04-27
337	一种电磁-丝杆协同驱动的剪叉升降装置	ZL201711003901.6	云　忠　温　猛　冯龙飞 陈　龙　向　闯	2018-04-27
338	一种用于液压阀的减振装置及设计方法	ZL201710227742.1	杨忠炯　包　捷　周立强 李　俊　陈朵云	2018-05-01
339	一种海底大块状固体矿石高效截割破碎采集装置	ZL201610143887.9	戴　瑜　朱　湘　刘少军	2018-05-04
340	一种 TSV 微盲孔表面电流密度的测定方法及系统	ZL201610377641.8	王福亮　王　峰　肖红斌 李亦杰　朱文辉　李军辉 韩　雷	2018-05-04
341	热轧工作辊冷却喷淋量控制系统及喷淋量记录的编码方法	ZL201611236401.2	黄长清　谷向磊	2018-05-15
342	基于平板波导共振耦合的光传感器　调制器及其制作方法	ZL201510992343.5	周剑英　段吉安　孙小燕 郑　煜　王　聪　王华	2018-05-22
343	一种抢险装备的监控方法及控制器	ZL201510957639.3	赵喻明　张大庆　周烜亦 施祖强　陈瑞杰　陈冬良 许乐平　何俊杰	2018-05-25
344	一种电磁驱动点胶阀	ZL201610036273.0	邓圭玲　周　灿　杜　鹏 杨志翔	2018-06-22

续表 5-4

序号	发明名称	专利号	发明人	授权时间
345	压电陶瓷驱动点胶阀	ZL201610036271.1	邓圭玲　周　灿　吴　涛　程习康	2018-06-22
346	一种采用过冷轧制生产铝合金汽车板的方法	ZL201611033475.6	黄元春　许天成	2018-06-26
347	一种制备纳米锂铝双金属复合箔材的深冷轧制方法	ZL201611188156.2	喻海良	2018-06-29
348	一种音圈电机	ZL201610319608.X	周海波　段吉安　罗梅竹　张子娇	2018-07-03
349	550℃高温金属材料电磁超声体波探伤方法及其装置	ZL201610119292.X	吴运新　石文泽　谭良辰　龚　海　张　涛　杨键刚　韩　雷　李　伟　范吉志	2018-07-06
350	一种串并联柔性关节机械臂	ZL201610856387.X	钟国梁　陈　龙　邓　华	2018-07-13
351	一种 7075 铝合金板材蠕变时效成形方法	ZL201410741289.2	蔺永诚　张金龙　刘　冠	2018-07-24
352	一种基于谱方法的铝合金热轧板带横向厚度分布建模方法	ZL201210206891.7	邓　华　蒋　勉　黄长清	2018-07-24
353	浮动式密封装置	ZL201410223344.9	何竞飞　陈建庚	2018-07-24
354	工件考虑三维粗糙表面形貌的疲劳寿命预测方法及系统	ZL201710191049.3	唐进元　李国文	2018-07-24
355	一种粗糙表面微凸体拟合方法和系统	ZL201710567993.4	唐进元　温昱钦　周　炜	2018-07-24
356	一种电厂锅炉管道检测机器人	ZL201710141447.4	谭建平　王　帅　喻哲钦　文　学　巫伟强	2018-07-31

续表5-4

序号	发明名称	专利号	发明人			授权时间
357	一种改善聚合物-陶瓷骨支架烧结性能的方法	ZL201510408406.8	帅词俊	彭淑平	冯佩	2018-08-10
358	一种底吹炉加料口自动清理装置	ZL201611236191.7	严宏志 吴云锋 陈义忠 秦娟	肖功明 刘建睿 邓辰 李鹏	吴聪 田昊 严一雄	2018-08-10
359	一种防触电接线装置	ZL201820041801.6	云忠	温猛		2018-08-10
360	一种计算起伏观测面磁场的快速、高精度数值模拟方法	ZL201711170885.X	李昆 陈龙伟	戴世坤 张钱江	陈轻蕊 赵东东	2018-08-14
361	可实现顺序夹桩的压桩机夹桩液压系统和控制方法及夹桩顺序控制阀	ZL201610890308.7	胡均平 王琴	杨根	胡慧雨	2018-08-17
362	轧制铝及铝合金中厚板的厚度控制方法	ZL201710271954.X	许磊 黄明辉	刘栩 李毅波	蒋婷	2018-08-17
363	无损涡旋挖藕喷头	ZL201410190175.3	王艾伦 张营营	何竞飞	陈建庚	2018-08-17
364	超声磨削工件表面三维形貌仿真方法及其系统	ZL201710597671.4	唐进元 陈海锋	陈昌顺	周伟华	2018-08-21
365	一种镍基高温合金的热处理方法	ZL201410741304.3	蔺永诚 张金龙 刘冠	李雷霆 陈小敏	何道广 温东旭	2018-08-24
366	一种纳米银/石墨烯复合墨水的热超声烧结方法及其装置	ZL201610576017.0	王福亮 李军辉	朱海新 朱文辉	何虎	2018-08-31
367	一种快速蠕变时效成形的方法	ZL201710124448.8	湛利华	马子尧	徐凌志	2018-09-04

续表 5-4

序号	发明名称	专利号	发明人	授权时间
368	一种面向锻件目标晶粒组织的等温模锻工艺轨迹规划方法	ZL201611149155.7	蔺永诚　陈小敏　陈明松	2018-09-07
369	基于 BP 神经网络的大型模锻压机上横梁速度预测控制方法	ZL201610131724.9	蔺永诚　湛东东　陈明松	2018-09-11
370	一种提高 TC4 钛合金片层组织球化率的双道次锻造方法	ZL201611149216.X	蔺永诚　赵春阳　陈明松	2018-09-11
371	一种多功能烟花亮珠造粒安全配料机构	ZL201611189441.6	刘义伦　刘思琪　刘驰　赵先琼　伍天翔	2018-09-14
372	一种深海底锰结核矿采集装置及方法	ZL201610342833.5	戴瑜　陈李松　张健　庞李平	2018-09-18
373	一种改进型喷射式点胶阀及其点胶方法	ZL201610557445.9	李涵雄　单修洋	2018-09-25
374	一种合金钢的超声-电磁连续铸造方法	ZL201811240241.8	石琛　周亚军　毛大恒　毛向辉	2018-09-25
375	一种 RV 减速器静态回差测试装置	ZL201610124910.X	赵海鸣　李豪武　聂帅　蔡进雄	2018-10-02
376	一种 RV 减速器传动回差测试装置	ZL201610124005.4	赵海鸣　李豪武　聂帅　蔡进雄	2018-10-02
377	磁-液双悬浮轴流血泵血液多因素耦合损伤机理及血泵结构优化研究	ZL201610940779.4	云忠　向闯　徐军瑞　蔡超	2018-10-09
378	基于泰勒展开的大型模锻压机上横梁速度在线预测方法	ZL201610132396.4	蔺永诚　湛东东　陈明松	2018-10-12
379	履刺角度可调式履带行走底盘	ZL201610934941.1	李军政　刘少军　戴瑜　袁大利　彭姣春	2018-10-12

续表5-4

序号	发明名称	专利号	发明人	授权时间
380	自由下放卷扬自动连续夯冲控制系统及方法	ZL201910040729.4	朱振新　朱建新　王　鹏	2018-10-16
381	一种海底大块状固体矿石大规模取样机	ZL201510849226.3	戴　瑜　陈李松　刘少军　张　健	2018-10-19
382	用于同轴型器件耦合焊接的辅助结构及夹具装置	ZL201710319045.9	段吉安　唐　佳　卢胜强　徐　聪　周海波	2018-10-26
383	热连轧中间坯厚度及铸锭长度的控制方法	ZL201710272775.8	许　磊　黄明辉　蒋　婷　刘　栩　李毅波	2018-10-26
384	一种具有冲击功能的全断面岩石掘进机刀盘	ZL201611004904.7	夏毅敏　易　亮　谭　青　张旭辉　史余鹏　林赉贶	2018-10-26
385	一种梯度带材的表层连续异步轧制制备方法	ZL201611188172.1	喻海良	2018-11-06
386	一种制备极薄金属钼箔材的方法	ZL201710448842.7	喻海良　崔晓辉　王青山	2018-11-06
387	一种模拟GH4169合金静态再结晶行为的元胞自动机方法	ZL201610060605.9	蔺永诚　刘延星　陈明松	2018-11-09
388	基于直线步进电机的角位移平台装置	ZL201710132109.4	段吉安　徐　聪	2018-11-13
389	一种旋转式热压键合装置及热压键合方法	ZL201610178010.3	吴旺青　杨　健　蒋炳炎　章孝兵　林　涛	2018-11-27
390	一种用于模拟人体膝关节摩擦的实验装置	ZL201611085265.1	赵海鸣　蒋彬彬　聂　帅　张怀亮	2018-11-30
391	一种假肢手的拟人反射控制方法	ZL201310329423.3	邓　华　张　翼　段小刚　朱高科	2019-06-07
392	一种双阴极竖直旋转微电铸装置	ZL201610166046.X	蒋炳炎　黎　醒　翁　灿　董彦灼	2019-09-01
393	全液压行走车辆的液压差速系统	ZL201410011277.4	胡军科　蒋亚军　赵　斌　段小龙	2019-09-03

5.5　标志性科研成果简介①

5.5.1　1985 年度国家科学技术进步一等奖
——轧机变相单辊驱动技术及其开发

由本学科古可、钟掘教授领衔的中南工业大学等单位完成，本学科参与完成人员：徐茂岚、陈开平

长期以来，国际上各类轧机的驱动，包括各类带材轧机、现代热连轧机以至精密的铝箔轧机，几乎都沿用传统的驱动理论，对箔带轧制中出现的一些奇异现象无法解释，更难以消除驱动系统中出现的某些故障。因此，国外将箔材轧制称之为"灰色领域"。1977 年，古可、钟掘教授在研究中发现：轧机驱动系统的实际力学状态，不能简单地用传统理论的机械传递关系来确定，必须重新建立由轧制中的金属变形条件、系统模态、轧辊特性等所确定的驱动力学模型。经反复试验研究，他们于 1978 年首次确立箔带轧机"变相单辊驱动"新理论，同时提出驱动系统中存在"附加封闭力矩""涡流效应""辊面搓振"等轧机驱动领域中的新概念。这一理论，深刻地揭示了极限轧制领域的重要规律，阐述了无辊缝轧制中现有驱动系统形为双辊驱动、实为单辊驱动的本质，成功地解释了箔带轧制中扭矩变向的奇异现象，从而使沉默多年的驱动理论活跃起来。

在对武钢引进的新日铁热连轧机不能投产的异常重大故障分析中，发现并论证了轧机驱动系统的异常严重损坏是因为其间出现巨大附加力流，应用这一认识论证了新日铁热连轧机不能投产的异常重大故障是日方技术造成系统中出现异常附加载荷，据此向日方技术索赔成功。并从本质上消除了巨大力流产生机制，根除了轧机异常损坏问题。他们从实践中进行综合分析和理论概括，提出铝箔精轧机最佳驱动为单辊驱动的系统构思和对策。经东北轻合金加工厂铝箔中、精轧及在引进高速轧机上进行工业性生产试验，均取得了显著效果：节能 11.5% ~ 17%，断带现象明显减少，铝箔机械强度提高 15% ~ 17%，成品率提高 5%。上述试验结果突破了国际上长期以来关于辊径差 $\Delta D < 0.02$ mm 的限定，实际可增大 100 ~ 150 倍。他们将变相单辊驱动理论开发成技术用于生产，在冶金机械等 5 个行业获得广泛应用，取得的经济效益十分显著。

---

① 按获奖时间排序。

5.5.2 1989 年度国家技术发明三等奖
——全液压凿岩技术优化设计及其装置

完成单位为中南工业大学，完成人均为本学科人员，主要有：杨襄璧、杨务滋、何清华、陈泽南

全液压凿岩技术优化设计及其装置属于采掘机械设备领域系列发明，主要用于液压凿岩机和全液压钻车等岩石工程机械。该课题组从 20 世纪 70 年代开始研究全液压凿岩设备，80 年代取得重大突破，开发了 YYG90、YYG250、CGJ2Y、CGJS2Y、CGJ252Y、CLY120、SYZ30 等各种液压凿岩机和全液压凿岩钻车，并在湘东钨矿、汝城钨矿、柿竹园多金属矿、攀枝花铁矿、铁道部第二工程局等单位得到了广泛的应用。

该系列发明主要内容如下：

(1) 抽象设计变量优化法，用于液压凿岩机设计和评价，冲击效率高达 52%。

(2) 高压蓄能器优化设计，降低蓄能器隔膜的脉动频率，减小高压胶管的振动，提高使用寿命 1 倍以上。

(3) 两级防空打及反弹缓冲装置，减小了机器的振动，工作噪声降至 96 分贝。

(4) 压差式柱阀配油和压差式锥阀配油两种机构，阀的消耗能量小，提高了冲击效率。

(5) 折线形无死区钻臂及其控制系统，扩大了钻臂工作范围。

(6) 钻臂自动平移技术，平行误差小于 1%，提高了爆破效率。

(7) 液压集成控制系统及其装置，实现了恒压变量及单孔循环自动化，节省了能量，提高了凿岩工作效率。

该系列发明形成了独特的设计体系，奠定了液压凿岩设备的理论基础，开发的新产品达到了国外同类产品的先进水平，在国内矿山和铁路建设中发挥了重大作用，取得了巨大的经济效益，为国家年增收节支 2.4 亿元。该系列发明为国家每年可节能 3 亿度，并减低了噪声与粉尘，减轻了工人的劳动强度，社会效益十分明显。

5.5.3 1989 年度国家科学技术进步三等奖
——铁路隧道小断面全液压凿岩钻车(附配套集成阀)

由铁道部第二工程局与中南工业大学等单位合作完成，本学科参与完成人：杨襄璧、陈泽南、杨务滋

铁路隧道小断面全液凿岩钻车和液压凿岩机集成控制阀项目于 1984 年开始，由中南工业大学与铁道部第二工程局联合研究，由广东有色冶金机械厂和邵阳液压件厂等单位分别试制，到 1986 年已生产 CGJS-2Y 型钻车 12 台，分别在宝成线熊家河隧道，外福线前洋隧道，横南线分水关隧道使用。

外福线前洋隧道全长 3000 多米，全部采用 CGJS-2Y 型钻车等国产化机械设备施工，

仅用两年多的时间就贯穿全程，受到了铁道部的特别嘉奖。我校科研人员与铁二局工程技术人员一起，冒着各种危险连续两年奋战在施工第一线，得到了施工单位员工的一致好评，为国家重点工程建设做出了较大的贡献。

1986 年 11 月至 1987 年 11 月，两台 CGJS-2Y 型钻车在外福线前洋隧道出口进行工业性试验，累计工作 612 台班，作业 1584 小时，凿孔 34017 个，共计 71056 米，平均钻孔速度 1.2m/min，超过了项目的预定技术指标。

1987 年 12 月，铁路隧道小断面全液凿岩钻车和液压凿岩机集成控制阀分别通过了铁二局鉴定，1988 年 12 月升级为铁道部部级鉴定，鉴定结论为：其主要技术性能达到了国外同类产品的先进水平。

5.5.4 1991 年度国家科学技术进步三等奖
——软铝加工新工艺新设备（连续挤压）的研究

由左铁镛院士领衔的中南工业大学等单位完成，本学科主要参与完成人：孙宝田

该项目为国家"七五"重点科技攻关项目和国家"八五"重点新技术推广项目。连续挤压工艺是 20 世纪 70 年代发明的一种新型的金属加工技术，是继连续轧钢、连续铸造之后的又一重大技术突破。同传统的卧式挤压工艺相比，连续挤压有许多突出的优点，被誉为"有色金属加工技术的一项重大革新"，获得相当迅速的发展。它能以杆料、颗粒料为坯料，或与连续铸造直接结合，挤压各种长度不限的线材、中小管、棒、型材。这种加工工艺具有能耗低，材料利用率高，产品质量优良，生产率高，投资少，收效快等一系列优点。中南工业大学等六个单位经过努力，成功研究了具有 80 年代国际先进水平的我国第一条连续挤压生产线，为我国有色金属加工工业的技术开发、推广应用做出了贡献。

在消化吸收引进设备的基础上，我国自行研制成功的 LJ-300 连续挤压生产线及软铝、铝合金生产工艺，以及我国第一台杆料和颗粒料两用的 KLJ250 连续挤压机，填补了国内空白，均已达到 80 年代国际先进水平，所研制的连续挤压设备完全可以代替进口设备。已开发铝合金电磁扁线、电冰箱铝管和汽车空调散热器用多孔铝合金扁管等 3 大系列、10 多个规格的新规格产品。较全面地掌握了软铝合金连续挤压的关键技术，并在全国推广 40 多条生产线。

5.5.5 1995 年度国家科学技术进步二等奖
——双机架铝热轧现代改造和新技术开发

由西南铝加工厂与中南工业大学合作完成，本学科主要参与完成人：钟掘院士

该项目自行研制、设计的总体工艺技术、总体装备方案独具特色，优于国外日本石川岛株式会社和德国克虏伯公司的方案。项目在改造规划、工艺流程、工艺与设备的技术方案和技术参数的确定及组织实施、现场管理等诸方面，创造性地将国外先进技术与西南铝加工厂的条件相结合，把20世纪50年代技术改建成具有国际80年代先进水平、军民产品相结合的大型生产线，生产能力由8万吨/年跃至26万吨/年，属国内首创，成为唯一能生产各种铝及铝合金的高质量、多规格板带卷材的生产基地，为国内企业进行现代化技术改造提供了成功的范例，有广泛的社会效益及应用前景。

在改造后的热粗轧——热精轧生产线上，先后自主开发硬合金纵向压延技术；硬合金特宽板热轧技术以及高性能特薄铝板热轧坯料的生产技术；开发和编制了全套计算机生产工艺软件；成功地生产出优等质量的3004制罐板用热轧卷，填补了国内空白。产品厚度精度高（纯铝为2.5±0.02 mm，铝合金为2.5±0.035 mm），表面质量好，内部组织均匀，卷重每毫米宽达6.5 kg，产品各项指标均达到国际标准。从根本上扭转了3004制罐料长期进口的局面，并使为航空工业提供的硬铝合金板材提升了一个档次。

在技术装备上，将原有单独的2800 mm热轧机、2800 mm冷轧机改造成一条统一的热粗轧——热精轧生产线，铸锭重量由原来的3.3 t提高到11.9 t，生产效率、产品质量和成品率显著提高。充分利用了原有设备，采取了加大轧制力滚边，加大乳液流量等许多独特的措施，并增加了液压Agc、支承辊偏心补偿、清刷辊、工作辊正负弯辊、液压侧导尺等装置，并配备了压力、流量、速度、位置等自动检测系统，全轧线采用大型工业计算机进行分区集中控制，具备全自动、半自动、手动三种操作方式，其装备达到国际20世纪80年代末水平。

该项目具有显著的经济效益和社会效益，其中节省由外国公司提供工艺软件和设计所需外汇1000万美元，因产品质量的提高等原因与改造前同等条件比较每年新增利税约1800万元，达产后，热轧工序每年可创效益6200万元。该项目改造仅投资0.95亿元，如全由国外改造，则需投资约2.5亿元，新建类似生产线则约需3.5亿元，吨产品节能56 kWh。

5.5.6 1996年度国家科学技术进步二等奖——高性能特薄铝板

由西南铝加工厂联合中南工业大学等单位合作完成，本学科主要参与完成人：钟掘院士

该项目为开发满足"高性能特薄铝板"要求的高性能优质热轧带材，并以此为龙头，以3004制罐板生产核心技术——热轧工艺的开发为中心，对国内首条热粗轧——热精轧生产线的工艺技术及控制轧制技术进行全面的开发与优化。具有如下特点：

（1）查明并掌握了3004罐体材的组织、性能、织构与制罐性能的动态演变过程和工艺规律，深入研究了轧制过程中铝板、轧辊和轧制润滑液这一复杂摩擦系统的相互耦合作用以及铝板表面的摩擦机理，成功地开发出其生产核心技术——热轧生产工艺，产品、工艺及润滑技术均达到国际先进水平。

（2）所研制开发的基于辊缝动态优化设计的热精轧板形板凸度控制技术及专家系统，

开创了通过工艺软件控制板形板凸度的成功范例，获得了良好的控制效果，板形平立，板凸度控制在 0.2% ~0.8% 的范围内，达到了国际先进水平。

（3）开发的新型接触式在线测温系统，达到响应时间<15 s，测温精度<1% 的指标，居于国内领先水平。在消化吸收的基础上，成功地实现了对引进日本红外测温系统的改造和技术再开发，使测温精度为 5 ~7℃，解决了在铝及铝合金中红外测温技术的应用技术难题，满足了使用要求，具有国际领先水平。

（4）查明并掌握了铸锭铣面质量、轧辊粗糙度、乳液润滑状态、清刷辊及张力等对热轧板带表面质量的影响规律及摩擦润滑机制，开发形成的表面质量控制技术及专家系统，实现了对板带表面质量的优化控制，达到了国际先进水平。

（5）在消化吸收热精轧 Agc 厚控系统技术的基础上，成功地进行了 Agc 技术的再开发并建立热粗轧、热精轧厚控技术专家系统，使板带的厚控精度为 0.8% ~1.2%，完成厚控目标并达到国际先进水平。

（6）通过本专题技术的全面开发和优化，形成了具有国际先进水平的热粗轧——热精轧生产工艺、控制轧制及润滑技术，实现了以产顶进，填补国内空白的目标，并获得了良好的经济及社会效益；迄今为止，已累计生产高性能特薄铝板热轧带材 62080 t，完成产值105540 万元，实现利税 5587 万元。

5.5.7　2002 年度国家技术发明二等奖
——铝带坯电磁场铸轧装备与技术

由本学科钟掘院士领衔的中南大学等单位完成，本学科参与完成人员：毛大恒、赵啸林

该项目属材料制备机械领域，为高性能铝板带材坯料生产提供了一种新的装备与技术。该课题立足于发扬常规铸轧节能、投资少的突出优势，从材料组织形成的能量规律，寻找常规铸轧技术缺陷的本质原因，通过创造新的载能装备，向铸轧过程注入新的能量，改变铸轧区的能场结构，使铸轧过程出现新的材料微流变机制，以获得优良的组织结构和性能，为高性能铝板带材提供性价比高的铝带坯。

20 世纪 80 年代初课题组通过实验发现，在特定频段上的电磁场能量易为铝熔体吸收，转化为形核、流变能量，改善细观组织，同时研究了特殊电磁场载能装备原理和结构的可行性。在上述基础上形成了将电磁场施加到连续铸轧中的技术构思，相继开展电磁场铸轧原理、技术和装备的系统研究开发。在 1996 年到 2001 年期间，完成工业试验并投入工业生产应用。

本项目首次在常规铸轧环境中输入变频组合磁场，发现了铝熔体［铸-轧］流变行为中由此出现的新机制和规律，发明了铝带坯电磁场铸轧装备与技术，获得性能优良的铝热带卷。主要成果要点如下：

（1）发明了铝带坯电磁场铸轧新工艺技术，形成铸轧过程新机理，建立起电磁场连续铸轧材料制备新方法。

（2）发明了一种产生瞬变组合磁场的电磁感应器。该感应器在铸轧区前沿的辊缝中同时形成脉振磁场与行波磁场，主频率与行波导向频率可分别随机切换。

（3）发明了一种将电磁能高密度聚集的定向引导机构，将磁力线高密度约束于［凝固–轧制］连续流变区。

（4）发明了一种复杂电磁场多参数多形态控制系统。系统由电流波形控制、频率成分随机控制、磁序随机控制和接触电势差控制四部分组成，能对磁场形态、频率、幅值做多种调控，使感应电磁场具有瞬态变化的能量梯度。

（5）获得了品质优良的铸轧铝带坯。

这项发明创造了一个铝材超常制备的新方法，实现了传统铸轧工艺与技术的突破与跨越。这项成果的推广对改造我国传统铝板带生产，促进整个铝加工行业上新的台阶具有重要的意义。

5.5.8 2003年度国家科学技术进步二等奖
——高性能液压静力压桩机的研制及其产业化

由本学科何清华教授领衔的中南大学等单位完成，本学科参与完成人员：朱建新、郭勇、陈欠根、龚进、吴万荣、龚艳玲、周宏兵、黄志雄、邓伯禄

该项目属于土木工程机械与设备的桩工机械。静力压桩法就是完全依靠静载将预制桩平稳、安静地压入软弱地基的一种桩基础施工工法。液压静力压桩机是实施该工法的一种新型关键设备，具有无震动、无噪声、无油污飞溅等环境污染、效率高、质量好、费用低等特点。针对施工现场中遇到的实际问题，团队创新设计，取得了6项原创性的拥有自主知识产权的专利技术成果，主要包括准恒功率设计理论及其压桩系统、均载联动及自动复位步履式行走底盘、多点均压式夹桩技术及装置、边桩角桩处理技术及装置、H形钢桩夹持技术及装置等核心技术及其创新机构，使项目产品具有高效节能、多功能作业、环保施工、成桩质量高等显著特点。

项目成果经过近10年研究开发与推广应用，已完成从样机研制、工业试验、推广应用、系列开发到产业化的全过程。随着我国经济的持续发展，基础建设投入力度进一步加大和环保观念的不断深入人心，该项目应用前景将更加广阔，必将产生更大的经济效益和社会效益。

5.5.9　2005 年度国家科学技术进步二等奖
——巨型精密模锻水压机高技术化与功能升级

由本学科黄明辉教授领衔的中南大学等单位完成，本学科参与完成人员：吴运新、谭建平、刘少军、周俊峰、张友旺、张材。

该成果是自 1988 年以来对我国巨型精密模锻水压机生产线关键核心设备理论研究和高技术化改造的总成。项目实施瞄准 3 个目标：

(1)查明 3 万吨水压机的真实工作能力与技术薄弱环节；

(2)分步改造提升水压机的整体能力、精度控制与操作自动化水平；

(3)通过工艺优化，实现超大锻件的精密制造。

主要完成以下内容：3 万吨模锻水压机的运行测试、系统建模与动能分析；主工作缸工况物理模拟、强度评估与强化承载技术；高精度同步与位置控制系统设计研制；水压机在线保护系统与承载保护系统研制；特大锻件的精密模锻及工艺创新。

该成果在全面揭示与掌握水压机运行与模锻工艺和锻件质量的耦合规律基础上，对锻造全过程的精确实现研发和配置了多套技术与装备，全面提升了水压机的实际锻造能力和锻件质量，在国防和经济建设中发挥了不可替代的作用。该成果的研究和新技术开发成果具有一定的通用性，可以方便地移植到各类型水压机的技术改造和功能升级上，同时也可为新水压机的设计制造、现有水压机的锻压工艺的优化，提供理论依据和技术参考。

5.5.10　2007 年度国家科学技术进步一等奖
——铝资源高效利用与高性能铝材制备的理论与技术

由本学科钟掘院士领衔的中南大学等单位完成，本学科参与完成人员：黄明辉

我国铝产量世界第一，但优质铝土矿资源保证年限不到 10 年，铝冶金能耗比国外高 10%，高性能铝材 70% 依靠进口，严重威胁国家经济与国防安全。该项目形成 4 组重要创新技术：

(1)铝硅矿物浮选分离理论和技术。发明多键合型硅酸盐矿物捕收剂、螯合型铝矿物浮选药剂，构建浮选分离溶液化学体系，创建铝土矿浮选分离成套技术，在世界上首次实现铝土矿浮选工业应用。

(2)高效节能铝冶金新技术。发明晶种诱导–晶型重构铝酸钠溶液脱硅、聚集体诱导生产高品质氧化铝、常温固化 TiB_2 涂层阴极和抗氧化低电阻碳素阳极制备技术。

(3)铝材基体多场调控技术。研发多场调控半连铸和异型材挤压成形技术，发明剪切驱动控制析出晶粒取向调控技术。

(4)高强铝合金多尺度多相强韧化技术。确立多尺度多相组织最佳模式，研发强化结晶相固溶、晶界预析出、共格强化与多元弥散相强韧化技术。

发明 67 项专利、7 项成套技术，研制了 16 种重点工程铝材，3 年创利税 116.75 亿元。

首创铝土矿浮选分离成套技术，将可利用铝资源的保证年限由 10 年增加到 60 年；铝冶金新技术可节能、减排各 10%，使铝冶金由技术引进型转变为自主创新型；铝材制备系列自主创新技术，使我国铝材性能与国际接轨，打破国外垄断与封锁，满足国家重大工程需求。

5.5.11 2015 年度国家科学技术进步二等奖
——12000 吨航空铝合金厚板张力拉伸装备研制与应用

由中国重型机械研究院股份公司联合中南大学等单位合作完成，本学科主要参与完成人员：吴运新

项目成功研制了拥有自主知识产权的 12000 吨航空级铝合金板材张力拉伸机装备，该装备可实现对板宽 4000 mm、板厚 250 mm、板长 30000 mm 的航空级铝合金板材的预拉伸，钳口负载系数达到 63 kN/mm，板材延伸率精度达到 0.1%，两侧主拉伸缸同步精度达到 0.5 mm 以下，其创新和关键技术如下：

(1)研发了机组全浮动张力拉伸技术，解决了大吨位拉伸机对基础和设备的缓冲保护难题。

(2)研发了预应力组合梁式机头的小变形多单元结构技术，解决了大吨位拉伸机单个零件重量过大和钳口变形大等难题。

(3)研发了钳口复合斜面夹紧技术，解决了宽板均匀夹紧及高可靠性的技术难题。

(4)研发了重型拉伸机多项断带缓冲保护技术，有效地解决了断带冲击造成设备容易损伤的技术难题。

(5)研发了大拉伸力主缸同步控制技术，解决了板材均匀变形的技术难题。

(6)经过理论实践相结合的方法提出了铝合金板拉伸工艺过程的控制模型，有效地消减了板材内部残余应力。

12000 吨铝及铝合金板材张力拉伸机是生产高性能航空级铝合金厚板产品的关键设备，解决了我国重型铝合金板材万吨级拉伸机装备从无到有的问题，打破了航空级铝合金厚板依赖进口的局面，是我国厚板生产技术和装备的重大突破，为提高我国大飞机制造国产化率提供了强有力的原材料保障，同时也迫使国外同类型设备及厚板产品在国内大幅降价。

5.5.12 2019 年大型液压机智能测控技术及应用系列成果

由本学科谭建平教授领衔的中南大学与西南铝业集团有限公司等单位合作完成

我国的 300MN 模锻液压机、125MN 挤压机等装备承担了航天、航空及新型战略性装备中大型高性能铝合金构件的制备任务，为了满足大型高性能构件对装备性能极端强化和

安全性、可靠性的苛刻要求，在国家 863 计划、国家科技重大专项、国防科工委重点项目等课题支持下，在仅保留巨型液压机机械本体结构的条件下，对巨型液压机进行了全面的现代化设计改造，实现了巨型液压机功能重构与性能提升。主要技术创新点如下：

（1）巨型液压机高性能驱动控制技术：对 300MN 模锻水压机、125MN 卧式挤压机等巨型水压机原有水路分配系统、机械式驱动操作系统进行了重新设计制造，设计了巨型液压机高精度行程检测系统，研制了全数字化电液伺服操纵控制系统，实现了巨型液压机由传统机械设备向现代智能机电装备的转换升级。

（2）巨型液压机高压大流量节流调速控制技术：提出了大流量水节流阀液压伺服驱动非对称控制策略，研发了基于"溢流+补偿"的比例型高精度同步平衡控制技术，实现了巨型液压机工作过程位置、速度和姿态的高精度闭环控制。大流量水节流阀芯开口度控制精度为 0.1 mm，活动横梁速度控制精度由 1.0 mm/s 提升为 0.01 mm/s，同步系统控制精度由 1.0‰ rad 提升为 0.04‰ rad。

（3）巨型液压机关键状态参数在线监测技术：发明了基于激光分光方法及平面两基准点定位原理的巨型挤压机多活动部件中心在线监测技术，结束了巨型挤压机靠产品试挤压调中心的历史；发明了巨型锻造液压机活动横梁空中姿态实时监测技术，实现了巨型模锻液压机超大活动横梁大范围空间运行姿态的实时监测，为巨型液压机健康状态监测与危险工况预防提供了关键技术支撑。发明了基于应变放大传递的数字式巨型液压机关键构件应力监测技术，实现了巨型液压机恶劣环境下关键构件应力的高可靠性、高精度的标定与测量，彻底解决了该设备最薄弱环节构件长期存在的安全保护问题。

（4）巨型液压机故障预警技术：建立了巨型液压机典型故障机理及预警模型，研发了一种监控系统上、下位机高频通信方法，解决了操作控制系统与状态监测系统融合的通信速率瓶颈问题，研发了与设备操纵系统相融合的巨型液压机状态监测与故障诊断系统，全面实现了巨型液压机的状态监测及故障预警。

项目技术应用大幅度提高了生产效率和产品质量，对我国军工产品的研制和批产具有极为重要的作用，并已推广应用于世界最大的 800MN 模锻油压机、160MN 自由锻水压机、250MN 难变形金属挤压机设计制造，为我国国防军工、航空航天等大型构件的加工提供了重要的设备保障，具有了显著的经济和社会效益。

以上技术共获授权发明专利 22 项，软件著作权 9 项。成果"300MN 摸锻水压机同步控制系统"获 2001 年中国有色金属工业科技进步一等奖，"300MN 模锻水压机生产线改造"获 2006 年中国有色金属工业科学技术一等奖，"125MN 挤压机数字化智能操作控制系统"获 2009 年中国有色金属工业科技进步一等奖，"大型液压机状态监测及故障预警技术研究与应用"获 2011 年中国有色金属工业科技进步一等奖，"巨型液压机关键状态参数监测技术及应用"获 2015 年湖南省技术发明一等奖。

5.5.13 2019 年科技成果转化项目
——航天超大型铝合金材料与构件制造产业化

由本学科钟掘院士领衔的中南大学等单位完成，本学科参与完成人员：易幼平、陈康华、李晓谦、黄元春、吴运新等

铝合金环筒件是运载火箭与战略武器的重要组成部分和主承力构件，实现其轻质化、整体化、精确化制造是新一代运载火箭与战略武器发展的重要目标与方向。项目以铝合金环筒件宏观成形、材料微结构为制造与调控对象，开发了各类演变需要的制造工艺条件与技术，建立了环筒件形性协同制造新工艺体系和规范，已应用于我国空基/海基武器 $\phi 1 \sim \phi 2$ m 2A14 铝合金筒段等关键构件制造与发射、重型运载火箭 CZ-9 号 $\phi 9.5$ m 贮箱整体过渡环、新一代大型运载火箭 CZ-5/5B 号以及新一代载人登月运载火箭 $\phi 5$ m 共底贮箱整体过渡环、新一代中型 CZ-7/CZ-8 系列以及陆基武器 $\phi 3.35$ m 贮箱整体过渡环等多种型号构件的研制与生产。

该项目的核心创新技术包括：

（1）发明了大规格高品质铝合金铸锭超声波辅助制备技术。创建了大型铝合金铸锭超纯降 Cu 合金成分设计技术路线，突破了均质/纯净铸锭制备关键技术，首次制备出世界最大直径 $\phi 1380$ mm、质量达 17 吨的高品质 2219 铝合金铸锭，处于国际领先水平。

（2）发明了超大铝合金锻件高温多向强流变均质开坯技术。通过高温强流变与高温退火协同，攻克了超大铝合金锻件残余结晶相富集导致构件局部性能偏低的难题，首次实现世界最大直径 $\phi 1380$ mm 的 2219 铝合金铸锭均质开坯，处于国际领先水平。

（3）发明了大型铝合金环筒件稳定精确成形工艺技术。首次开发了大型铝合金环筒件轧制成形喷淋润滑系统，实现了轧制界面均匀润滑与温度精准控制，攻克了大型环筒件轧制过程变形温升和失稳的难题，制备了外径尺寸误差小于1‰的 $\phi 5$ m、$\phi 9.5$ m 环件，处于国际先进水平。

（4）发明了大型铝合金环筒件晶粒组织与多相微结构调控技术。首次开发了一种基于中温变形与高温固溶协同的环筒件成形制造新技术，获得了等轴细晶/第二相/晶界协同的多级多相强韧化特征微结构，首次研制出世界上最大直径 $\phi 9.5$ m 的高性能 2219 铝合金整体过渡环，处于国际领先水平。

该研究成果普遍适用于航天运载、战略武器等所需的大型环筒结构件的高性能制造，大幅提升了我国大型铝合金环筒件制造技术水平及产品综合性能，满足了新一代箭/弹体结构件的研制需求，产生了巨大的军事、社会及经济效益。基于上述核心技术的"航天超大型铝合金材料与构件制造产业化"获 2018 年第一批湖南省军民融合重大示范项目，研究成果已作价 2 亿元入股湖南中创空天新材料股份有限公司，并获 2019 年中国有色金属工业科学技术奖一等奖，该项目培养的一名研究生获 2019 年第九届上银优秀机械博士论文奖金奖。

5.6　代表性论文

（1）　Wu, Y. X. and J. A. Duan, Frequency modulation of high-speed mill chatter. JOURNAL OF MATERIALS PROCESSING TECHNOLOGY, 2002. 129 (PII S0924 − 0136 (02) 00599−X1−3）: 148−151.

（2）　Zhong, J., et al., Industrial experiments and findings on temper rolling chatter. JOURNAL OF MATERIALS PROCESSING TECHNOLOGY, 2002. 120 (1 − 3): 275−280.

（3）　Tang, H. P., D. Y. Wang and J. Zhong, Investigation into the electromechanical coupling unstability of a rolling mill. JOURNAL OF MATERIALS PROCESSING TECHNOLOGY, 2002. 129(PII S0924−0136(02)00679−91−3): 294−298.

（4）　Deng, G. L., G. Wang and J. Duan, A new algorithm for evaluating form error: the valid characteristic point method with the rapidly contracted constraint zone. JOURNAL OF MATERIALS PROCESSING TECHNOLOGY, 2003. 139(1−3): 247−252.

（5）　Jiang, B. Y., et al., Element modeling of FEM on the pressure field in the powder injection mold filling process. JOURNAL OF MATERIALS PROCESSING TECHNOLOGY, 2003. 137(PII S0924−0136(02)01070−11−3): 74−77.

（6）　Zhou, S. X., et al., Experimental study on material properties of hot rolled and continuously cast aluminum strips in cold rolling. JOURNAL OF MATERIALS PROCESSING TECHNOLOGY, 2003. 134(3): 363−373.

（7）　Li, X. Q., et al., Modeling and simulating of the fast roll casting process. JOURNAL OF MATERIALS PROCESSING TECHNOLOGY, 2003. 138(1−3): 403−407.

（8）　Wu, Y. X., et al., Quasi-mode shape based dynamic finite element model updating method. JOURNAL OF MATERIALS PROCESSING TECHNOLOGY, 2003. 138(1−3): 518−521.

（9）　Mao, D. H., et al., The principle and technology of electromagnetic roll casting. JOURNAL OF MATERIALS PROCESSING TECHNOLOGY, 2003. 138 (1 − 3): 605−609.

（10）　Mao, D. H., et al., Effects of electromagnetic field on aluminum alloys liquid-solid continuous rheological structure evolution. MATERIALS SCIENCE AND ENGINEERING A-STRUCTURAL MATERIALS PROPERTIES MICROSTRUCTURE AND PROCESSING, 2004. 385(1−2): 22−30.

（11）　Deng, H., H. X. Li and G. R. Chen, Spectral-approximation-based intelligent modeling for distributed thermal processes. IEEE TRANSACTIONS ON CONTROL SYSTEMS TECHNOLOGY, 2005. 13(5): 686-700.

(12) Huang, H., H. X. Li and J. Zhong, Master-slave synchronization of general Lur'e systems with time-varying delay and parameter uncertainty. INTERNATIONAL JOURNAL OF BIFURCATION AND CHAOS, 2006. 16(2): 281-294.

(13) Cao, J., H. X. Li and L. Han, Novel results concerning global robust stability of delayed neural networks. NONLINEAR ANALYSIS - REAL WORLD APPLICATIONS, 2006. 7(3): 458-469.

(14) Zhang, Q. L., et al., A method for preparing ferric activated carbon composites adsorbents to remove arsenic from drinking water. JOURNAL OF HAZARDOUS MATERIALS, 2007. 148(3): 671-678.

(15) Li, H., et al., A simple model-based approach for fluid dispensing analysis and control. IEEE-ASME TRANSACTIONS ON MECHATRONICS, 2007. 12(4): 491-503.

(16) Li, Y., S. Liu and L. Li, Dynamic analysis of deep-ocean mining pipe system by discrete element method. CHINA OCEAN ENGINEERING, 2007. 21(1): 175-185.

(17) Duan, X., H. Li and H. Deng, Effective Tuning Method for Fuzzy PID with Internal Model Control. INDUSTRIAL & ENGINEERING CHEMISTRY RESEARCH, 2008. 47 (21): 8317-8323.

(18) Lin, Y. C., M. Chen and J. Zhong, Numerical simulation for stress/strain distribution and microstructural evolution in 42CrMo steel during hot upsetting process. COMPUTATIONAL MATERIALS SCIENCE, 2008. 43(4): 1117-1122.

(19) Li, J., et al., Theoretical and experimental analyses of atom diffusion characteristics on wire bonding interfaces. JOURNAL OF PHYSICS D-APPLIED PHYSICS, 2008. 41 (13530313).

(20) Lin, Y. C., M. Chen and J. Zhong, Effects of deformation temperatures on stress/strain distribution and microstructural evolution of deformed 42CrMo steel. MATERIALS & DESIGN, 2009. 30(3): 908-913.

(21) Lin, Y. C. and G. Liu, Effects of strain on the workability of a high strength low alloy steel in hot compression. MATERIALS SCIENCE AND ENGINEERING A-STRUCTURAL MATERIALS PROPERTIES MICROSTRUCTURE AND PROCESSING, 2009. 523(1-2): 139-144.

(22) Tang, J., J. Du and Y. Chen, Modeling and experimental study of grinding forces in surface grinding. JOURNAL OF MATERIALS PROCESSING TECHNOLOGY, 2009. 209 (6): 2847-2854.

（23） Lin, Y., M. Chen and J. Zhang, Modeling of flow stress of 42CrMo steel under hot compression. MATERIALS SCIENCE AND ENGINEERING A-STRUCTURAL MATERIALS PROPERTIES MICROSTRUCTURE AND PROCESSING, 2009. 499（1－2SI）: 88－92.

（24） Lin, Y. and M. Chen, Numerical simulation and experimental verification of microstructure evolution in a three-dimensional hot upsetting process. JOURNAL OF MATERIALS PROCESSING TECHNOLOGY, 2009. 209（9）: 4578－4583.

（25） Weng, C., et al., Numerical simulation of residual stress and birefringence in the precision injection molding of plastic microlens arrays. INTERNATIONAL COMMUNICATIONS IN HEAT AND MASS TRANSFER, 2009. 36（3）: 213－219.

（26） Lin, Y. C., et al., Prediction of static recrystallization in a multi-pass hot deformed low-alloy steel using artificial neural network. JOURNAL OF MATERIALS PROCESSING TECHNOLOGY, 2009. 209（9）: 4611－4616.

（27） Lin, Y. C., M. Chen and J. Zhong, Study of metadynamic recrystallization behaviors in a low alloy steel. JOURNAL OF MATERIALS PROCESSING TECHNOLOGY, 2009. 209（5）: 2477－2482.

（28） Lin, Y. C. and M. Chen, Study of microstructural evolution during metadynamic recrystallization in a low-alloy steel. MATERIALS SCIENCE AND ENGINEERING A-STRUCTURAL MATERIALS PROPERTIES MICROSTRUCTURE AND PROCESSING, 2009. 501（1－2）: 229－234.

（29） Zhang, X., H. Li and C. Qi, Spatially constrained fuzzy-clustering-based sensor placement for spatiotemporal fuzzy-control system. IEEE TRANSACTIONS ON FUZZY SYSTEMS, 2010. 18（5）: 946－957.

（30） Yu, Y. and H. Li, Adaptive generalized function projective synchronization of uncertain chaotic systems. NONLINEAR ANALYSIS-REAL WORLD APPLICATIONS, 2010. 11（4）: 2456－2464.

（31） Lu, X., H. Li and C. L. P. Chen, Robust optimal design with consideration of robust eigenvalue assignment. INDUSTRIAL & ENGINEERING CHEMISTRY RESEARCH, 2010. 49（7）: 3306－3315.

（32） Lu, X., et al., Integrated design and control under uncertainty: a fuzzy modeling approach. INDUSTRIAL & ENGINEERING CHEMISTRY RESEARCH, 2010. 49（3）: 1312－1324.

（33） Tan, Q., et al., Numerical simulation of ANSYS-LS/DYNA induced by double-edge ball tooth hob cutter. ADVANCED MATERIALS RESEARCH, 2010. 97（3）: p.

3120-3123.

(34) Shuai, C., et al., Structural design and experimental analysis of a selective laser sintering system with nano-hydroxyapatite powder. JOURNAL OF BIOMEDICAL NANOTECHNOLOGY, 2010. 6(4): 370-374.

(35) Lin, Y. C., X. Chen and G. Liu, A modified Johnson-Cook model for tensile behaviors of typical high-strength alloy steel. MATERIALS SCIENCE AND ENGINEERING A-STRUCTURAL MATERIALS PROPERTIES MICROSTRUCTURE AND PROCESSING, 2010. 527(26): 6980-6986.

(36) Zhao, J., et al., Effects of ultrasonic treatment on the tensile properties and microstructure of twin roll casting Mg-3%Al-1%Zn-0.8%Ce-0.3%Mn (wt%) alloy strips. JOURNAL OF ALLOYS AND COMPOUNDS, 2011. 509(34): 8607-8613.

(37) Li, J., et al., Dynamics features of Cu-wire bonding during overhang bonding process. IEEE ELECTRON DEVICE LETTERS, 2011. 32(12): 1731-1733.

(38) Duan, J. and D. Liu, On the lapping mechanism of optical fiber end-surfaces using fixed diamond abrasive films. JOURNAL OF MANUFACTURING SCIENCE AND ENGINEERING-TRANSACTIONS OF THE ASME, 2011. 133(0245042).

(39) Zhan, L., et al., Experimental studies and constitutive modelling of the hardening of aluminium alloy 7055 under creep age forming conditions. INTERNATIONAL JOURNAL OF MECHANICAL SCIENCES, 2011. 53(8): 595-605.

(40) Zhan, L., J. Lin and T. A. Dean, A review of the development of creep age forming: experimentation, modelling and applications. INTERNATIONAL JOURNAL OF MACHINE TOOLS & MANUFACTURE, 2011. 51(1): 1-17.

(41) Li, J., et al., Interfacial microstructures and thermodynamics of thermosonic Cu-wire bonding. IEEE ELECTRON DEVICE LETTERS, 2011. 32(10): 1433-1435.

(42) Shuai, C., et al., Structure and properties of nano-hydroxypatite scaffolds for bone tissue engineering with a selective laser sintering system. NANOTECHNOLOGY, 2011. 22 (28570328).

(43) Lin, Y. C., X. Chen and G. Chen, Uniaxial ratcheting and low-cycle fatigue failure behaviors of AZ91D magnesium alloy under cyclic tension deformation. JOURNAL OF ALLOYS AND COMPOUNDS, 2011. 509(24): 6838-6843.

(44) Lin, Y. C. and X. Chen, A critical review of experimental results and constitutive descriptions for metals and alloys in hot working. MATERIALS & DESIGN, 2011. 32 (4): 1733-1759.

(45) Lu, X., et al., Subspace-modeling-based nonlinear measurement for process design.

INDUSTRIAL & ENGINEERING CHEMISTRY RESEARCH, 2011. 50 (23): 13457-13465.

(46) Dai, J. C., et al., Aerodynamic loads calculation and analysis for large scale wind turbine based on combining BEM modified theory with dynamic stall model. RENEWABLE ENERGY, 2011. 36(3): 1095-1104.

(47) Yu, Y. and H. Li, Adaptive hybrid projective synchronization of uncertain chaotic systems based on backstepping design. NONLINEAR ANALYSIS-REAL WORLD APPLICATIONS, 2011. 12(1): 388-393.

(48) Zhang, S., Y. Wu and H. Gong, A modeling of residual stress in stretched aluminum alloy plate. JOURNAL OF MATERIALS PROCESSING TECHNOLOGY, 2012. 212 (11): 2463-2473.

(49) Jiang, M. and H. Deng, Optimal combination of spatial basis functions for the model reduction of nonlinear distributed parameter systems. COMMUNICATIONS IN NONLINEAR SCIENCE AND NUMERICAL SIMULATION, 2012. 17(12): 5240-5248.

(50) Lin, Y. C., et al., High-temperature creep behavior of Al-Cu-Mg alloy. MATERIALS SCIENCE AND ENGINEERING A-STRUCTURAL MATERIALS PROPERTIES MICROSTRUCTURE AND PROCESSING, 2012. 550: 125-130.

(51) Sun, Z., M. Huang and G. Hu, Surface treatment of new type aluminum lithium alloy and fatigue crack behaviors of this alloy plate bonded with Ti-6Al-4V alloy strap. MATERIALS & DESIGN, 2012. 35: 725-730.

(52) Lin, Y. C., et al., A phenomenological constitutive model for high temperature flow stress prediction of Al-Cu-Mg alloy. MATERIALS SCIENCE AND ENGINEERING A-STRUCTURAL MATERIALS PROPERTIES MICROSTRUCTURE AND PROCESSING, 2012. 534: 654-662.

(53) Zhang, G., H. Li and M. Gan, Design a wind speed prediction model using probabilistic fuzzy system. IEEE TRANSACTIONS ON INDUSTRIAL INFORMATICS, 2012. 8(4): 819-827.

(54) Lin, Y. C., et al., Precipitation in Al-Cu-Mg alloy during creep exposure. MATERIALS SCIENCE AND ENGINEERING A-STRUCTURAL MATERIALS PROPERTIES MICROSTRUCTURE AND PROCESSING, 2012. 556: 796-800.

(55) Lu, X. and M. Huang, System-decomposition-based multilevel control for hydraulic press machine. IEEE TRANSACTIONS ON INDUSTRIAL ELECTRONICS, 2012. 59 (4): 1980-1987.

(56) Chen, M., Y. C. Lin and X. Ma, The kinetics of dynamic recrystallization of 42CrMo

steel. MATERIALS SCIENCE AND ENGINEERING A-STRUCTURAL MATERIALS PROPERTIES MICROSTRUCTURE AND PROCESSING, 2012. 556: 260-266.

(57) Liu, D., Y. Tang and W. L. Cong, A review of mechanical drilling for composite laminates. COMPOSITE STRUCTURES, 2012. 94(4): 1265-1279.

(58) Wu, H. and H. Li, A multiobjective optimization based fuzzy control for nonlinear spatially distributed processes with application to a catalytic rod. IEEE TRANSACTIONS ON INDUSTRIAL INFORMATICS, 2012. 8(4): 860-868.

(59) Zhang, G. and H. Li, An efficient configuration for probabilistic fuzzy logic system. IEEE TRANSACTIONS ON FUZZY SYSTEMS, 2012. 20(5): 898-909.

(60) Tang, Y., et al., Ultrasonic vibration-assisted pelleting of cellulosic biomass for biofuel manufacturing: a study on pellet cracks. JOURNAL OF MANUFACTURING SCIENCE AND ENGINEERING-TRANSACTIONS OF THE ASME, 2012. 134(0510165).

(61) Liu, D., et al., A cutting force model for rotary ultrasonic machining of brittle materials. INTERNATIONAL JOURNAL OF MACHINE TOOLS & MANUFACTURE, 2012. 52 (1): 77-84.

(62) Duan, X., H. Deng and H. Li, A saturation-based tuning method for fuzzy PID controller. IEEE TRANSACTIONS ON INDUSTRIAL ELECTRONICS, 2013. 60(11): 5177-5185.

(63) Jiang, M. and H. Deng, Improved empirical eigenfunctions based model reduction for nonlinear distributed parameter systems. INDUSTRIAL & ENGINEERING CHEMISTRY RESEARCH, 2013. 52(2): 934-940.

(64) Lin, Y. C., et al., Effect of creep-aging on precipitates of 7075 aluminum alloy. MATERIALS SCIENCE AND ENGINEERING A-STRUCTURAL MATERIALS PROPERTIES MICROSTRUCTURE AND PROCESSING, 2013. 588: 347-356.

(65) Li, Z., et al., Mechanism of poly-lvlysine-modified iron oxide nanoparticles uptake into cells. JOURNAL OF BIOMEDICAL MATERIALS RESEARCH PART A, 2013. 101 (10): 2846-2850.

(66) Gao, C., et al., Enhanced sintering ability of biphasic calcium phosphate by polymers used for bone scaffold fabrication. MATERIALS SCIENCE & ENGINEERING C-MATERIALS FOR BIOLOGICAL APPLICATIONS, 2013. 33(7): 3802-3810.

(67) Shuai, C., et al., Fabrication of porous polyvinyl alcohol scaffold for bone tissue engineering via selective laser sintering. BIOFABRICATION, 2013. 5(0150141).

(68) Chen, X., Y. C. Lin and J. Chen, Low-cycle fatigue behaviors of hot-rolled AZ91 magnesium alloy under asymmetrical stress-controlled cyclic loadings. JOURNAL OF

ALLOYS AND COMPOUNDS, 2013. 579: 540-548.

（69） Lin, Y. C. , et al. , A new phenomenological constitutive model for hot tensile deformation behaviors of a typical Al-Cu-Mg alloy. MATERIALS & DESIGN, 2013. 52: 118-127.

（70） Lin, Y. C. , et al. , Uniaxial ratcheting and fatigue failure behaviors of hot-rolled AZ31B magnesium alloy under asymmetrical cyclic stress-controlled loadings. MATERIALS SCIENCE AND ENGINEERING A-STRUCTURAL MATERIALS PROPERTIES MICROSTRUCTURE AND PROCESSING, 2013. 573: 234-244.

（71） Lin, Y. C. , et al. , Precipitation hardening of 2024-T3 aluminum alloy during creep aging. MATERIALS SCIENCE AND ENGINEERING A-STRUCTURAL MATERIALS PROPERTIES MICROSTRUCTURE AND PROCESSING, 2013. 565: 420-429.

（72） Lin, Y. C. , et al. , Hot deformation and processing map of a typical Al-Zn-Mg-Cu alloy. JOURNAL OF ALLOYS AND COMPOUNDS, 2013. 550: 438-445.

（73） Deng, J. , et al. , Hot tensile deformation and fracture behaviors of AZ31 magnesium alloy. MATERIALS & DESIGN, 2013. 49: 209-219.

（74） Chen, M. and Y. C. Lin, Numerical simulation and experimental verification of void evolution inside large forgings during hot working. INTERNATIONAL JOURNAL OF PLASTICITY, 2013. 49: 53-70.

（75） Lin, Y. C. , et al. , Investigation of uniaxial low-cycle fatigue failure behavior of hot-rolled AZ91 magnesium alloy. INTERNATIONAL JOURNAL OF FATIGUE, 2013. 48: 122-132.

（76） Liu, Z. , et al. , A Three-domain fuzzy wavelet system for simultaneous processing of time-frequency information and fuzziness. IEEE TRANSACTIONS ON FUZZY SYSTEMS, 2013. 21(1): 176-183.

（77） Li, H. , et al. , Probabilistic support vector machines for classification of noise affected data. INFORMATION SCIENCES, 2013. 221: 60-71.

（78） Lu, X. J. and M. H. Huang, Nonlinear-measurement-based integrated robust design and control for manufacturing system. IEEE TRANSACTIONS ON INDUSTRIAL ELECTRONICS, 2013. 60(7): 2711-2720.

（79） Lu, X. , Y. Li and M. Huang, Operation-region-decomposition-based singular value decomposition/neural network modeling method for complex hydraulic press machines. INDUSTRIAL & ENGINEERING CHEMISTRY RESEARCH, 2013. 52 (48): 17221-17228.

（80） Lu, X. and M. Huang, Multi-domain modeling based robust design for nonlinear manufacture system. INTERNATIONAL JOURNAL OF MECHANICAL SCIENCES,

2013. 75: 80-86.

（81） Liu, D. , et al. , Mechanical properties improvement of a tricalcium phosphate scaffold with poly-L-lactic acid in selective laser sintering. BIOFABRICATION, 2013. 5 (0250052).

（82） Chen, H. , J. Tang and W. Zhou, Modeling and predicting of surface roughness for generating grinding gear. JOURNAL OF MATERIALS PROCESSING TECHNOLOGY, 2013. 213(5): 717-721.

（83） Tang, H. , et al. , A new geometric error modeling approach for multi-axis system based on stream of variation theory. INTERNATIONAL JOURNAL OF MACHINE TOOLS & MANUFACTURE, 2015. 92: 41-51.

（84） Lu, X. , B. Fan and M. Huang, A novel LS-SVM modeling method for a hydraulic press forging process with multiple localized solutions. IEEE TRANSACTIONS ON INDUSTRIAL INFORMATICS, 2015. 11(3): 663-670.

（85） Lu, X. , et al. , A process/shape-decomposition modeling method for deformation force estimation in complex forging processes. INTERNATIONAL JOURNAL OF MECHANICAL SCIENCES, 2015. 90: 190-199.

（86） Gan, M. , H. Li and H. Peng, A variable projection approach for efficient estimation of RBF - ARX model. IEEE TRANSACTIONS ON CYBERNETICS, 2015. 45 (3): 476-485.

（87） Lu, X. , W. Zou and M. Huang, An adaptive modeling method for time-varying distributed parameter processes with curing process applications. NONLINEAR DYNAMICS, 2015. 82(1-2): 865-876.

（88） Qi, C. , et al. , An incremental Hammerstein-like modeling approach for the decoupled creep, vibration and hysteresis dynamics of piezoelectric actuator. NONLINEAR DYNAMICS, 2015. 82(4): 2097-2118.

（89） Zhong, G. , H. Deng and J. Li, Chattering-free variable structure controller design via fractional calculus approach and its application. NONLINEAR DYNAMICS, 2015. 81(1-2): 679-694.

（90） Li, J. , et al. , Dipping process characteristics based on image processing of pictures captured by high-speed cameras. NANO-MICRO LETTERS, 2015. 7(1): 1-11.

（91） Lin, Y. C. , et al. , EBSD study of a hot deformed nickel-based superalloy. JOURNAL OF ALLOYS AND COMPOUNDS, 2015. 640: 101-113.

（92） He, D. , et al. , Effect of pre-treatment on hot deformation behavior and processing map of an aged nickel-based superalloy. JOURNAL OF ALLOYS AND COMPOUNDS, 2015.

649：1075-1084.

（93） Liu, Y. Z. , et al. , Effects of alternating magnetic field aged on microstructure and mechanical properties of AA2219 aluminum alloy. JOURNAL OF ALLOYS AND COMPOUNDS, 2015. 647：644-647.

（94） Wen, D. , et al. , Effects of initial aging time on processing map and microstructures of a nickel-based superalloy. MATERIALS SCIENCE AND ENGINEERING A-STRUCTURAL MATERIALS PROPERTIES MICROSTRUCTURE AND PROCESSING, 2015. 620：319-332.

（95） Lin, Y. C. , et al. , Effects of pre-treatments on aging precipitates and corrosion resistance of a creep-aged Al-Zn-Mg-Cu alloy. MATERIALS & DESIGN, 2015. 83：866-875.

（96） Lin, Y. C. , et al. , Effects of two-stage creep-aging processing on mechanical properties of an Al-Cu-Mg alloy. MATERIALS & DESIGN, 2015. 79：127-135.

（97） Liu, Z. and H. Li, Extreme learning machine based spatiotemporal modeling of lithium-ion battery thermal dynamics. JOURNAL OF POWER SOURCES, 2015. 277：228-238.

（98） Zhou, W. , et al. , Laser direct micromilling of copper-based bioelectrode with surface microstructure array. OPTICS AND LASERS IN ENGINEERING, 2015. 73：7-15.

（99） Jiang, B. , et al. , Manufacturing and characterization of bipolar fuel cell plate with textile reinforced polymer composites. MATERIALS & DESIGN, 2015. 65：1011-1020.

（100）Chen, X. , et al. , Microstructural evolution of a nickel-based superalloy during hot deformation. MATERIALS & DESIGN, 2015. 77：41-49.

（101）Lin, Y. C. , et al. , New constitutive model for high-temperature deformation behavior of inconel 718 superalloy. MATERIALS & DESIGN, 2015. 74：108-118.

（102）Huang, S. , et al. , Nonlinear modeling of the inverse force function for the planar switched reluctance motor using sparse least squares support vector machines. IEEE TRANSACTIONS ON INDUSTRIAL INFORMATICS, 2015. 11(3)：591-600.

（103）Chen, H. , et al. , Numerical investigation on angle of repose and force network from granular pile in variable gravitational environments. POWDER TECHNOLOGY, 2015. 283：607-617.

（104）Lu, X. , C. Liu and M. Huang, Online probabilistic extreme learning machine for distribution modeling of complex batch forging processes. IEEE TRANSACTIONS ON INDUSTRIAL INFORMATICS, 2015. 11(6)：1277-1286.

（105）Li, X. , et al. , Production rate enhancement of size-tunable silicon nanoparticles by temporally shaping femtosecond laser pulses in ethanol. OPTICS EXPRESS, 2015. 23(4)：4226-4232.

（106）Liu, J., et al., Selective laser sintering of β-TCP/nano-58S composite scaffolds with improved mechanical properties. MATERIALS & DESIGN, 2015. 84: 395-401.

（107）Li, J., et al., Structural design and control of a small-MRF damper under 50 N soft-landing applications. IEEE TRANSACTIONS ON INDUSTRIAL INFORMATICS, 2015. 11(3): 612-619.

（108）Liu, Y., et al., Study of dynamic recrystallization in a Ni-based superalloy by experiments and cellular automaton model. MATERIALS SCIENCE AND ENGINEERING A-STRUCTURAL MATERIALS PROPERTIES MICROSTRUCTURE AND PROCESSING, 2015. 626: 432-440.

（109）Li, J., et al., The soft-landing features of a micro-magnetorheological fluid damper. APPLIED PHYSICS LETTERS, 2015. 106(0141041).

（110）Zhong, G., et al., Theoretical and experimental study on remote dynamic balance control for a suspended wheeled mobile manipulator. NONLINEAR DYNAMICS, 2015. 79(2): 851-864.

（111）Lu, X. and M. Huang, Two-level modeling based intelligent integration control for time-varying forging processes. INDUSTRIAL & ENGINEERING CHEMISTRY RESEARCH, 2015. 54(21): 5690-5696.

（112）Wen, D., et al., Work-hardening behaviors of typical solution-treated and aged Ni-based superalloys during hot deformation. JOURNAL OF ALLOYS AND COMPOUNDS, 2015. 618: 372-379.

（113）Ding, H., et al., A hybrid modification approach of machine-tool setting considering high tooth contact performance in spiral bevel and hypoid gears. JOURNAL OF MANUFACTURING SYSTEMS, 2016. 41: 228-238.

（114）Feng, P., et al., A nano-sandwich construct built with graphenenanosheets and carbon nanotubes enhances mechanical properties of hydroxyapatite-polyetheretherketone scaffolds. INTERNATIONAL JOURNAL OF NANOMEDICINE, 2016. 11: 3487-3500.

（115）Lu, X., W. Zou and M. Huang, A novel spatiotemporal LS-SVM method for complex distributed parameter systems with applications to curing thermal process. IEEE TRANSACTIONS ON INDUSTRIAL INFORMATICS, 2016. 12(3): 1156-1165.

（116）Ding, H., J. Tang and J. Zhong, An accurate model of high-performance manufacturing spiral bevel and hypoid gears based on machine setting modification. JOURNAL OF MANUFACTURING SYSTEMS, 2016. 41: 111-119.

（117）Fan, B., H. Li and Y. Hu, An intelligent decision system for intraoperative somatosensory evoked potential monitoring. IEEE TRANSACTIONS ON NEURAL

SYSTEMS AND REHABILITATION ENGINEERING, 2016. 24(2): 300-307.

(118) Xin, G., H. Deng and G. Zhong, Closed-form dynamics of a 3-DOF spatial parallel manipulator by combining the Lagrangian formulation with the virtual work principle. NONLINEAR DYNAMICS, 2016. 86(2): 1329-1347.

(119) Zhou, C., et al., Control and jetting characteristics of an innovative jet valve with zoom mechanism and opening electromagnetic drive. IEEE - ASME TRANSACTIONS ON MECHATRONICS, 2016. 21(2): 1185-1188.

(120) Lin, Y. C., et al., Corrosion resistance of a two-stage stress-aged Al-Cu-Mg alloy: effects of external stress. JOURNAL OF ALLOYS AND COMPOUNDS, 2016. 661: 221-230.

(121) Lin, Y. C., et al., Corrosion resistance of a two-stage stress-aged Al-Cu-Mg alloy: effects of stress-aging temperature. JOURNAL OF ALLOYS AND COMPOUNDS, 2016. 657: 855-865.

(122) Liu, Z., et al., Crystallography of phase transformation in the self-inclined InAs nanowires grown on GaAs{111}. SCRIPTA MATERIALIA, 2016. 121: 79-83.

(123) Zhou, C., X. Lu and M. Huang, Dempster Shafer theory-based robust least squares support vector machine for stochastic modelling. NEUROCOMPUTING, 2016. 182: 145-153.

(124) Zhong, G., et al., Dynamic hybrid control of a hexapod walking robot: experimental verification. IEEE TRANSACTIONS ON INDUSTRIAL ELECTRONICS, 2016. 63(8): 5001-5011.

(125) Abbasi, S. M., et al., Dynamic softening mechanism in Ti-13V-11Cr-3Al beta Ti alloy during hot compressive deformation. MATERIALS SCIENCE AND ENGINEERING A-STRUCTURAL MATERIALS PROPERTIES MICROSTRUCTURE AND PROCESSING, 2016. 665: 154-160.

(126) Lin, Y. C., et al., EBSD analysis of evolution of dynamic recrystallization grains and delta phase in a nickel-based superalloy during hot compressive deformation. MATERIALS & DESIGN, 2016. 97: 13-24.

(127) Huang, Y., et al., Effect of homogenization on the corrosion behavior of 5083-H321 aluminum alloy. JOURNAL OF ALLOYS AND COMPOUNDS, 2016. 673: 73-79.

(128) Yang, Y., et al., Effect of pre-deformation on creep age forming of AA2219 plate: springback, microstructures and mechanical properties. JOURNAL OF MATERIALS PROCESSING TECHNOLOGY, 2016. 229: 697-702.

(129) Liu, Z., et al., Effects of Al addition on the structure and mechanical properties of Zn

alloys. JOURNAL OF ALLOYS AND COMPOUNDS, 2016. 687: 885-892.

(130) Lin, Y. C., et al., Effects of pressure on anisotropic elastic properties and minimum thermal conductivity of D0(22)-Ni3Nb phase: first-principles calculations. JOURNAL OF ALLOYS AND COMPOUNDS, 2016. 688(B): 285-293.

(131) Hu, Z., et al., Effects of tooth profile modification on dynamic responses of a high speed gear-rotor-bearing system. MECHANICAL SYSTEMS AND SIGNAL PROCESSING, 2016. 76-77: 294-318.

(132) Lin, Y. C., J. Zhang and M. Chen, Evolution of precipitates during two-stage stress-aging of an Al-Zn-Mg-Cu alloy. JOURNAL OF ALLOYS AND COMPOUNDS, 2016. 684: 177-187.

(133) Li, J., et al., Force-electrical characteristics of a novel mini-damper. SMART MATERIALS AND STRUCTURES, 2016. 25(10500910).

(134) Xie, L., et al., Fusion bonding of thermosets composite structures with thermoplastic binder co-cure and prepreg interlayer in electrical resistance welding. MATERIALS & DESIGN, 2016. 98: 143-149.

(135) Wang, J., H. Li and H. Wu, Fuzzy guaranteed cost sampled-data control of nonlinear systems coupled with a scalar reaction-diffusion process. FUZZY SETS AND SYSTEMS, 2016. 302: 121-142.

(136) Weng, C., et al., Improvement on replication quality of electroformed nickel mold inserts with micro/nano-structures. INTERNATIONAL COMMUNICATIONS IN HEAT AND MASS TRANSFER, 2016. 75: 92-99.

(137) Wang, H., Y. Yi and S. Huang, Influence of pre-deformation and subsequent ageing on the hardening behavior and microstructure of 2219 aluminum alloy forgings. JOURNAL OF ALLOYS AND COMPOUNDS, 2016. 685: 941-948.

(138) Zhang, Y., et al., Influence of quenching cooling rate on residual stress and tensile properties of 2A14 aluminum alloy forgings. MATERIALS SCIENCE AND ENGINEERING A-STRUCTURAL MATERIALS PROPERTIES MICROSTRUCTURE AND PROCESSING, 2016. 674: 658-665.

(139) Liu, Y., et al., Influence of the low-density pulse current on the ageing behavior of AA2219 aluminum alloy. JOURNAL OF ALLOYS AND COMPOUNDS, 2016. 673: 358-363.

(140) Chen, G., et al., Low cycle fatigue and creep-fatigue interaction behavior of nickel-base superalloy GH4169 at elevated temperature of 650 degrees C. MATERIALS SCIENCE AND ENGINEERING A-STRUCTURAL MATERIALS PROPERTIES

MICROSTRUCTURE AND PROCESSING, 2016. 655: 175-182.

(141) Wang, F. , H. Zhu and H. He, Low temperature sintering of Ag nanoparticles/graphene composites for paper based writing electronics. JOURNAL OF PHYSICS D-APPLIED PHYSICS, 2016. 49(41550141).

(142) Huang, S. , et al. , Maximum-force-per-ampere strategy of current distribution for efficiency improvement in planar switched reluctance motors. IEEE TRANSACTIONS ON INDUSTRIAL ELECTRONICS, 2016. 63(3): 1665-1675.

(143) Li, K. , et al. , Microstructural evolution of an aged Ni-based superalloy under two-stage hot compression with different strain rates. MATERIALS & DESIGN, 2016. 111: 344-352.

(144) Xu, Y. , et al. , Mosaicking of unmanned aerial vehicle imagery in the absence of camera poses. REMOTE SENSING, 2016. 8(2043).

(145) Zhou, Y. , et al. , Multistep method for grinding face-gear by worm. JOURNAL OF MANUFACTURING SCIENCE AND ENGINEERING-TRANSACTIONS OF THE ASME, 2016. 138(0710137).

(146) Li, J. , et al. , New applications of an automated system for high-power LEDs. IEEE-ASME TRANSACTIONS ON MECHATRONICS, 2016. 21(2): 1035-1042.

(147) Jiang, B. , et al. , Numerical simulation and experimental investigation of the viscoelastic heating mechanism in ultrasonic plasticizing of amorphous polymers for micro injection molding. POLYMERS, 2016. 8(1995).

(148) Wang, Y. , V. Herdegen and J. Repke, Numerical study of different particle size distribution for modeling of solid-liquid extraction in randomly packed beds. SEPARATION AND PURIFICATION TECHNOLOGY, 2016. 171: 131-143.

(149) Wang, Y. , et al. , Parameters analysis of TSV filling models of distinct chemical behaviours of additives. ELECTROCHIMICA ACTA, 2016. 221: 70-79.

(150) Wang, F. , F. Wang and H. He, Parametric electrochemical deposition of controllable morphology of copper micro-columns. JOURNAL OF THE ELECTROCHEMICAL SOCIETY, 2016. 163(10): E322-E327.

(151) Li, Y. and S. Chen, Periodic solution and bifurcation of a suspension vibration system by incremental harmonic balance and continuation method. NONLINEAR DYNAMICS, 2016. 83(1-2): 941-950.

(152) Fan, B. , X. Lu and H. Li, Probabilistic inference-based least squares support vector machine for modeling under noisy environment. IEEE Transactions on Systems Man Cybernetics-Systems, 2016. 46(12): 1703-1710.

（153）Ferrari, R., et al., Quantifying multiscale habitat structural complexity：a cost-effective framework for underwater 3D modelling. REMOTE SENSING, 2016. 8（1132）.

（154）Lu, X., et al., Regularized online sequential extreme learning machine with adaptive regulation factor for time-varying nonlinear system. NEUROCOMPUTING, 2016. 174（B）：617-626.

（155）Huang, Y. C., et al., Relevance between microstructure and texture during cold rolling of AA3104 aluminum alloy. JOURNAL OF ALLOYS AND COMPOUNDS, 2016. 673：383-389.

（156）Zhang, Z. W., et al., Research on the rigid-flexible multibody dynamics of concrete placing boom. AUTOMATION IN CONSTRUCTION, 2016. 67：22-30.

（157）Xiao, T. and H. Li, Sliding mode control design for a rapid thermal processing system. CHEMICAL ENGINEERING SCIENCE, 2016. 143：76-85.

（158）Wang, M. and H. Li, Spatiotemporal modeling of internal states distribution for lithium-ion battery. JOURNAL OF POWER SOURCES, 2016. 301：261-270.

（159）Zhan, L., et al., Stress relaxation ageing behaviour and constitutive modelling of a 2219 aluminium alloy under the effect of an electric pulse. JOURNAL OF ALLOYS AND COMPOUNDS, 2016. 679：316-323.

（160）Lin, Y. C., et al., Study of static recrystallization behavior in hot deformed Ni-based superalloy using cellular automaton model. MATERIALS & DESIGN, 2016. 99：107-114.

（161）Zhou, Y., et al., The microstructure, mechanical properties and degradation behavior of laser-melted Mg-Sn alloys. JOURNAL OF ALLOYS AND COMPOUNDS, 2016. 687：109-114.

（162）Chen, Y., et al., Ultrasound aided smooth dispensing for high viscoelastic epoxy in microelectronic packaging. ULTRASONICS SONOCHEMISTRY, 2016. 28：15-20.

（163）Wang, Y. and H. Li, Burg matrix divergence-based hierarchical distance metric learning for binary classification. IEEE ACCESS, 2017. 5：3423-3430.

（164）Wang, H., Y. Yi and S. Huang, Investigation of quench sensitivity of high strength 2219 aluminum alloy by TTP and TTT diagrams. JOURNAL OF ALLOYS AND COMPOUNDS, 2017. 690：446-452.

（165）Yang, Y., et al., Effect of pre-deformation on creep age forming of 2219 aluminum alloy：Experimental and constitutive modelling. MATERIALS SCIENCE AND ENGINEERING A-STRUCTURAL MATERIALS PROPERTIES MICROSTRUCTURE AND PROCESSING, 2017. 683：227-235.

（166）Xiao, C., et al., A novel automated heat-pipe cooling device for high-power LEDs. APPLIED THERMAL ENGINEERING, 2017. 111: 1320-1329.

（167）Zhao, X., et al., Deformation mechanisms in nanotwinned copper by molecular dynamics simulation. MATERIALS SCIENCE AND ENGINEERING A-STRUCTURAL MATERIALS PROPERTIES MICROSTRUCTURE AND PROCESSING, 2017. 687: 343-351.

（168）Xiao, C., et al., An effective and efficient numerical method for thermal management in 3D stacked integrated circuits. APPLIED THERMAL ENGINEERING, 2017. 121: 200-209.

（169）Hu, L., et al., Effects of uniaxial creep ageing on the mechanical properties and micro precipitates of Al-Li-S4 alloy. MATERIALS SCIENCE AND ENGINEERING A-STRUCTURAL MATERIALS PROPERTIES MICROSTRUCTURE AND PROCESSING, 2017. 688: 272-279.

（170）Yin, K., et al., Femtosecond laser induced robust periodic nanoripple structured mesh for highly efficient oil-water separation. NANOSCALE, 2017. 9(37): 14229-14235.

（171）Shuai, C., et al., Calcium silicate improved bioactivity and mechanical properties of poly (3-hydroxybutyrate-co-3-hydroxyvalerate) scaffolds. POLYMERS, 2017. 9(1755).

（172）Chu, D., et al., Effect of double-pulse-laser polarization and time delay on laser-assisted etching of fused silica. JOURNAL OF PHYSICS D - APPLIED PHYSICS, 2017. 50 (46530646).

（173）Chen, H., et al., Effect of Young's modulus on DEM results regarding transverse mixing of particles within a rotating drum. POWDER TECHNOLOGY, 2017. 318: 507-517.

（174）Zhang, M., et al., Iron oxide nanoparticles synergize with erlotinib to suppress refractory non-small cell lung cancer cell proliferation through the inhibition of ErbB/PI3K/AKT and PTEN activation. JOURNAL OF BIOMEDICAL NANOTECHNOLOGY, 2017. 13(4): 458-468.

（175）Wang, L., et al., Nanostructure nitride light emitting diodes via the Talbot effect using improved colloidal photolithography. NANOSCALE, 2017. 9(21): 7021-7026.

（176）Zhou, C., et al., Normal and tangential oil film stiffness of modified spur gear with non-Newtonian elastohydrodynamic lubrication. TRIBOLOGY INTERNATIONAL, 2017. 109: 319-327.

（177）Wang, F., et al., Effect of voltage and gap on micro-nickel-column growth patterns in localized electrochemical deposition. JOURNAL OF THE ELECTROCHEMICAL SOCIETY, 2017. 164(6): D297-D301.

（178）Li, J., et al., The mathematical model and novel final test system for wafer-level packaging. IEEE TRANSACTIONS ON INDUSTRIAL INFORMATICS, 2017. 13（4）：1817-1824.

（179）Huang, C. , et al. , A physical-based constitutive model to describe the strain-hardening and dynamic recovery behaviors of 5754 aluminum alloy. MATERIALS SCIENCE AND ENGINEERING A-STRUCTURAL MATERIALS PROPERTIES MICROSTRUCTURE AND PROCESSING, 2017. 699：106-113.

（180）Lu, X. , W. Zou and M. Huang, Robust spatiotemporal LS-SVM modeling for nonlinear distributed parameter system with disturbance. IEEE TRANSACTIONS ON INDUSTRIAL ELECTRONICS, 2017. 64（10）：8003-8012.

（181）Wang, F. , et al. , Effect of Bis-（3-sulfopropyl）disulfide and chloride ions on the localized electrochemical deposition of copper microstructures. JOURNAL OF THE ELECTROCHEMICAL SOCIETY, 2017. 164（7）：D419-D424.

（182）Chen, Z. , et al. , Theoretical and experimental study of magnetic-assisted finish cutting ferromagnetic material in WEDM. INTERNATIONAL JOURNAL OF MACHINE TOOLS & MANUFACTURE, 2017. 123：36-47.

（183）Wang, L. C. , et al. , Optically pumped lasing with a Q-factor exceeding 6000 from wet-etched GaN micro-pyramids. OPTICS LETTERS, 2017. 42（15）：2976-2979.

（184）Shen, W. and H. Li, A Sensitivity-based group-wise parameter identification algorithm for the electric model of Li-ion battery. IEEE ACCESS, 2017. 5：4377-4387.

（185）Yin, K. , et al. , A simple way to achieve bioinspired hybrid wettability surface with micro/nanopatterns for efficient fog collection. NANOSCALE, 2017. 9（38）：14620-14626.

（186）Chang, T. , et al. , Effect of autoclave pressure on interfacial properties at micro-and macro-level in polymer-matrix composite laminates. FIBERS AND POLYMERS, 2017. 18（8）：1614-1622.

（187）Zhou, C. , et al. , Non-Newtonian thermal elastohydrodynamic lubrication in point contact for a crowned herringbone gear drive. TRIBOLOGY INTERNATIONAL, 2017. 116：470-481.

（188）Hu, L. , et al. , The effects of pre-deformation on the creep aging behavior and mechanical properties of Al - Li - S4 alloys. MATERIALS SCIENCE AND ENGINEERING A-STRUCTURAL MATERIALS PROPERTIES MICROSTRUCTURE AND PROCESSING, 2017. 703：496-502.

（189）Luo, Z. , J. Duan and C. Guo, Femtosecond laser one-step direct-writing cylindrical microlens array on fused silica. OPTICS LETTERS, 2017. 42（12）：2358-2361.

（190）Zhou, H. and H. Ying, Deriving and analyzing analytical structures of a class of typical interval type-2 TS fuzzy controllers. IEEE TRANSACTIONS ON CYBERNETICS, 2017. 47（9SI）：2492–2503.

（191）Zhong, G. , L. Chen and H. Deng, A performance oriented novel design of hexapod robots. IEEE – ASME TRANSACTIONS ON MECHATRONICS, 2017. 22（3）：1435–1443.

（192）Gao, C. , et al. , Bone biomaterials and interactions with stem cells. BONE RESEARCH, 2017. 5（17059）.

（193）Zhou, C. , et al. , A novel high-speed jet dispenser driven by double piezoelectric stacks. IEEE TRANSACTIONS ON INDUSTRIAL ELECTRONICS, 2017. 64（1）：412–419.

（194）Wang, Q. , et al. , A semi-analytical method for vibration analysis of functionally graded （FG） sandwich doubly-curved panels and shells of revolution. INTERNATIONAL JOURNAL OF MECHANICAL SCIENCES, 2017. 134：479–499.

（195）Deng, H. , Y. Zhang and X. Duan, Wavelet transformation-based fuzzy reflex control for prosthetic hands to prevent slip. IEEE TRANSACTIONS ON INDUSTRIAL ELECTRONICS, 2017. 64（5）：3718–3726.

（196）Xu, Y. , et al. , Effect of heating rate on creep aging behavior of Al–Cu–Mg alloy. MATERIALS SCIENCE AND ENGINEERING A-STRUCTURAL MATERIALS PROPERTIES MICROSTRUCTURE AND PROCESSING, 2017. 688：488–497.

（197）Zhang, J. , S. Liu and T. Fang, Determination of surface temperature rise with the coupled thermo-elasto-hydrodynamic analysis of spiral bevel gears. APPLIED THERMAL ENGINEERING, 2017. 124：494–503.

（198）Lu, X. , F. Yin and M. Huang, Online spatiotemporal least-squares support vector machine modeling approach for time-varying distributed parameter processes. INDUSTRIAL & ENGINEERING CHEMISTRY RESEARCH, 2017. 56（25）：7314–7321.

（199）Deng, H. , et al. , Adaptive inverse control for gripper rotating system in heavy-duty manipulators with unknown dead zones. IEEE TRANSACTIONS ON INDUSTRIAL ELECTRONICS, 2017. 64（10）：7952–7961.

（200）Guo, X. , et al. , Effect of grain boundary on the precipitation behavior and hardness of Al–Cu–Mg alloy bicrystals during stress-aging. MATERIALS SCIENCE AND ENGINEERING A-STRUCTURAL MATERIALS PROPERTIES MICROSTRUCTURE AND PROCESSING, 2017. 683：129–134.

（201）Lu, X. , et al. , Probabilistic weighted support vector machine for robust modeling with application to hydraulic actuator. IEEE TRANSACTIONS ON INDUSTRIAL INFORMATICS, 2017. 13(4): 1723-1733.

(202) Lai, X., et al., Computational prediction and experimental validation of revolute joint clearance wear in the low-velocity planar mechanism. MECHANICAL SYSTEMS AND SIGNAL PROCESSING, 2017. 85: 963-976.

(203) Wang, F., et al., Fabrication of micro copper walls by localized electrochemical deposition through the layer by layer movement of a micro anode. JOURNAL OF THE ELECTROCHEMICAL SOCIETY, 2017. 164(12): D758-D763.

(204) Li, J., et al., An electromechanical model and simulation for test process of the wafer probe. IEEE TRANSACTIONS ON INDUSTRIAL ELECTRONICS, 2017. 64 (2): 1284-1291.

(205) Zhong, Y., et al., Layered rare-earth hydroxide nanocones with facile host composition modification and anion-exchange feature: topotactic transformation into oxide nanocones for upconversion. NANOSCALE, 2017. 9(24): 8185-8191.

(206) Wang, Q., et al., Vibration analysis of the functionally graded carbon nanotube reinforced composite shallow shells with arbitrary boundary conditions. COMPOSITE STRUCTURES, 2017. 182: 364-379.

(207) Chen, X., Y. C. Lin and F. Wu, EBSD study of grain growth behavior and annealing twin evolution after full recrystallization in a nickel-based superalloy. JOURNAL OF ALLOYS AND COMPOUNDS, 2017. 724: 198-207.

(208) Deng, H., et al., Slippage and deformation preventive control of bionic prosthetic hands. IEEE-ASME TRANSACTIONS ON MECHATRONICS, 2017. 22(2): 888-897.

(209) Li, H., Y. Wang and G. Zhang, Probabilistic fuzzy classification for stochastic data. IEEE TRANSACTIONS ON FUZZY SYSTEMS, 2017. 25(6): 1391-1402.

(210) Zhang, J., S. Liu and T. Fang, On the prediction of friction coefficient and wear in spiral bevel gears with mixed TEHL. TRIBOLOGY INTERNATIONAL, 2017. 115: 535-545.

(211) Chang, T., et al., Optimization of curing process for polymer-matrix composites based on orthogonal experimental method. FIBERS AND POLYMERS, 2017. 18(1): 148-154.

(212) Zhang, Y., et al., Investigation of the quenching sensitivity of forged 2A14 aluminum alloy by time-temperature-tensile properties diagrams. JOURNAL OF ALLOYS AND COMPOUNDS, 2017. 728: 1239-1247.

(213) He, H., et al., Simulation and experimental research on isothermal forging with semi-closed die and multi-stage-change speed of large AZ80 magnesium alloy support beam. JOURNAL OF MATERIALS PROCESSING TECHNOLOGY, 2017. 246: 198-204.

（214）Shi, Z. , et al. , A semi-analytical solution for in-plane free vibration analysis of functionally graded carbon nanotube reinforced composite circular arches with elastic restraints. COMPOSITE STRUCTURES, 2017. 182: 420-434.

（215）Wang, F. , et al. , Ultrasonic-assisted sintering of silver nanoparticles for flexible electronics. JOURNAL OF PHYSICAL CHEMISTRY C, 2017. 121(51): 28515-28519.

（216）Lei, C. , et al. , Dependences of microstructures and properties on initial tempers of creep aged 7050 aluminum alloy. JOURNAL OF MATERIALS PROCESSING TECHNOLOGY, 2017. 239: 125-132.

（217）Li, X. , et al. , Simple and rapid mercury ion selective electrode based on 1-undecanethiol assembled Au substrate and its recognition mechanism. MATERIALS SCIENCE & ENGINEERING C - MATERIALS FOR BIOLOGICAL APPLICATIONS, 2017. 72: 26-33.

（218）Zhou, C. , et al. , Improved thermal characteristics of a novel magnetostrictive jet dispenser using water-cooling approach. APPLIED THERMAL ENGINEERING, 2017. 112: 1-6.

（219）Tang, H. , J. Duan and Q. Zhao, A systematic approach on analyzing the relationship between straightness & angular errors and guideway surface in precise linear stage. INTERNATIONAL JOURNAL OF MACHINE TOOLS & MANUFACTURE, 2017. 120: 12-19.

（220）Xiao, T. and H. Li, Eigenspectrum-based iterative learning control for a class of distributed parameter system. IEEE TRANSACTIONS ON AUTOMATIC CONTROL, 2017. 62(2): 824-836.

（221）He, D. , et al. , Kinetics equations and microstructural evolution during metadynamic recrystallization in a nickel-based superalloy with delta phase. JOURNAL OF ALLOYS AND COMPOUNDS, 2017. 690: 971-978.

（222）Lin, Y. C. , et al. , Effects of pre-treatments on mechanical properties and fracture mechanism of a nickel-based superalloy. MATERIALS SCIENCE AND ENGINEERING A-STRUCTURAL MATERIALS PROPERTIES MICROSTRUCTURE AND PROCESSING, 2017. 679: 401-409.

（223）Chen, D. , et al. , Dislocation substructures evolution and an adaptive-network-based fuzzy inference system model for constitutive behavior of a Ni-based superalloy during hot deformation. JOURNAL OF ALLOYS AND COMPOUNDS, 2017. 708: 938-946.

（224）Liu, Y. , Y. C. Lin and Y. Zhou, 2D cellular automaton simulation of hot deformation behavior in a Ni-based superalloy under varying thermal-mechanical conditions.

MATERIALS SCIENCE AND ENGINEERING A-STRUCTURAL MATERIALS PROPERTIES MICROSTRUCTURE AND PROCESSING, 2017. 691: 88-99.

(225) Lu, X., et al., Online spatiotemporal extreme learning machine for complex time-varying distributed parameter systems. IEEE TRANSACTIONS ON INDUSTRIAL INFORMATICS, 2017. 13(4): 1753-1762.

(226) Xiao, H., et al., Effect of ultrasound on copper filling of high aspect ratio through-silicon via (TSV). JOURNAL OF THE ELECTROCHEMICAL SOCIETY, 2017. 164(4): D126 -D129.

(227) Shao, D., et al., Free vibration of refined higher-order shear deformation composite laminated beams with general boundary conditions. COMPOSITES PART B-ENGINEERING, 2017. 108: 75-90.

(228) Zhang, K., et al., Mechanical characterization of hybrid lattice-to-steel joint with pyramidal CFRP truss for marine application. COMPOSITE STRUCTURES, 2017. 160: 1198-1204.

(229) Shao, D., et al., An enhanced reverberation-ray matrix approach for transient response analysis of composite laminated shallow shells with general boundary conditions. COMPOSITE STRUCTURES, 2017. 162: 133-155.

(230) Wang, Q., et al., Free vibration of four-parameter functionally graded moderately thick doubly-curved panels and shells of revolution with general boundary conditions. APPLIED MATHEMATICAL MODELLING, 2017. 42: 705-734.

(231) Zhang, H., D. Shi and Q. Wang, An improved Fourier series solution for free vibration analysis of the moderately thick laminated composite rectangular plate with non-uniform boundary conditions. INTERNATIONAL JOURNAL OF MECHANICAL SCIENCES, 2017. 121: 1-20.

(232) Wang, Q., et al., A semi-analytical method for vibration analysis of functionally graded carbon nanotube reinforced composite doubly-curved panels and shells of revolution. COMPOSITE STRUCTURES, 2017. 174: 87-109.

(233) Shuai, C., et al., Mechanical reinforcement of bioceramics scaffolds via fracture energy dissipation induced by sliding action of MoS2 nanoplatelets. JOURNAL OF THE MECHANICAL BEHAVIOR OF BIOMEDICAL MATERIALS, 2017. 75: 423-433.

(234) Zhou, Y., et al., Exact solutions for the free in-plane vibrations of rectangular plates with arbitrary boundary conditions. INTERNATIONAL JOURNAL OF MECHANICAL SCIENCES, 2017. 130: 1-10.

(235) Wang, Q., et al., Free vibrations of composite laminated doubly-curved shells and panels

of revolution with general elastic restraints. APPLIED MATHEMATICAL MODELLING, 2017. 46: 227-262.

(236) Xu, Y., L. Zhan and W. Li, Effect of pre-strain on creep aging behavior of 2524 aluminum alloy. JOURNAL OF ALLOYS AND COMPOUNDS, 2017. 691: 564-571.

(237) Xu, Y., et al., Experimental research on creep aging behavior of Al-Cu-Mg alloy with tensile and compressive stresses. MATERIALS SCIENCE AND ENGINEERING A-STRUCTURAL MATERIALS PROPERTIES MICROSTRUCTURE AND PROCESSING, 2017. 682: 54-62.

(238) Zhong, G., et al., Precise position synchronous control for multi-axis servo systems. IEEE TRANSACTIONS ON INDUSTRIAL ELECTRONICS, 2017. 64(5): 3707-3717.

(239) Li, J., et al., Stiffness characteristics of soft finger with embedded SMA fibers. COMPOSITE STRUCTURES, 2017. 160: 758-764.

(240) Wan, W., et al., Experimental study and optimization of pin fin shapes in flow boiling of micro pin fin heat sinks. APPLIED THERMAL ENGINEERING, 2017. 114: 436-449.

(241) Wei, S., Z. Yang and M. Zhao, Design of ultracompactpolarimeters based on dielectric metasurfaces. OPTICS LETTERS, 2017. 42(8): 1580-1583.

(242) Shuai, C., et al., A combined nanostructure constructed by graphene and boron nitride nanotubes reinforces ceramic scaffolds. CHEMICAL ENGINEERING JOURNAL, 2017. 313: 487-497.

(243) Gao, C., et al., Carbon nanotube, graphene and boron nitride nanotube reinforced bioactive ceramics for bone repair. ACTA BIOMATERIALIA, 2017. 61: 1-20.

(244) Shuai, C., et al., Laser rapid solidification improves corrosion behavior of Mg-Zn-Zr alloy. JOURNAL OF ALLOYS AND COMPOUNDS, 2017. 691: 961-969.

(245) Yin, K., et al., Superamphiphobic miniature boat fabricated by laser micromachining. APPLIED PHYSICS LETTERS, 2017. 110(12190912).

(246) Wang, Q., D. Shao and B. Qin, A simple first-order shear deformation shell theory for vibration analysis of composite laminated open cylindrical shells with general boundary conditions. COMPOSITE STRUCTURES, 2018. 184: 211-232.

(247) Zhou, M., et al., Fabrication of high aspect ratio nanopillars and micro/nano combined structures with hydrophobic surface characteristics by injection molding. APPLIED SURFACE SCIENCE, 2018. 427(A): 854-860.

(248) Li, B., et al., On identifying optimal heat conduction topologies from heat transfer paths analysis. INTERNATIONAL COMMUNICATIONS IN HEAT AND MASS TRANSFER, 2018. 90: 93-102.

(249) Wang, S., et al., Classification of Diffusion Tensor Metrics for the Diagnosis of a Myelopathic Cord Using Machine Learning. INTERNATIONAL JOURNAL OF NEURAL SYSTEMS, 2018. 28(17500362).

(250) Pan, D., et al., Characteristics and properties of glass-ceramics using lead fuming slag. JOURNAL OF CLEANER PRODUCTION, 2018. 175: 251-256.

(251) Lin, Y. C., et al., Effects of initial microstructures on hot tensile fracture characteristics of Ti-6Al-4V alloy. MATERIALS SCIENCE AND ENGINEERING A-STRUCTURAL MATERIALS PROPERTIES MICROSTRUCTURE AND PROCESSING, 2018. 711: 293-302.

(252) Lin, Y. C., et al., Study on the structural transition and thermal properties of Ni3Nb-D0 (22) phase: First-principles calculation. MATERIALS & DESIGN, 2018. 139: 16-24.

(253) He, H., et al., Effects of deformation temperature on second-phase particles and mechanical properties of 2219 Al-Cu alloy. MATERIALS SCIENCE AND ENGINEERING A-STRUCTURAL MATERIALS PROPERTIES MICROSTRUCTURE AND PROCESSING, 2018. 712: 414-423.

(254) Wang, Q., et al., Vibration analysis of the coupled doubly-curved revolution shell structures by using Jacobi-Ritz method. INTERNATIONAL JOURNAL OF MECHANICAL SCIENCES, 2018. 135: 517-531.

(255) Qin, G. and X. Lu, Integration of weighted LS-SVM and manifold learning for fuzzy modeling. NEUROCOMPUTING, 2018. 282: 184-191.

(256) Zhong, G., et al., Locomotion control and gait planning of a novel hexapod robot using biomimetic neurons. IEEE TRANSACTIONS ON CONTROL SYSTEMS TECHNOLOGY, 2018. 26(2): 624-636.

(257) Xu, K., H. Li and Z. Liu, ISOMAP-based spatiotemporal modeling for lithium-ion battery thermal process. IEEE TRANSACTIONS ON INDUSTRIAL INFORMATICS, 2018. 14(2): 569-577.

(258) Lin, Y. C., et al., Microstructural evolution and high temperature flow behaviors of a homogenized Sr-modified Al-Si-Mg alloy. JOURNAL OF ALLOYS AND COMPOUNDS, 2018. 739: 590-599.

(259) Liao, D., et al., An improved rough surface modeling method based on linear transformation technique. TRIBOLOGY INTERNATIONAL, 2018. 119: 786-794.

(260) Zhou, H., H. Deng and J. Duan, Hybrid fuzzy decoupling control for a precision maglev motion system. IEEE-ASME TRANSACTIONS ON MECHATRONICS, 2018. 23(1): 389-401.

(261) Ding, H. , et al. , A data-driven programming of the human-computer interactions for modeling a collaborative manufacturing system of hypoid gears by considering both geometric and physical performances. ROBOTICS AND COMPUTER-INTEGRATED MANUFACTURING, 2018. 51: 121-138.

(262) Weng, C. , et al. , Fabrication of hierarchical polymer surfaces with superhydrophobicity by injection molding from nature and function-oriented design. APPLIED SURFACE SCIENCE, 2018. 436: 224-233.

(263) Lin, Y. C. , et al. , A unified constitutive model based on dislocation density for an Al-Zn-Mg-Cu alloy at time-variant hot deformation conditions. MATERIALS SCIENCE AND ENGINEERING A-STRUCTURAL MATERIALS PROPERTIES MICROSTRUCTURE AND PROCESSING, 2018. 718: 165-172.

(264) Lin, Y. C. , et al. , Effects of creep-aging parameters on aging precipitates of a two-stage creep-aged AleZneMgeCu alloy under the extra compressive stress. JOURNAL OF ALLOYS AND COMPOUNDS, 2018. 743: 448-455.

(265) Wei, X. , et al. , First-principles investigation of Cr-doped Fe_2B: Structural, mechanical, electronic and magnetic properties. JOURNAL OF MAGNETISM AND MAGNETIC MATERIALS, 2018. 456: 150-159.

(266) Yang, Y. , et al. , Regulating degradation behavior by incorporating mesoporous silica for mg bone implants. ACS BIOMATERIALS SCIENCE & ENGINEERING, 2018. 4(3): 1046-1054.

(267) Wu, S. , et al. , Ultrafast growth of horizontal GaN nanowires by HVPE through flipping the substrate. NANOSCALE, 2018. 10(13): 5888-5896.

(268) Zhang, H. , et al. , Vibro-acoustic analysis of the thin laminated rectangular plate-cavity coupling system. COMPOSITE STRUCTURES, 2018. 189: 570-585.

(269) Guo, J. , et al. , Dynamic analysis of laminated doubly-curved shells with general boundary conditions by means of a domain decomposition method. INTERNATIONAL JOURNAL OF MECHANICAL SCIENCES, 2018. 138: 159-186.

(270) Tian, Y. , et al. , The cavitation erosion of ultrasonic sonotrode during large-scale metallic casting: Experiment and simulation. ULTRASONICS SONOCHEMISTRY, 2018. 43: 29-37.

(271) Lin, Y. C. , et al. , A precise BP neural network-based online model predictive control strategy for die forging hydraulic press machine. NEURAL COMPUTING & APPLICATIONS, 2018. 29(9SI): 585-596.

(272) Tan, W. , et al. , The role of interfacial properties on the intralaminar and interlaminar

damage behaviour of unidirectional composite laminates: Experimental characterization and multiscalemodelling. COMPOSITES PART B-ENGINEERING, 2018. 138: 206-221.

(273) Liu, J., et al., Transition of failure mode in hot stamping of AA6082 tailor welded blanks. JOURNAL OF MATERIALS PROCESSING TECHNOLOGY, 2018. 257: 33-44.

(274) Luo, Z., et al., Optimal condition for employing an axicon-generated Bessel beam to fabricate cylindrical microlens arrays. JOURNAL OF PHYSICS D-APPLIED PHYSICS, 2018. 51(18510418).

(275) Yu, H., et al., Mechanical properties and microstructure of a Ti-6A1-4V alloy subjected to cold rolling, asymmetric rolling and asymmetric cryorolling. MATERIALS SCIENCE AND ENGINEERING A-STRUCTURAL MATERIALS PROPERTIES MICROSTRUCTURE AND PROCESSING, 2018. 710: 10-16.

(276) Xu, Y., et al., Deformation behavior of Al-Cu-Mg alloy during non-isothermal creep age forming process. JOURNAL OF MATERIALS PROCESSING TECHNOLOGY, 2018. 255: 26-34.

(277) Xia, Y., et al., Comparisons between experimental and semi-theoretical cutting forces of CCS disc cutters. ROCK MECHANICS AND ROCK ENGINEERING, 2018. 51(5): 1583-1597.

(278) Lin, Y. C., et al., A deep belief network to predict the hot deformation behavior of a Ni-based superalloy. NEURAL COMPUTING & APPLICATIONS, 2018. 29(11): 1015-1023.

(279) Li, J., S. Chen and G. J. Weng, Significantly enhanced crack blunting by nanograin rotation in nanocrystalline materials. SCRIPTA MATERIALIA, 2018. 151: 19-23.

(280) Fu, J., et al., Role of thermal-mechanical loading sequence on creep aging behaviors of 5A90 Al-Li alloy. JOURNAL OF MATERIALS PROCESSING TECHNOLOGY, 2018. 255: 354-363.

(281) Zhong, R., et al., Vibration analysis of functionally graded carbon nanotube reinforced composites (FG-CNTRC) circular, annular and sector plates. COMPOSITE STRUCTURES, 2018. 194: 49-67.

(282) Choe, K., et al., Vibration analysis for coupled composite laminated axis-symmetric doubly-curved revolution shell structures by unified Jacobi-Ritz method. COMPOSITE STRUCTURES, 2018. 194: 136-157.

(283) Choe, K., et al., Free vibration analysis of coupled functionally graded (FG) doubly-curved revolution shell structures with general boundary conditions. COMPOSITE

STRUCTURES, 2018. 194: 413-432.

(284) Zhang, H., et al., Parameterization study on the moderately thick laminated rectangular plate-cavity coupling system with uniform or non-uniform boundary conditions. COMPOSITE STRUCTURES, 2018. 194: 537-554.

(285) Yang, Y., et al., A combined strategy to enhance the properties of Zn by laser rapid solidification and laser alloying. JOURNAL OF THE MECHANICAL BEHAVIOR OF BIOMEDICAL MATERIALS, 2018. 82: 51-60.

(286) Lin, Y. C., et al., Effects of solution treatment on microstructures and micro-hardness of a Sr-modified Al-Si-Mg alloy. MATERIALS SCIENCE AND ENGINEERING A-STRUCTURAL MATERIALS PROPERTIES MICROSTRUCTURE AND PROCESSING, 2018. 725: 530-540.

(287) Liu, C., et al., Effect of creep aging forming on the fatigue crack growth of an AA2524 alloy. MATERIALS SCIENCE AND ENGINEERING A-STRUCTURAL MATERIALS PROPERTIES MICROSTRUCTURE AND PROCESSING, 2018. 725: 375-381.

(288) Shuai, C., et al., A graphene oxide-Ag co-dispersing nanosystem: dual synergistic effects on antibacterial activities and mechanical properties of polymer scaffolds. CHEMICAL ENGINEERING JOURNAL, 2018. 347: 322-333.

(289) Wang, H., et al., A new finite element model for multi-cycle accumulative roll-bonding process and experiment verification. MATERIALS SCIENCE AND ENGINEERING A-STRUCTURAL MATERIALS PROPERTIES MICROSTRUCTURE AND PROCESSING, 2018. 726: 93-101.

(290) Hu, B., et al., Secondary phases formation in lanthanum-doped titanium-zirconium-molybdenum alloy. JOURNAL OF ALLOYS AND COMPOUNDS, 2018. 757: 340-347.

(291) Wen, Y., et al., An improved simplified model of rough surface profile. TRIBOLOGY INTERNATIONAL, 2018. 125: 75-84.

(292) Guan, X., et al., A semi-analytical method for transverse vibration of sector-like thin plate with simply supported radial edges. APPLIED MATHEMATICAL MODELLING, 2018. 60: 48-63.

(293) Wang, B., H. Li and Y. Feng, An improved teaching-learning-based optimization for constrained evolutionary optimization. INFORMATION SCIENCES, 2018. 456: 131-144.

(294) Lu, X., et al., Robust least-squares support vector machine with minimization of mean and variance of modeling error. IEEE TRANSACTIONS ON NEURAL NETWORKS AND LEARNING SYSTEMS, 2018. 29(7): 2909-2920.

（295）Feng, P. , et al. , A multimaterial scaffold with tunable properties: woward bone tissue repair. ADVANCED SCIENCE, 2018. 5（17008176）.

（296）He, D. , et al. , Microstructural evolution and support vector regression model for an aged Ni-based superalloy during two-stage hot forming with stepped strain rates. MATERIALS & DESIGN, 2018. 154: 51-62.

（297）Shuai, C. , et al. , Microstructure, biodegradation, antibacterial and mechanical properties of ZK60-Cu alloys prepared by selective laser melting technique. JOURNAL OF MATERIALS SCIENCE & TECHNOLOGY, 2018. 34（10）: 1944-1952.

（298）Zhai, Z. , B. Jiang and D. Drummer, Tensile creep behavior of quasi-unidirectional E-glass fabric reinforced polypropylene composite. POLYMERS, 2018. 10（6616）.

（299）Chen, Z. , et al. , Determination of the optimal servo feed speed by thermal model during multi-pulse discharge process of WEDM. INTERNATIONAL JOURNAL OF MECHANICAL SCIENCES, 2018. 142: 359-369.

（300）Zhou, C. and Z. Xiao, Stiffness and damping models for the oil film in line contact elastohydrodynamic lubrication and applications in the gear drive. APPLIED MATHEMATICAL MODELLING, 2018. 61: 634-649.

（301）Lu, X. , et al. , Probabilistic regularized extreme learning machine for robust modeling of noise data. IEEE TRANSACTIONS ON CYBERNETICS, 2018. 48（8）: 2368-2377.

（302）He, M. and J. He, Extended state observer-based robust backstepping sliding mode control for a small-size helicopter. IEEE ACCESS, 2018. 6: 33480-33488.

（303）Zhang, H. , et al. , A simple first-order shear deformation theory for vibro-acoustic analysis of the laminated rectangular fluid-structure coupling system. COMPOSITE STRUCTURES, 2018. 201: 647-663.

（304）Lu, X. , et al. , Construction of confidence intervals for distributed parameter processes under noise. IEEE ACCESS, 2018. 6: 37748-37757.

（305）Zhai, Z. , B. Jiang and D. Drummer, Temperature-dependent response of quasi-unidirectional E-glass fabric reinforced polypropylene composites under off-axis tensile loading. COMPOSITES PART B-ENGINEERING, 2018. 148: 180-187.

（306）He, D. , et al. , Dissolution mechanisms and kinetics of delta phase in an aged Ni-based superalloy in hot deformation process. MATERIALS & DESIGN, 2018. 156: 262-271.

（307）Shao, W. , et al. , A data-driven optimization model to collaborative manufacturing system considering geometric and physical performances for hypoid gear product. ROBOTICS AND COMPUTER-INTEGRATED MANUFACTURING, 2018. 54: 1-16.

（308）Liu, C. , et al. , Solute Sn-induced formation of composite β'/β'' precipitates in Al-Mg-

Si alloy. SCRIPTA MATERIALIA, 2018. 155：68-72.

(309) Deng, H., et al., Object carrying of hexapod robots with integrated mechanism of leg and arm. ROBOTICS AND COMPUTER - INTEGRATED MANUFACTURING, 2018. 54：145-155.

(310) Liu, C., et al., Multiple precipitation reactions and formation of θ′-phase in a pre-deformed Al-Cu alloy. MATERIALS SCIENCE AND ENGINEERING A-STRUCTURAL MATERIALS PROPERTIES MICROSTRUCTURE AND PROCESSING, 2018. 733：28-38.

(311) Zhou, W., et al., A comprehensive investigation of plowing and grain-workpiece micro interactions on 3D ground surface topography. INTERNATIONAL JOURNAL OF MECHANICAL SCIENCES, 2018. 144：639-653.

(312) Ding, H. and J. Tang, Six sigma robust multi-objective optimization modification of machine-tool settings for hypoid gears by considering both geometric and physical performances. APPLIED SOFT COMPUTING, 2018. 70：550-561.

(313) Liu, Z., et al., A molecular dynamics study on thermal and rheological properties of BNNS-epoxy nanocomposites. INTERNATIONAL JOURNAL OF HEAT AND MASS TRANSFER, 2018. 126(B)：353-362.

(314) Hu, W., et al., Effect analysis on power coefficient enhancement of a convective wind energy collecting device in the expressway. ENERGY CONVERSION AND MANAGEMENT, 2018. 171：249-271.

(315) Zhu, W., H. Yang and Z. Chen, Superior electromigration resistance of a microsized solder interconnection containing a single-Sn grain. APPLIED PHYSICS LETTERS, 2018. 113(10350210).

(316) Wen, D., et al., Hot deformation characteristics and dislocation substructure evolution of a nickel-base alloy considering effects of delta phase. JOURNAL OF ALLOYS AND COMPOUNDS, 2018. 764：1008-1020.

(317) Xu, L., et al., Ablation behavior of functional gradient ceramic coating for porous carbon-bonded carbon fiber composites. CORROSION SCIENCE, 2018. 142：145-152.

(318) Chen, P., et al., The effect of manganese additions on the high temperature oxidation behaviour of the high-vanadium cast iron. JOURNAL OF ALLOYS AND COMPOUNDS, 2018. 767：181-187.

(319) Xu, Y., et al., Interfacial reinforcement in a poly-l-lactic acid/mesoporous bioactive glass scaffold via polydopamine. COLLOIDS AND SURFACES B - BIOINTERFACES, 2018. 170：45-53.

(320) Zhai, Z., B. Jiang and D. Drummer, Nonlinear material model for quasi-unidirectional woven composite accounting for viscoelastic, viscous deformation, and stiffness reduction. POLYMERS, 2018. 10(9038).

(321) Ma, Z., et al., Stress-level-dependency and bimodal precipitation behaviors during creep ageing of Al－Cu alloy: Experiments and modeling. INTERNATIONAL JOURNAL OF PLASTICITY, 2018. 110: 183-201.

(322) Zhang, L., et al., The nature of lithium-ion transport in low power consumption $LiFePO_4$ resistive memory with graphite as electrode. PHYSICA STATUS SOLIDI－RAPID RESEARCH LETTERS, 2018. 12(180032010).

(323) Wang, J., et al., Spatially piecewise fuzzy control design for sampled-data exponential stabilization of semilinear parabolic PDE systems. IEEE TRANSACTIONS ON FUZZY SYSTEMS, 2018. 26(5): 2967-2980.

(324) Fan, G., et al., [$C_7H_{14}NO$] [ClO_4]: order-disorder structural change induced sudden switchable dielectric behaviour at room temperature. CRYSTENGCOMM, 2018. 20(44): 7058-7061.

(325) Li, J., et al., Study on dipping mathematical models for the solder flip-chip bonding in microelectronics packaging. IEEE TRANSACTIONS ON INDUSTRIAL INFORMATICS, 2018. 14(11): 4746-4754.

(326) Xu, Y., et al., Learning rates of regularized regression with multiple gaussian kernels for multi-task learning. IEEE TRANSACTIONS ON NEURAL NETWORKS AND LEARNING SYSTEMS, 2018. 29(11): 5408-5418.

(327) Zhang, F., et al., Broadband and wide-angle antireflective subwavelength microstructures on zinc sulfide fabricated by femtosecond laser parallel multi-beam. OPTICS EXPRESS, 2018. 26(26): 34016-34030.

(328) Li, P. P., et al., Very high external quantum efficiency and wall-plug efficiency 527 nm InGaN green LEDs by MOCVD. OPTICS EXPRESS, 2018. 26(25): 33108-33115.

(329) Zhao, J., et al., Three-dimensional exact solution for vibration analysis of thick functionally graded porous (FGP) rectangular plates with arbitrary boundary conditions. COMPOSITES PART B-ENGINEERING, 2018. 155: 369-381.

(330) Lu, X., et al., Robust clustered support vector machine with applications to modeling of practical processes. IEEE ACCESS, 2018. 6: 75143-75154.

(331) Dong, Y., et al., A general algorithm for the numerical evaluation of domain integrals in 3D boundary element method for transient heat conduction. ENGINEERING ANALYSIS WITH BOUNDARY ELEMENTS, 2015. 51: 30-36.

(332) Chen, H. and J. Tang, A model for prediction of surface roughness in ultrasonic-assisted grinding. INTERNATIONAL JOURNAL OF ADVANCED MANUFACTURING TECHNOLOGY, 2015. 77(1-4): 643-651.

(333) Zhou, W., J. Tang and Z. Huang, A new method for rough surface profile simulation based on peak-valley mapping. TRIBOLOGY TRANSACTIONS, 2015. 58 (6): 971-979.

(334) Dai, Y., et al., A new multi-body dynamic model for seafloor miner and its trafficability evaluation. INTERNATIONAL JOURNAL OF SIMULATION MODELLING, 2015. 14 (4): 732-743.

(335) Yu, X., et al., A novel characteristic frequency bands extraction method for automatic bearing fault diagnosis based on hilbert huang transform. SENSORS, 2015. 15(11): 27869-27893.

(336) Sun, X., et al., A robust high refractive index sensitivity fiber Mach-Zehnder interferometer fabricated by femtosecond laser machining and chemical etching. SENSORS AND ACTUATORS A-PHYSICAL, 2015. 230: 111-116.

(337) Dong, Y., et al., Accurate numerical evaluation of domain integrals in 3D boundary element method for transient heat conduction problem. ENGINEERING ANALYSIS WITH BOUNDARY ELEMENTS, 2015. 60(SI): 89-94.

(338) Wang, C., et al., Adjustable annular rings of periodic surface structures induced by spatially shaped femtosecond laser. LASER PHYSICS LETTERS, 2015. 12(0560015).

(339) Zhou, J., et al., Calcium sulfate bone scaffolds with controllable porous structure by selective laser sintering. JOURNAL OF POROUS MATERIALS, 2015. 22 (5): 1171-1178.

(340) Hu, Z., et al., Coupled translation-rotation vibration and dynamic analysis of face geared rotor system. JOURNAL OF SOUND AND VIBRATION, 2015. 351: 282-298.

(341) Li, Y., et al., Current status of additive manufacturing for tissue engineering scaffold. RAPID PROTOTYPING JOURNAL, 2015. 21(6): 747-762.

(342) Hu, J., Y. Yi and S. Huang, Experimental study and microstructure analysis of aviation component by isothermal forging process. MATERIALS AND MANUFACTURING PROCESSES, 2015. 30(1): 79-84.

(343) Dong, X., et al., Femtosecond laser fabrication of long period fiber gratings by a transversal-scanning inscription method and the research of its orientational bending characteristics. OPTICS AND LASER TECHNOLOGY, 2015. 71: 68-72.

(344) Tang, S., et al., Formation of wear-resistant graded surfaces on titanium carbonitride-

based cermets by microwave assisted nitriding sintering. INTERNATIONAL JOURNAL OF REFRACTORY METALS & HARD MATERIALS, 2015. 48: 217–221.

(345) Yang, D., et al., Gear fault diagnosis based on support vector machine optimized by artificial bee colony algorithm. MECHANISM AND MACHINE THEORY, 2015. 90: 219–229.

(346) Gan, M., et al., Gradient radial basis function based varying-coefficient autoregressive model for nonlinear and nonstationary time series. IEEE SIGNAL PROCESSING LETTERS, 2015. 22(7): 809–812.

(347) Xu, J., et al., High curvature concave-convex microlens. IEEE PHOTONICS TECHNOLOGY LETTERS, 2015. 27(23): 2465–2468.

(348) Pan, Z. and Q. He, High cycle fatigue analysis for oil pan of piston aviation kerosene engine. ENGINEERING FAILURE ANALYSIS, 2015. 49: 104–112.

(349) Gao, F., H. Deng and Y. Zhang, Hybrid actuator combining shape memory alloy with DC motor for prosthetic fingers. SENSORS AND ACTUATORS A-PHYSICAL, 2015. 223: 40–48.

(350) Jiang, R. P., X. Q. Li and M. Zhang, Investigation on the mechanism of grain refinement in aluminum alloy solidified under ultrasonic vibration. METALS AND MATERIALS INTERNATIONAL, 2015. 21(1): 104–108.

(351) Duan, S., et al., Microstructure evolution and mechanical properties improvement in liquid-phase-sintered hydroxyapatite by laser sintering. MATERIALS, 2015. 8(3): 1162–1175.

(352) Wang, F. and D. Fan, Modeling and experimental study of a wire clamp for wire bonding. JOURNAL OF ELECTRONIC PACKAGING, 2015. 137(0110121).

(353) Gao, C., et al., Nano SiO_2 and MgO improve the properties of porous β-TCP scaffolds via advanced manufacturing technology. INTERNATIONAL JOURNAL OF MOLECULAR SCIENCES, 2015. 16(4): 6818–6830.

(354) Lu, X. and M. Huang, Novel multi-level modeling method for complex forging processes on hydraulic press machines. INTERNATIONAL JOURNAL OF ADVANCED MANUFACTURING TECHNOLOGY, 2015. 79(9–12): 1869–1880.

(355) Luo, Z., et al., One-step fabrication of annular microstructures based on improved femtosecond laser Bessel-Gaussian beam shaping. APPLIED OPTICS, 2015. 54(13): 3943–3947.

(356) Kang, H., X. Lu and Y. Xu, Properties of immiscible and ethylene-butyl acrylate-glycidyl methacrylate terpolymer compatibilized poly (lactic acid) and polypropylene

blends. POLYMER TESTING, 2015. 43: 173-181.

(357) Luo, Z., et al., Resonant ablation rules of femtosecond laser on Pr-Nd doped silicate glass. CHINESE OPTICS LETTERS, 2015. 13(0514035).

(358) Zhou, C., et al., The principle and physical models of novel jetting dispenser with giant magnetostrictive and a magnifier. SCIENTIFIC REPORTS, 2015. 5(18294).

(359) Li, G., et al., Transient heat conduction analysis of functionally graded materials by a multiple reciprocity boundary face method. ENGINEERING ANALYSIS WITH BOUNDARY ELEMENTS, 2015. 60(SI): 81-88.

(360) Ma, H. K., D. Q. He and J. S. Liu, Ultrasonically assisted friction stir welding of aluminium alloy 6061. SCIENCE AND TECHNOLOGY OF WELDING AND JOINING, 2015. 20(3): 216-221.

(361) Dai, Y., X. Zhu and L. S. Chen, A mechanical-hydraulic virtual prototype co-simulation model for a seabed remotely operated vehicle. INTERNATIONAL JOURNAL OF SIMULATION MODELLING, 2016. 15(3): 532-541.

(362) Chen, M., et al., A new method to establish dynamic recrystallization kinetics model of a typical solution-treated Ni-based superalloy. COMPUTATIONAL MATERIALS SCIENCE, 2016. 122: 150-158.

(363) Sun, H., et al., A novel $MgO-CaO-SiO_2$ system for fabricating bone scaffolds with improved overall performance. MATERIALS, 2016. 9(2874).

(364) Li, L., et al., A quantitative planning method of variable feed rates for cold profiled ring rolling process. INTERNATIONAL JOURNAL OF ADVANCED MANUFACTURING TECHNOLOGY, 2016. 86(9-12): 2585-2593.

(365) Feng, P., et al., A space network structure constructed by tetraneedlelike ZnO whiskers supporting boron nitride nanosheets to enhance comprehensive properties of poly(L-lacti acid) scaffolds. SCIENTIFIC REPORTS, 2016. 6(33385).

(366) Zhao, H., et al., A volterra series-based method for extracting target echoes in the seafloor mining environment. ULTRASONICS, 2016. 71: 29-39.

(367) Ding, H., J. Tang and J. Zhong, Accurate nonlinear modeling and computing of grinding machine settings modification considering spatial geometric errors for hypoid gears. MECHANISM AND MACHINE THEORY, 2016. 99: 155-175.

(368) Zhang, T., et al., Analysis of temperature asymmetry of aluminum alloy thick plate during snake hot rolling. INTERNATIONAL JOURNAL OF ADVANCED MANUFACTURING TECHNOLOGY, 2016. 87(1-4): 941-948.

(369) Liu, L., L. Zhan and W. Li, Creep aging behavior characterization of 2219 aluminum

alloy. METALS, 2016. 6(1467).

(370) Xu, H., et al., Cuttings carrying characteristics of back-reaming pneumatic impactor exhaust during drilling operation. PETROLEUM EXPLORATION AND DEVELOPMENT, 2016. 43(1): 131-137.

(371) Lan, H., et al., Development of on-line rotational speed monitor system of TBM disc cutter. TUNNELLING AND UNDERGROUND SPACE TECHNOLOGY, 2016. 57(SI): 66-75.

(372) Wang, F., P. Mao and H. He, Dispensing of high concentration Ag nano-particles ink for ultra-low resistivity paper-based writing electronics. SCIENTIFIC REPORTS, 2016. 6 (21398).

(373) Xu, Y. and L. Zhan, Effect of creep aging process on microstructures and properties of the retrogressed Al-Zn-Mg-Cu alloy. METALS, 2016. 6(1898).

(374) Liu, Z., et al., Effect of grain refinement on tensile properties of cast zinc alloys. METALLURGICAL AND MATERIALS TRANSACTIONS A-PHYSICAL METALLURGY AND MATERIALS SCIENCE, 2016. 47A(2): 830-841.

(375) Han, L., et al., Effect of surface texturing on stresses during rapid changes in temperature. METALS, 2016. 6(29011).

(376) Liang, G., et al., Effect of ultrasonic treatment on the solidification microstructure of die-cast 35CrMo Steel. METALS, 2016. 6(26011).

(377) Wang, F., H. Xiao and H. He, Effects of applied potential and the initial gap between electrodes on localized electrochemical deposition of micrometer copper columns. SCIENTIFIC REPORTS, 2016. 6(26270).

(378) Tan, J., et al., Effects of stress relaxation aging with electrical pulses on microstructures and properties of 2219 aluminum alloy. MATERIALS, 2016. 9(5387).

(379) Wang, J. Z., et al., Fabrication of high strength and ductile stainless steel fiber felts by sintering. JOM, 2016. 68(3): 890-898.

(380) Jiang, B., et al., Fabrication of nanopillar arrays by combining electroforming and injection molding. INTERNATIONAL JOURNAL OF ADVANCED MANUFACTURING TECHNOLOGY, 2016. 86(5-8): 1319-1328.

(381) Hu, Z., et al., Frequency spectrum and vibration analysis of high speed gear-rotor system with tooth root crack considering transmission error excitation. ENGINEERING FAILURE ANALYSIS, 2016. 60: 405-441.

(382) Li, R., et al., Grain refinement of a large-scale Al alloy casting by introducing the multiple ultrasonic generators during solidification. METALLURGICAL AND MATERIALS

TRANSACTIONS A-PHYSICAL METALLURGY AND MATERIALS SCIENCE, 2016. 47A(8): 3790-3796.

(383) Sun, X., et al., Highly sensitive refractive index fiber inline Mach-Zehnder interferometer fabricated by femtosecond laser micromachining and chemical etching. OPTICS AND LASER TECHNOLOGY, 2016. 77: 11-15.

(384) Chen, H. and J. Tang, Influence of ultrasonic assisted grinding on Abbott-Firestone curve. INTERNATIONAL JOURNAL OF ADVANCED MANUFACTURING TECHNOLOGY, 2016. 86(9-12): 2753-2757.

(385) Zhang, Y., et al., Initial Slip detection and its application in biomimetic robotic hands. IEEE SENSORS JOURNAL, 2016. 16(19): 7073-7080.

(386) Wang, D., et al., Layered Co-Mn hydroxide nanoflakes grown on carbon cloth as binder-free flexible electrodes for supercapacitors. JOURNAL OF MATERIALS SCIENCE, 2016. 51(8): 3784-3792.

(387) Huang, W., et al., MgO whiskers reinforced poly(vinylidene fluoride) scaffolds. RSC ADVANCES, 2016. 6(110): 108196-108202.

(388) Dong, X., et al., Microcavity mach-zehnder interferometer sensors for refractive index sensing. IEEE PHOTONICS TECHNOLOGY LETTERS, 2016. 28(20): 2285-2288.

(389) Dai, Y., et al., Modelling and simulation of a mining machine excavating seabed massive sulfide deposits. INTERNATIONAL JOURNAL OF SIMULATION MODELLING, 2016. 15(2): 377-387.

(390) Zhou, M., B. Jiang and C. Weng, Molecular dynamics study on polymer filling into nano-cavity by injection molding. COMPUTATIONAL MATERIALS SCIENCE, 2016. 120: 36-42.

(391) Zhang, Y. and H. Yan, New methodology for determining basic machine settings of spiral bevel and hypoid gears manufactured by duplex helical method. MECHANISM AND MACHINE THEORY, 2016. 100: 283-295.

(392) Xia, Y., et al., Numerical simulation of ventilation and dust suppression system for open-type TBM tunneling work area. TUNNELLING AND UNDERGROUND SPACE TECHNOLOGY, 2016. 56: 70-78.

(393) Shuai, C., et al., Polyetheretherketone/poly(glycolic acid) blend scaffolds with biodegradable properties. JOURNAL OF BIOMATERIALS SCIENCE-POLYMER EDITION, 2016. 27(14): 1434-1446.

(394) Tang, J. and X. Yang, Research on manufacturing method of planing for spur face-gear with 4-axis CNC planer. INTERNATIONAL JOURNAL OF ADVANCED

MANUFACTURING TECHNOLOGY, 2016. 82(5-8): 847-858.

(395) Chen, S., et al., Rotordynamics analysis of a double-helical gear transmission system. MECCANICA, 2016. 51(1): 251-268.

(396) Hu, Y., et al., Sensitivity Improvement of SAW NO_2 Sensors by p-n heterojunction nanocomposite based on MWNTs skeleton. IEEE SENSORS JOURNAL, 2016. 16(2): 287-292.

(397) Yang, Y., et al., The enhancement of Mg corrosion resistance by alloying Mn and laser-melting. MATERIALS, 2016. 9(2164).

(398) Feng, J., L. Zhan and Y. Yang, The establishment of surface roughness as failure criterion of Al-Li alloy stretch-forming process. METALS, 2016. 6(1).

(399) Zhan, L., et al., The influence of different external fields on aging kinetics of 2219 aluminum alloy. METALS, 2016. 6(2019).

(400) Duan, J., et al., Torsion sensing characteristics of long period fiber gratings fabricated by femtosecond laser in optical fiber. OPTICS AND LASER TECHNOLOGY, 2016. 83: 94-98.

(401) Zhou, J., et al., Tunable degradation rate and favorable bioactivity of porous calcium sulfate scaffolds by introducing nano-hydroxyapatite. APPLIED SCIENCES-BASEL, 2016. 6(41112).

(402) Yin, K., et al., Underwater superoleophobicity, anti-oil and ultra-broadband enhanced absorption of metallic surfaces produced by a femtosecond laser inspired by fish and chameleons. SCIENTIFIC REPORTS, 2016. 6(36557).

(403) Ding, H., et al., A multi-objective correction of machine settings considering loaded tooth contact performance in spiral bevel gears by nonlinear interval number optimization. MECHANISM AND MACHINE THEORY, 2017. 113: 85-108.

(404) Shuai, C., et al., Nanodiamond reinforced polyvinylidene fluoride/bioglass scaffolds for bone tissue engineering. JOURNAL OF POROUS MATERIALS, 2017. 24(1): 249-255.

(405) Ding, W., et al., Tracking control of electro-hydraulic servo multi-closed-chain mechanisms with the use of an approximate nonlinear internal model. CONTROL ENGINEERING PRACTICE, 2017. 58(SI): 225-241.

(406) Xia, Y.M., et al., Numerical simulation of rock fragmentation induced by a single TBM disc cutter close to a side free surface. INTERNATIONAL JOURNAL OF ROCK MECHANICS AND MINING SCIENCES, 2017. 91: 40-48.

(407) Wang, F., et al., Dynamics of filling process of through silicon via under the ultrasonic

agitation on the electroplating solution. MICROELECTRONIC ENGINEERING, 2017. 180: 25-29.

(408) Chu, D., et al., Micro-channel etching characteristics enhancement by femtosecond laser processing high-temperature lattice in fused silica glass. CHINESE OPTICS LETTERS, 2017. 15(0714037).

(409) Xiao, H., et al., Numerical modeling and experimental verification of copper electrodeposition for through silicon via (TSV) with additives. MICROELECTRONIC ENGINEERING, 2017. 170: 54-58.

(410) Tian, H., et al., A versatile approach to fabricate modulated micro-/nanostructures by electrohydrodynamic structuring on prepatterned polymer. JOURNAL OF MICROMECHANICS AND MICROENGINEERING, 2017. 27(0250082).

(411) Huang, C. and L. Liu, Application of the constitutive model in finite element simulation: predicting the flow behavior for 5754 aluminum alloy during hot working. METALS, 2017. 7(3319).

(412) Dong, X., et al., Temperature sensitivity enhancement of platinum-nanoparticle-coated long period fiber gratings fabricated by femtosecond laser. APPLIED OPTICS, 2017. 56 (23): 6549-6553.

(413) Shen, W. and H. Li, Multi-scale parameter identification of lithium-ion battery electric models using a PSO-LM Algorithm. ENERGIES, 2017. 10(4324).

(414) Zhou, C., et al., An elastic-plastic asperity contact model and its application for micro-contact analysis of gear tooth profiles. INTERNATIONAL JOURNAL OF MECHANICS AND MATERIALS IN DESIGN, 2017. 13(3): 335-345.

(415) Li, Z., et al., Interfacial microstructure and shear strength of brazed Cu-Cr-Zr alloy cylinder and cylindrical hole by Au based solder. METALS, 2017. 7(2477).

(416) Zhang, Y., et al., Influence of temperature-dependent properties of aluminum alloy on evolution of plastic strain and residual stress during quenching process. METALS, 2017. 7 (2286).

(417) Wu, P., et al., A novel brucine gel transdermal delivery system designed for anti-inflammatory and analgesic activities. INTERNATIONAL JOURNAL OF MOLECULAR SCIENCES, 2017. 18(7574).

(418) Wang, F., et al., A novel model for through-silicon via (TSV) filling process simulation considering three additives and current density effect. JOURNAL OF MICROMECHANICS AND MICROENGINEERING, 2017. 27(12501712).

(419) Guo, X., et al., A precipitate-strengthening model based on crystallographic anisotropy,

stress-induced orientation, and dislocation of stress-aged Al-Cu-Mg single crystals. METALLURGICAL AND MATERIALS TRANSACTIONS A-PHYSICAL METALLURGY AND MATERIALS SCIENCE, 2017. 48A(10): 4857-4870.

(420) Zeng, K., et al., Investigation on eigenfrequency of a cylindrical shell resonator under resonator-top trimming methods. SENSORS, 2017. 17(20119).

(421) Xu, K., H. Li and H. Yang, Dual least squares support vector machines based spatiotemporal modeling for nonlinear distributed thermal processes. JOURNAL OF PROCESS CONTROL, 2017. 54: 81-89.

(422) Peng, Y., et al., Crashworthiness analysis and optimization of a cutting-style energy absorbing structure for subway vehicles. THIN-WALLED STRUCTURES, 2017. 120: 225-235.

(423) Hu, Y., et al., Experimental research of laser-induced periodic surface structures in a typical liquid by a femtosecond laser. CHINESE OPTICS LETTERS, 2017. 15 (0214042).

(424) Zhang, F., et al., Underwater giant enhancement of broadband diffraction efficiency of surface diffraction gratings fabricated by femtosecond laser. JOURNAL OF APPLIED PHYSICS, 2017. 121(24310224).

(425) Liu, D., G. Chen and Q. Hu, Material removal model of chemical mechanical polishing for fused silica using soft nanoparticles. INTERNATIONAL JOURNAL OF ADVANCED MANUFACTURING TECHNOLOGY, 2017. 88(9-12): 3515-3525.

(426) Zhang, X., et al., Experimental study on wear behaviors of TBM disc cutter ring under drying, water and seawater conditions. WEAR, 2017. 392: 109-117.

(427) Zhang, T., et al., Modeling of the static recrystallization for 7055 aluminum alloy by cellular automaton. MODELLING AND SIMULATION IN MATERIALS SCIENCE AND ENGINEERING, 2017. 25(0650056).

(428) Liu, Z., et al., Characterization and decompositional crystallography of the massive phase grains in an additively-manufactured Ti-6Al-4V alloy. MATERIALS CHARACTERIZATION, 2017. 127: 146-152.

(429) Huang, C., et al., An investigation on the softening mechanism of 5754 aluminum alloy during multistage hot deformation. METALS, 2017. 7(1074).

(430) Chen, J., et al., Microscopic analysis and electrochemical behavior of Fe-based coating produced by laser cladding. METALS, 2017. 7(43510).

(431) Shuai, C., et al., Silane modified diopside for improved interfacial adhesion and bioactivity of composite scaffolds. MOLECULES, 2017. 22(5114).

（432）Wu, Y., et al., Effect of coil configuration on conversion efficiency of EMAT on 7050 aluminum alloy. ENERGIES, 2017. 10(149610).

（433）Liu, C., et al., Effects of solution treatment on microstructure and high-cycle fatigue properties of 7075 aluminum alloy. METALS, 2017. 7(1936).

（434）Shuai, C., et al., Mechanically strong $CaSiO_3$ scaffolds incorporating B_2O_3-ZnO liquid phase. APPLIED SCIENCES-BASEL, 2017. 7(3874).

（435）Shuai, C., et al., Biodegradation resistance and bioactivity of hydroxyapatite enhanced Mg-Zn composites via selective laser melting. MATERIALS, 2017. 10(3073).

（436）Zhang, F., et al., Investigation on optical and photoluminescence properties of organic semiconductor Al-Alq_3 thin films for organic light-emitting diodes application. CHINESE OPTICS LETTERS, 2017. 15(11160211).

（437）Xu, Y., et al., A mesoporous silica composite scaffold: cell behaviors, biomineralization and mechanical properties. APPLIED SURFACE SCIENCE, 2017. 423: 314-321.

（438）Shuai, C., et al., Nd-induced honeycomb structure of intermetallic phase enhances the corrosion resistance of Mg alloys for bone implants. JOURNAL OF MATERIALS SCIENCE-MATERIALS IN MEDICINE, 2017. 28(1309).

（439）Zhai, Z., B. Jiang and D. Drummer, Characterization of nonlinear response in quasi-unidirectional E-glass fabric reinforced polypropylene composites under off-axis tensile loading. POLYMER TESTING, 2017. 63: 521-529.

（440）Wang, F., et al., Dynamic through-silicon-via filling process using copper electrochemical deposition at different current densities. SCIENTIFIC REPORTS, 2017. 7 (46639).

（441）Chen, M., et al., Modeling and simulation of dynamic recrystallization behavior for 42CrMo steel by an extended cellular automaton method. VACUUM, 2017. 146: 142-151.

（442）Li, J., et al., Large strain synergetic material deformation enabled by hybrid nanolayer architectures. SCIENTIFIC REPORTS, 2017. 7(11371).

（443）Zhang, C., et al., Influence of electrode temperature on electric erosion pit morphology during cool electrode EDM. INTERNATIONAL JOURNAL OF ADVANCED MANUFACTURING TECHNOLOGY, 2017. 93(5-8): 2173-2181.

（444）Wang, S., et al., A modified Johnson-Cook model for hot deformation behavior of 35CrMo steel. METALS, 2017. 7(3379).

（445）Liu, H., et al., Effect of thermal properties of a coated elastohydrodynamic lubrication line contact under various slide-to-roll ratios. JOURNAL OF HEAT TRANSFER-

TRANSACTIONS OF THE ASME, 2017. 139(0745057).

(446) Li, R., et al., Investigation on the manufacture of a large-scale aluminum alloy ingot: microstructure and macrosegregation. ADVANCED ENGINEERING MATERIALS, 2017. 19(16003752).

(447) He, C., et al., Microstructure evolution and biodegradation behavior of laser rapid solidified Mg-Al-Zn alloy. METALS, 2017. 7(1053).

(448) Lin, Y. C., H. Yang and L. Li, Effects of solutionizing cooling processing on γ'' (Ni$_3$Nb) phase and work hardening characteristics of a Ni-Fe-Cr-base superalloy. VACUUM, 2017. 144: 86-93.

(449) Zhang, L., et al., Evaluation of mechanical properties of Σ 5(210)/[001] tilt grain boundary with self-interstitial atoms by molecular dynamics simulation. JOURNAL OF NANOMATERIALS, 2017(8296458).

(450) Ming, X., et al., Mathematical modeling and machining parameter optimization for the surface roughness of face gear grinding. INTERNATIONAL JOURNAL OF ADVANCED MANUFACTURING TECHNOLOGY, 2017. 90(9-12): 2453-2460.

(451) Shi, Z., et al., An exact solution for the free-vibration analysis of functionally graded carbon-nanotube-reinforced composite beams with arbitrary boundary conditions. SCIENTIFIC REPORTS, 2017. 7(12909).

(452) Chu, D., et al., Temperature and transverse load sensing characteristics of twisted long period fiber gratings fabricated by femtosecond laser. OPTICS AND LASER TECHNOLOGY, 2017. 96: 153-157.

(453) Chen, S. and J. Tang, Effects of staggering and pitch error on the dynamic response of a double-helical gear set. JOURNAL OF VIBRATION AND CONTROL, 2017. 23(11): 1844-1856.

(454) Lai, R., et al., Study of the microstructure evolution and properties response of a friction-stir-welded copper-chromium-zirconium alloy. METALS, 2017. 7(3819).

(455) Chen, X., et al., Flow and fracture behavior of aluminum alloy 6082-T6 at different tensile strain rates and triaxialities. PLOS ONE, 2017. 12(e01819837).

(456) Wu, S., et al., Influence of lateral growth on the optical properties of GaN nanowires grown by hydride vapor phase epitaxy. JOURNAL OF APPLIED PHYSICS, 2017. 122 (20530220).

(457) Chen, H., et al., The equal theoretical surface roughness grinding method for gear generating grinding. INTERNATIONAL JOURNAL OF ADVANCED MANUFACTURING TECHNOLOGY, 2017. 90(9-12): 3137-3146.

（458）Wu, F. , et al. , Effect of Mo on microstructures and wear properties of in situ synthesized Ti（C, N）/Ni-based composite coatings by laser cladding. MATERIALS, 2017. 10（10479）.

（459）Ding, H. , et al. , Optimal modification of tooth flank form error considering measurement and compensation of cutter geometric errors for spiral bevel and hypoid gears. MECHANISM AND MACHINE THEORY, 2017. 118: 14-31.

（460）Dong, X. , et al. , Highly sensitive torsion sensor based on long period fiber grating fabricated by femtosecond laser pulses. OPTICS AND LASER TECHNOLOGY, 2017. 97: 248-253.

（461）Dong, X. , et al. , High temperature-sensitivity sensor based on long period fiber grating inscribed with femtosecond laser transversal-scanning method. CHINESE OPTICS LETTERS, 2017. 15（0906029）.

（462）Chen, C. , et al. , Research about modeling of grinding workpiece surface topography based on real topography of grinding wheel. INTERNATIONAL JOURNAL OF ADVANCED MANUFACTURING TECHNOLOGY, 2017. 93（5-8）: 2411-2421.

（463）Wang, F. , et al. , Parameter analysis on the ultrasonic TSV-filling process and electrochemical characters. JOURNAL OF MICROMECHANICS AND MICROENGINEERING, 2017. 27（10500310）.

（464）Liu, D. , R. Yan and T. Chen, Material removal model of ultrasonic elliptical vibration-assisted chemical mechanical polishing for hard and brittle materials. INTERNATIONAL JOURNAL OF ADVANCED MANUFACTURING TECHNOLOGY, 2017. 92（1-4）: 81-99.

（465）Zhou, C. , et al. , An enhanced flexible dynamic model and experimental verification for a valve train with clearance and multi-directional deformations. JOURNAL OF SOUND AND VIBRATION, 2017. 410: 249-268.

（466）Liu, Z. , Review of grain refinement of cast metals through inoculation: theories and developments. METALLURGICAL AND MATERIALS TRANSACTIONS A - PHYSICAL METALLURGY AND MATERIALS SCIENCE, 2017. 48A（10）: 4755-4776.

（467）Shen, P. and H. Li, The consistency control of mold level in casting process. CONTROL ENGINEERING PRACTICE, 2017. 62: 70-78.

（468）Liu, Y. , et al. , Study of adsorption of hydrogen on Al, Cu, Mg, Ti surfaces in Al alloy melt via first principles calculation. METALS, 2017. 7（211）.

（469）Deng, H. , et al. , Gait and trajectory rolling planning and control of hexapod robots for disaster rescue applications. ROBOTICS AND AUTONOMOUS SYSTEMS, 2017. 95:

13-24.

(470) Liu, Y., et al., First principles study of adsorption of hydrogen on typical alloying elements and inclusions in molten 2219 Al alloy. MATERIALS, 2017. 10(8167).

(471) Liu, Y., et al., First principles study of adsorption of hydrogen on typical alloying elements and inclusions in molten 2219 Al alloy. MATERIALS (Basel, Switzerland), 2017. 10(7).

(472) Chen, M., et al., Modeling and simulation of dynamic recrystallization behaviors of magnesium alloy AZ31B using cellular automaton method. COMPUTATIONAL MATERIALS SCIENCE, 2017. 136: 163-172.

(473) Huang, Y., et al., Critical condition of dynamic recrystallization in 35CrMo steel. METALS, 2017. 7(1615).

(474) Lin, Y. C., et al., Microstructural evolution and constitutive models to predict hot deformation behaviors of a nickel-based superalloy. VACUUM, 2017. 137: 104-114.

(475) Wen, D., Y. C. Lin and Y. Zhou, A new dynamic recrystallization kinetics model for a Nb containing Ni-Fe-Cr-base superalloy considering influences of initial delta phase. VACUUM, 2017. 141: 316-327.

(476) Liu, L., et al., Rare earth element yttrium modified Mg-Al-Zn alloy: microstructure, degradation properties and hardness. MATERIALS, 2017. 10(4775).

(477) Ding, H., et al., A novel operation approach to determine initial contact point for tooth contact analysis with errors of spiral bevel and hypoid gears. MECHANISM AND MACHINE THEORY, 2017. 109: 155-170.

(478) Ding, H., et al., Nonlinearity analysis based algorithm for indentifying machine settings in the tooth flank topography correction for hypoid gears. MECHANISM AND MACHINE THEORY, 2017. 113: 1-21.

(479) Wang, F., et al., High-speed and high-quality TSV filling with the direct ultrasonic agitation for copper electrodeposition. MICROELECTRONIC ENGINEERING, 2017. 180: 30-34.

(480) Wang, Q., et al., A unified solution for vibration analysis of moderately thick, functionally graded rectangular plates with general boundary restraints and internal line supports. MECHANICS OF ADVANCED MATERIALS AND STRUCTURES, 2017. 24 (11): 943-961.

(481) Lin, L., et al., Experimental study of specific matching characteristics of tunnel boring machine cutter ring properties and rock. WEAR, 2017. 378-379: 1-10.

(482) Liu, R., et al., Fabrication of continuous slim aluminum fibers using a multi-tooth tool.

MATERIALS AND MANUFACTURING PROCESSES, 2017. 32(1): 76-82.

(483) Tian, H., et al., Investigation of the role of template features on the electrically induced structure formation (EISF) for a faithful duplication. ELECTROPHORESIS, 2017. 38 (8): 1105-1112.

(484) Shuai, C., et al., Biosilicate scaffolds for bone regeneration: influence of introducing SrO. RSC ADVANCES, 2017. 7(35): 21749-21757.

(485) Zhao, X., et al., Deformation twinning and dislocation processes in nanotwinned copper by molecular dynamics simulations. COMPUTATIONAL MATERIALS SCIENCE, 2018. 142: 59-71.

(486) Pei, L., et al., A dual fracture transition mechanism in nanotwinned Ni. MATERIALS LETTERS, 2018. 210: 243-247.

(487) Pan, Y., et al., Noise source identification and transmission path optimisation for noise reduction of an axial piston pump. APPLIED ACOUSTICS, 2018. 130: 283-292.

(488) Zhang, F., et al., Temperature effects on the geometry during the formation of micro-holes fabricated by femtosecond laser in PMMA. OPTICS AND LASER TECHNOLOGY, 2018. 100: 256-260.

(489) Liao, D., et al., Numerical generation of grinding wheel surfaces based on time series method. INTERNATIONAL JOURNAL OF ADVANCED MANUFACTURING TECHNOLOGY, 2018. 94(1-4): 561-569.

(490) Yang, D., et al., Numerical investigation of pipeline transport characteristics of slurry shield under gravel stratum. TUNNELLING AND UNDERGROUND SPACE TECHNOLOGY, 2018. 71: 223-230.

(491) Wu, J., et al., Control of the structure and mechanical property of porous WS2 scaffold during freeze casting. JOURNAL OF POROUS MATERIALS, 2018. 25(1): 37-43.

(492) Rao, G., et al., A multi-constraint spinning process of ellipsoidal heads. INTERNATIONAL JOURNAL OF ADVANCED MANUFACTURING TECHNOLOGY, 2018. 94(1-4): 1505-1512.

(493) Yin, T., et al., Effects of mannitol on the synthesis of ultra-fine ZrB_2 powders. JOURNAL OF SOL-GEL SCIENCE AND TECHNOLOGY, 2018. 85(1): 41-47.

(494) Zhang, Y., H. Deng and G. Zhong, Humanoid design of mechanical fingers using a motion coupling and shape-adaptive linkage mechanism. JOURNAL OF BIONIC ENGINEERING, 2018. 15(1): 94-105.

(495) He, H., et al., Effects of cold predeformation on dissolution of second-phase Al_2Cu particles during solution treatment of 2219 Al-Cu alloy forgings. MATERIALS

CHARACTERIZATION, 2018. 135: 18-24.

（496）Wu, S., et al., Crystallographic orientation control and optical properties of GaN nanowires. RSC ADVANCES, 2018. 8(4): 2181-2187.

（497）Dong, X., et al., Highly sensitive strain sensor based on a novel mach-zehnder interferometer with TCF-PCF structure. SENSORS, 2018. 18(2781).

（498）Zhu, W., K. Wang and Y. Wang, A novel model for simulating the racing effect in capillary-driven underfill process in flip chip. JOURNAL OF MICROMECHANICS AND MICROENGINEERING, 2018. 28(0450024).

（499）Zhang, F., et al., Quasi-periodic concave microlens array for liquid refractive index sensing fabricated by femtosecond laser assisted with chemical etching. SCIENTIFIC REPORTS, 2018. 8(2419).

（500）Wang, F., et al., Effect of via depth on the TSV filling process for different current densities. JOURNAL OF MICROMECHANICS AND MICROENGINEERING, 2018. 28(0450044).

（501）Song, Y., et al., Controllable superhydrophobic aluminum surfaces with tunable adhesion fabricated by femtosecond laser. OPTICS AND LASER TECHNOLOGY, 2018. 102: 25-31.

（502）He, D., H. Ding and J. Tang, A new analytical identification approach to the tooth contact points considering misalignments for spiral bevel or hypoid gears. MECHANISM AND MACHINE THEORY, 2018. 121: 785-803.

（503）Yang, Y., et al., Investigation on the creep-age forming of an integrally-stiffened AA2219 alloy plate: experiment and modeling. INTERNATIONAL JOURNAL OF ADVANCED MANUFACTURING TECHNOLOGY, 2018. 95(5-8): 2015-2025.

（504）Chen, X., et al., Investigation on strain dependence of metadynamic recrystallization behaviors of GH4169 superalloy. VACUUM, 2018. 149: 1-11.

（505）Chen, Z., et al., Numerical and experimental investigation on laser transmission welding of fiberglass-doped PP and ABS. JOURNAL OF MANUFACTURING PROCESSES, 2018. 31: 1-8.

（506）Chen, T., et al., Effect of CeO_2 on microstructure and wear resistance of TiC bioinert coatings on Ti6Al4V alloy by laser cladding. MATERIALS, 2018. 11(581).

（507）Liu, L., et al., Analysis of xanthine oxidase inhibitors from clerodendranthus spicatus with xanthine oxidase immobilized silica coated Fe_3O_4 nanoparticles. APPLIED SCIENCES-BASEL, 2018. 8(1582).

（508）Jiang, X., et al., Effects of ultrasonic-aided quenching on the corrosion resistance of GB

35CrMoV steel in seawater environment. METALS, 2018. 8(1042).

(509) Zhao, X., et al., Deformation mechanisms and slip-twin interactions in nanotwinned body-centered cubic iron by molecular dynamics simulations. COMPUTATIONAL MATERIALS SCIENCE, 2018. 147: 34-48.

(510) Tan, F., H. Li and P. Shen, Smith predictor-based multiple periodic disturbance compensation for long dead-time processes. INTERNATIONAL JOURNAL OF CONTROL, 2018. 91(5): 999-1010.

(511) Zhang, T., et al., Comparisons of different models on dynamic recrystallization of plate during asymmetrical shear rolling. MATERIALS, 2018. 11(1511).

(512) Wei, X., et al., Effect of alloying elements on mechanical, electronic and magnetic properties of Fe_2B by first-principles investigations. COMPUTATIONAL MATERIALS SCIENCE, 2018. 147: 322-330.

(513) Zhang, D., Die structure and its trial manufacture for thread and spline synchronous rolling process. INTERNATIONAL JOURNAL OF ADVANCED MANUFACTURING TECHNOLOGY, 2018. 96(1-4): 319-325.

(514) Lin, Y.C., et al., Influence of Stress-aging processing on precipitates and mechanical properties of a 7075 aluminum alloy. ADVANCED ENGINEERING MATERIALS, 2018. 20(17005831).

(515) Shao, W., H. Ding and J. Tang, Data-driven operation and compensation approaches to tooth flank form error measurement for spiral bevel and hypoid gears. MEASUREMENT, 2018. 122: 347-357.

(516) Luo, Z., et al., Femtosecond laser highly-efficient plane processing based on an axicon-generated donut-shaped beam. CHINESE OPTICS LETTERS, 2018. 16(0314013).

(517) Liao, Y., et al., Residual fatigue life analysis and comparison of an aluminum lithium alloy structural repair for aviation applications. ENGINEERING FRACTURE MECHANICS, 2018. 194: 262-280.

(518) Guan, X., et al., Application of the differential quadrature finite element method to free vibration of elastically restrained plate with irregular geometries. ENGINEERING ANALYSIS WITH BOUNDARY ELEMENTS, 2018. 90: 1-16.

(519) Zhou, M., et al., Molecular dynamics simulation and experimental investigation of the geometrical morphology development of injection-molded nanopillars on polymethylmethacrylate surface. COMPUTATIONAL MATERIALS SCIENCE, 2018. 149: 208-216.

(520) Lin, Y.C., et al., Microstructural evolution of a Ni-Fe-Cr-base superalloy during non-

isothermal two-stage hot deformation. VACUUM, 2018. 151: 283-293.

(521) Liu, Y., et al., Numerical investigation on granular flow from a wedge-shaped feed hopper using the discrete element method. CHEMICAL ENGINEERING & TECHNOLOGY, 2018. 41(5): 913-920.

(522) Luo, Z., et al., Fabrication of parabolic cylindrical microlens array by shaped femtosecond laser. OPTICAL MATERIALS, 2018. 78: 465-470.

(523) Yu, H., et al., Nanoporous Al sandwich foils using size effect of Al layer thickness during Cu/Al/Cu laminate rolling. PHILOSOPHICAL MAGAZINE, 2018. 98 (17): 1537-1549.

(524) Li, Y., et al., NLRP1 deficiency attenuates diabetic retinopathy (DR) in mice through suppressing inflammation response. BIOCHEMICAL AND BIOPHYSICAL RESEARCH COMMUNICATIONS, 2018. 501(2): 351-357.

(525) Liu, J., et al., Current and future trends in topology optimization for additive manufacturing. STRUCTURAL AND MULTIDISCIPLINARY OPTIMIZATION, 2018. 57 (6): 2457-2483.

(526) Lin, Y. C., et al., Effects of initial delta phase on creep behaviors and fracture characteristics of a nickel-based superalloy. ADVANCED ENGINEERING MATERIALS, 2018. 20(17008204).

(527) Wang, Q., et al., A unified formulation for free vibration of functionally graded carbon nanotube reinforced composite spherical panels and shells of revolution with general elastic restraints by means of the Rayleigh-Ritz method. POLYMER COMPOSITES, 2018. 392 (SI): E924-E944.

(528) Shao, W., et al., An experimental study of temperature at the tip of point-attack pick during rock cutting process. INTERNATIONAL JOURNAL OF ROCK MECHANICS AND MINING SCIENCES, 2018. 107: 39-47.

(529) Wang, Y., et al., Parameters determination for modelling of copper electrodeposition in through-silicon-via with additives. MICROELECTRONIC ENGINEERING, 2018. 196: 25-31.

(530) Chen, M., et al., Effects of annealing parameters on microstructural evolution of a typical nickel-based superalloy during annealing treatment. MATERIALS CHARACTERIZATION, 2018. 141: 212-222.

(531) Zhan, L., et al., Effect of process parameters on fatigue and fracture behavior of Al-Cu-Mg alloy after creep aging. METALS, 2018. 8(2985).

（532）Sun, Y., et al., Microstructure and mechanical characterization of a dissimilar friction-stir-welded CuCrZr/CuNiCrSi butt joint. METALS, 2018. 8(3255).

（533）Dong, X., et al., A novel strain sensor with large measurement range based on all fiber mach-zehnder interferometer. SENSORS, 2018. 18(15495).

（534）Sui, H. and X. Lu, Nonlinear dynamic analysis of complex hydraulic driving processes. JOURNAL OF SOUND AND VIBRATION, 2018. 430: 115-133.

（535）Tao, X., et al., Research on an EDM-based unitized drilling process of TC4 alloy. INTERNATIONAL JOURNAL OF ADVANCED MANUFACTURING TECHNOLOGY, 2018. 97(1-4): 867-875.

（536）Cui, X., H. Yu and Q. Wang, Reduction of corner radius of cylindrical parts by magnetic force under various loading methods. INTERNATIONAL JOURNAL OF ADVANCED MANUFACTURING TECHNOLOGY, 2018. 97(5-8): 2667-2674.

（537）Chen, H., et al., An investigation on surface functional parameters in ultrasonic-assisted grinding of soft steel. INTERNATIONAL JOURNAL OF ADVANCED MANUFACTURING TECHNOLOGY, 2018. 97(5-8): 2697-2702.

（538）Chen, C., et al., An active manufacturing method of surface micro structure based on ordered grinding wheel and ultrasonic-assisted grinding. INTERNATIONAL JOURNAL OF ADVANCED MANUFACTURING TECHNOLOGY, 2018. 97(5-8): 1627-1635.

（539）Li, J., et al., Improvement of aluminum lithium alloy adhesion performance based on sandblasting techniques. INTERNATIONAL JOURNAL OF ADHESION AND ADHESIVES, 2018. 84: 307-316.

（540）Cui, X., H. Yu and Q. Wang, Electromagnetic impulse calibration in V-shaped parts. INTERNATIONAL JOURNAL OF ADVANCED MANUFACTURING TECHNOLOGY, 2018. 97(5-8): 2959-2968.

（541）Zhu, W., et al., Thermal conductivity of amorphous SiO_2 thin film: a molecular dynamics study. SCIENTIFIC REPORTS, 2018. 8(10537).

（542）Xu, Y. Q., et al., A low-density pulse-current-assisted age forming process for high-strength aluminum alloy components. INTERNATIONAL JOURNAL OF ADVANCED MANUFACTURING TECHNOLOGY, 2018. 97(9-12): 3371-3384.

（543）Dai, Y., et al., Numerical simulation and optimization of oil jet lubrication for rotorcraft meshing gears. INTERNATIONAL JOURNAL OF SIMULATION MODELLING, 2018. 17(2): 318-326.

（544）He, D., et al., EBSD study of microstructural evolution in a nickel-base superalloy during two-pass hot compressive deformation. ADVANCED ENGINEERING MATERIALS, 2018. 20(18001297).

(545) Lin, Y. C. , et al. , Influences of initial microstructures on portevin-Le chatelier effect and mechanical properties of a Ni-Fe-Cr-base superalloy. ADVANCED ENGINEERING MATERIALS, 2018. 20(18002348).

(546) Deng, G. , et al. , A simplified analysis method for the piezo jet dispenser with a diamond amplifier. SENSORS, 2018. 18(21157).

(547) Pan, Q. , Y. Li and M. Huang, Control-oriented friction modeling of hydraulic actuators based on hysteretic nonlinearity of lubricant film. MECHATRONICS, 2018. 53: 72-84.

(548) Zhang, G. , et al. , Magnetic-assisted method and multi-objective optimization for improving the machining characteristics of WEDM in trim cutting magnetic material. INTERNATIONAL JOURNAL OF ADVANCED MANUFACTURING TECHNOLOGY, 2018. 98(5-8): 1471-1488.

(549) Zhang, T. , et al. , Simulation of prestressed ultrasonic peen forming on bending deformation and residual stress distribution. INTERNATIONAL JOURNAL OF ADVANCED MANUFACTURING TECHNOLOGY, 2018. 98(1-4): 385-393.

(550) Zhai, Z. , B. Jiang and D. Drummer, Strain rate-dependent mechanical behavior of quasi-unidirectional E-glass fabric reinforced polypropylene composites under off-axis tensile loading. POLYMER TESTING, 2018. 69: 276-285.

(551) Yu, H. , et al. , Improvement in strength and ductility of asymmetric-cryorolled copper sheets under low-temperature annealing. METALLURGICAL AND MATERIALS TRANSACTIONS A-PHYSICAL METALLURGY AND MATERIALS SCIENCE, 2018. 49A(10): 4398-4403.

(552) Huang, C. , X. Jia and Z. Zhang, Modeling and simulation of the static recrystallization of 5754 aluminium alloy by cellular automaton. METALS, 2018. 8(5858).

(553) Chen, Z. and G. Zhang, Study on magnetic field distribution and electro-magnetic deformation in wire electrical discharge machining sharp corner workpiece. INTERNATIONAL JOURNAL OF ADVANCED MANUFACTURING TECHNOLOGY, 2018. 98(5-8): 1913-1923.

(554) Li, Y. , et al. , Effects of process parameters on thickness thinning and mechanical properties of the formed parts in incremental sheet forming. INTERNATIONAL JOURNAL OF ADVANCED MANUFACTURING TECHNOLOGY, 2018. 98(9-12): 3071-3080.

(555) Chen, T. , et al. , Laser cladding in-situ Ti(C,N) particles reinforced Ni-based composite

coatings modified with CeO_2 nanoparticles. METALS, 2018. 8(6018).

（556）Liu, L., et al., A physically based constitutive model and continuous dynamic recrystallization behavior analysis of 2219 aluminum alloy during hot deformation process. MATERIALS, 2018. 11(14438).

（557）Yao, Y. and Y. Zhou, Effects of deep cryogenic treatment on wear resistance and structure of GB 35CrMoV steel. METALS, 2018. 8(5027).

（558）Deng, H., et al., Grasping force planning and control for tendon-driven anthropomorphic prosthetic hands. JOURNAL OF BIONIC ENGINEERING, 2018. 15(5): 795-804.

（559）Sun, Y., et al., Effect of tool rotational speeds on the microstructure and mechanical properties of a dissimilar friction-stir-welded CuCrZr/CuNiCrSi butt joint. METALS, 2018. 8(5267).

（560）Zhang, H., et al., Vibro-acoustic analysis of the annular segment flexible plate coupled with an impedance walled enclosure. THIN-WALLED STRUCTURES, 2018. 131: 205-222.

（561）Jiang, Y., et al., Isothermal tensile deformation behaviors and fracture mechanism of Ti-5Al-5Mo-5V-1Cr-1Fe alloy in beta phase field. VACUUM, 2018. 156: 187-197.

（562）Chen, M., et al., Hot deformation behaviors of a solution-treated Ni-based superalloy under constant and changed strain rates. VACUUM, 2018. 155: 531-538.

（563）Liu, L., Y. Wu and H. Gong, Effects of deformation parameters on microstructural evolution of 2219 aluminum alloy during intermediate thermo-mechanical treatment process. MATERIALS, 2018. 11(14969).

（564）Li, J., et al., Electromechanical characteristics and numerical simulation of a new smaller magnetorheological fluid damper. MECHANICS RESEARCH COMMUNICATIONS, 2018. 92: 81-86.

（565）Dong, X., et al., Simultaneous strain and temperature sensor based on a fiber mach-zehnder interferometer coated with Pt by iron sputtering technology. MATERIALS, 2018. 11(15359).

（566）Li, J. and H. Deng, Vibration suppression of rotating long flexible mechanical arms based on harmonic input signals. JOURNAL OF SOUND AND VIBRATION, 2018. 436: 253-261.

（567）Liu, Z., et al., Impurity resonant state p-doping layer for high-efficiency nitride-based light-emitting diodes. SEMICONDUCTOR SCIENCE AND TECHNOLOGY, 2018. 33 (11400411).

（568）Li, S., L. Zhan and T. Chang, Numerical simulation and experimental studies of mandrel effect on flow-compaction behavior of CFRP hat-shaped structure during curing process. ARCHIVES OF CIVIL AND MECHANICAL ENGINEERING, 2018. 18(4): 1386-1400.

（569）Wu, B., et al., Micro copper pillar interconnection using thermosonic flip chip bonding. JOURNAL OF ELECTRONIC PACKAGING, 2018. 140(0445024).

（570）Lin, Y. C., et al., Effects of initial microstructures on serrated flow features and fracture mechanisms of a nickel-based superalloy. MATERIALS CHARACTERIZATION, 2018. 144: 9-21.

（571）Sun, X., et al., Thermal process of silica glass microchannels fabricated by femtosecond laser ablation. CHINESE OPTICS LETTERS, 2018. 16(10140210).

（572）Wang, F., W. Liu and Y. Wang, Effects of additives with different acids on the through-silicon vias copper filling. MICROELECTRONIC ENGINEERING, 2018. 200: 51-55.

（573）Lin, L., et al., Experimental study on wear behaviors of TBM disc cutter ring in hard rock conditions. TRIBOLOGY TRANSACTIONS, 2018. 61(5): 920-929.

（574）Li, J., et al., Eliminating deformation incompatibility in composites by gradient nanolayer architectures. SCIENTIFIC REPORTS, 2018. 8(16216).

（575）Ding, H., et al., An innovative determination approach to tooth compliance for spiral bevel and hypoid gears by using double-curved shell model and Rayleigh-Ritz approach. MECHANISM AND MACHINE THEORY, 2018. 130: 27-46.

（576）Lin, Y. C., et al., Phase transformation and constitutive models of a hot compressed TC18 titanium alloy in the alpha plus beta regime. VACUUM, 2018. 157: 83-91.

（577）Zhou, C. and H. Wang, An adhesive wear prediction method for double helical gears based on enhanced coordinate transformation and generalized sliding distance model. MECHANISM AND MACHINE THEORY, 2018. 128: 58-83.

（578）Wu, Y., et al., An advanced CAD/CAE integration method for the generative design of face gears. ADVANCES IN ENGINEERING SOFTWARE, 2018. 126: 90-99.

（579）Zhang, X., et al., Experimental study on wear of TBM disc cutter rings with different kinds of hardness. TUNNELLING AND UNDERGROUND SPACE TECHNOLOGY, 2018. 82: 346-357.

（580）Chen, Z., G. Zhang and H. Yan, A high-precision constant wire tension control system for improving workpiece surface quality and geometric accuracy in WEDM. PRECISION ENGINEERING-JOURNAL OF THE INTERNATIONAL SOCIETIES FOR PRECISION ENGINEERING AND NANOTECHNOLOGY, 2018. 54: 51-59.

(581) Liu, C., et al., Precipitate evolution and fatigue crack growth in creep and artificially aged aluminum alloy. METALS, 2018. 8(103912).

(582) Chen, Z., et al., Modeling and reducing workpiece corner error due to wire deflection in WEDM rough corner-cutting. JOURNAL OF MANUFACTURING PROCESSES, 2018. 36: 557-564.

6.1 著作情况简介

本学科鼓励教师积极参与教材编写、学术专著撰写，在编撰过程中，教师的教学、科研水平不断提高。据不完全统计，本学科教师主编教材、专著、手册及教学参考书等 135 部，参编 25 部。

6.2 主编著作目录(部分)

表 6-1 为本学科教师部分主编著作。

表6-1 主编著作情况汇总表

作(译)者	书名	编撰情况	出版单位	出版时间
黎佩琨	矿山运输	主编	中国工业出版社	1961
机制教研室	冶金矿山机械制造	主编	中南矿冶学院（内部资料）	1976
周恩浦	矿山机械：选矿机械部分	主编	冶金工业出版社	1979
李仪钰	矿山机械：提升运输机械部分	主编	冶金工业出版社	1980
齐任贤	液压传动和液力传动	主编	冶金工业出版社	1981
钱去泰	机械工程材料及热处理(机械设计制造类专业试用教材)	主编	中南矿冶学院（内部资料）	1982

续表 6-1

作(译)者	书名	编撰情况	出版单位	出版时间
姜文奇	形状和位置公差通俗讲话	编著	新时代出版社	1982
贺志平	仿射对应及其应用	主编	湖南省工程图学学会（内部资料）	1983
任正凡	计算机绘图及图形显示	编著	湖南科学技术出版社	1983
贺志平 任耀亭	画法几何及机械制图：非机械土建类专业用	主编	高等教育出版社	1983
贺志平 任耀亭	画法几何及机械制图习题集	主编	高等教育出版社	1983
张智铁	工程设计中的可靠性	编译	机械工业出版社	1984
黎佩琨	矿山运输及提升	主编	冶金工业出版社	1984
姜文奇	公差与配合通俗讲话	编著	新时代出版社	1985
卜英勇	地下矿山无轨开采及设备	主编	冶金工业出版社	1986
唐国民 程良能	机械零件课程设计：齿轮、蜗杆减速器设计	主编	湖南科学技术出版社	1986
古　可	论轧机驱动与节能	著	中南工业大学出版社	1986
卜英勇	优化设计方法	主编	中南工业大学出版社	1986
陈泽南 张晓光	工程模拟实验	编译	中南工业大学出版社	1987
孙宝田 邝允河 钟世金	机械测试研究译文集	主编	中南工业大学出版社	1988
卜英勇	多伦多大学/世界著名学府	主编	湖南教育出版社	1989
齐任贤 刘世勋	液压振动设备动态理论和设计	主编	中南工业大学出版社	1989
李仪钰	矿山提升运输机械	主编	冶金工业出版社	1989
黄宪曾 陈学耀	液压系统污染控制	编译	中南工业大学出版社	1989

续表 6-1

作(译)者	书名	编撰情况	出版单位	出版时间
钟 掘 杨勇学	力学分析的高效计算法	著	中南工业大学出版社	1989
古 可	现代设备管理(上册)	编著	机械工业出版社	1989
钟 掘	现代设备管理(下册)	编著	机械工业出版社	1989
唐国民 陈贻伍	机械零件设计原理	编译	中南工业大学出版社	1989
蔡崇勋	矿山压气设备使用维修	主审	机械工业出版社	1990
刘世勋 蔡崇勋	矿山通风设备使用维修	主审	机械工业出版社	1990
刘世勋	矿山排水设备使用维修	主审	机械工业出版社	1990
于鸿恕	工程制图习题集	主编	中南工业大学出版社	1990
张春元	工程制图	主编	中南工业大学出版社	1990
王庆祺	机械设计	主编	中南工业大学出版社	1990
夏纪顺 朱启超	矿山钻孔设备使用维修	主审	机械工业出版社	1990
吴继锐	矿井轨道运输设备使用维修手册	主审	机械工业出版社	1990
张智铁	矿井装载设备使用维修手册	主审	机械工业出版社	1990
李仪钰	矿山机电	主编	中国劳动出版社	1991
夏纪顺	采矿手册(第5卷)	主编	冶金工业出版社	1991
卜英勇	设备管理信息系统设计方法	主编	中南工业大学出版社	1991.
刘水华	互换性与技术测量基础	主编	中南工业大学出版社	1991
胡昭如	机械工程材料	主编	中南工业大学出版社	1991
贺志平	画法几何及机械制图	主编	高等教育出版社	1991
贺志平	画法几何及机械制图习题集	主编	高等教育出版社	1991

续表6-1

作(译)者	书名	编撰情况	出版单位	出版时间
姜文奇 段佩玲	机械加工误差	编著	国防工业出版社	1991
刘水华	机械加工工艺基础	主编	中南工业大学出版社	1991
古　可	现代设备管理(上册)	编著	上海文艺出版社	1991
李仪钰	矿井提升设备使用维修手册	主审	机械工业出版社	1991
夏纪顺	露天潜孔设备使用维修手册	主审	机械工业出版社	1991
周恩浦	破碎粉磨机械使用维修手册	主审	机械工业出版社	1991
刘舜尧 任立军	机械工程基础金属学	编译	中南工业大学出版社	1992
夏纪顺	天井钻机使用维修手册	主审	机械工业出版社	1992
肖世刚	有色金属冶炼设备(第二卷)	主编	冶金工业出版社	1993
方　仪	计算机绘图	主编	东北大学出版社	1994
钟　掘	冶金机械数理基础与现代技术	专著	中南工业大学出版社	1995
何清华	液压冲击机构研究·设计	专著	中南工业大学出版社	1995
王庆祺	机械设计课程设计指南	主编	湖南科学技术出版社	1995
朱泗芳	画法几何及机械制图习题集	主编	湖南科学技术出版社	1995
朱泗芳	画法几何及机械制图	主编	湖南科学技术出版社	1995
张智铁	物料粉碎理论	著	中南工业大学出版社	1995
蒋建纯 毛大恒	摩擦学及应用	著	中南工业大学出版社	1995
刘舜尧 刘水华	机械制造基础与实践	主编	中南工业大学出版社	1996
张春元 朱泗芳	现代工程制图	主编	中南工业大学出版社	1997

续表 6-1

作(译)者	书名	编撰情况	出版单位	出版时间
徐绍军 杨放琼	现代工程制图习题集	主编	中南工业大学出版社	1997
欧阳立新	AutoCAD 工程绘图	主编	湖南科学技术出版社	1998
朱泗芳	工程制图习题集(非机械类各专业用)	主编	高等教育出版社	1999
朱泗芳	工程制图	主编	高等教育出版社	1999
李新和	机械设备维修工程学	主编	机械工业出版社	1999
张智铁	中国冶金百科全书(采矿卷)矿山运输	副主编	冶金工业出版社	1998
杨襄璧	中国冶金百科全书(采矿卷)采掘机械	副主编	冶金工业出版社	1998
李仪钰	中国冶金百科全书(采矿卷)矿山提升、排水、压气	副主编	冶金工业出版社	1998
杨襄璧	如何使用图形图像处理软件	主审	机械工业出版社	1999
杨襄璧	怎样使用计算机屏幕抓图软件	主审	电子工业出版社	1999
何将三	机械电子学	主编	国防科技大学出版社	1999
朱泗芳	现代工程制图	主编	湖南科学技术出版社	2000
朱泗芳	现代工程制图习题集	主编	湖南科学技术出版社	2000
王恒升	电工技术	副主编	机械工业出版社	2001
刘义伦	研究生教育论丛	主编	中南大学出版社	2002
刘舜尧	制造工程工艺基础	主编	中南大学出版社	2002
刘舜尧	制造工程实践教学指导书	主编	中南大学出版社	2002
刘义伦	改革与探索——中南大学研究生教育理论与实践	主编	中南大学出版社	2002

续表 6-1

作(译)者	书名	编撰情况	出版单位	出版时间
刘义伦	光荣与梦想——中南大学研究生风采录	主编	中南大学出版社	2002
刘义伦	研究生教育论坛(2001)	主编	中南大学出版社	2002
朱泗芳	机械电子英语阅读教程	主编	中南大学出版社	2002
刘义伦	研究生教育论坛(2002)	主编	中南大学出版社	2003
毛大恒	铝型材挤压模具 3D 设计 CAD/CAM 实用技术	编著	冶金工业出版社	2003
何少平	机械结构工艺性	主编	中南大学出版社	2003
徐绍军	工程制图	主编	中南大学出版社	2003
贺小涛	机械制造工程训练	主编	中南大学出版社	2003
刘少军	现代控制方法及计算机辅助设计	主编	中南大学出版社	2003
刘义伦	研究生教育论坛(2003)	主编	中南大学出版社	2004
母福生	机械工程材料基础	副主编	中南大学出版社	2004
周恩浦	粉碎机械的理论与应用	专著	中南大学出版社	2004
刘义伦	研究生教育论坛(2004)	主编	中南大学出版社	2005
刘义伦	回转窑健康维护理论与技术	编著	机械工业出版社	2005
喻胜	创造学	编著	中南大学出版社	2005
朱泗芳 徐绍军	工程制图习题集	主编	高等教育出版社	2005
朱泗芳 徐绍军	工程制图：非机械类各专业用	主编	高等教育出版社	2005
何清华	隧道凿岩机器人	著	中南大学出版社	2005
钟掘	机械与制造科学——学科发展战略研究报告(2006—2010)	撰写组长	科学出版社	2006

续表 6-1

作(译)者	书名	编撰情况	出版单位	出版时间
唐进元	机械设计习题与解答	主编	电子工业出版社	2006
钟 掘	复杂机电系统耦合设计理论与方法	著	机械工业出版社	2007
徐绍军 云 忠	工程制图	主编	中南大学出版社	2007
李新和	机械设备维修工程学(第二版)	主编	机械工业出版社	2007
朱泗芳	现代工程图学(第二版)(上、下册)	主编	湖南科学技术出版社	2008
朱泗芳	现代工程图学习题集	主编	湖南科学技术出版社	2008
申儒林	GMR 硬盘磁头多元复合表面的超精密抛光	著	中南大学出版社	2009
唐进元	机械设计基础(第二版)	主审	湖南大学出版社	2009
何清华	液压冲击机构研究·设计	专著	中南大学出版社	2009
云 忠 杨放琼	简明机械手册(译)	主译	湖南科学技术出版社	2010
刘舜尧	制造工程工艺基础	主编	中南大学出版社	2010
何竞飞 郑志莲	机械设计基础	主编	科学出版社	2010
刘少军	液压与气压传动(第二版)	主审	化学工业出版社	2011
徐绍军 云 忠	工程制图(第二版)	主编	中南大学出版社	2011
刘舜尧	制造工程实践教学指导书(第二版)	主编	中南大学出版社	2011
蔡小华 刘舜尧	钳工快速入门	主编	中南大学出版社	2011
舒金波	铸造工锻造工快速入门	主编	中南大学出版社	2011
李 燕 刘舜尧	磨工快速入门	主编	中南大学出版社	2011

续表6-1

作(译)者	书名	编撰情况	出版单位	出版时间
何玉辉	车工快速入门	主编	中南大学出版社	2011
钟世金	焊工快速入门	主编	中南大学出版社	2011
云 忠 陈 斌	工程制图习题集(第二版)	主编	中南大学出版社	2011
黄明辉	先进制造技术(第三版)	主审	国防工业出版社	2011
夏建芳	有限元法原理与 ANSYS 应用	主编	国防工业出版社	2011
刘少军	研究生教育论坛	主编	中南大学出版社	2011
唐进元	机械原理	主编	中南大学出版社	2011
廖 平	基于遗传算法的机械零件形位误差评定	著	化学工业出版社	2012
何清华	旋挖钻机研究与设计	专著	中南大学出版社	2012
何清华 朱建新	旋挖钻机设备、施工与管理	著	中南大学出版社	2012
欧阳立新 徐绍军	工程制图习题集(第五版)	主编	高等教育出版社	2012
徐绍军 赵先琼	工程制图(第五版)	主编	高等教育出版社	2012
杨放琼 云 忠	工程制图	主编	中南大学出版社	2012
杨放琼 赵先琼	工程制图习题集	主编	中南大学出版社	2012
韩 雷 李军辉 王福亮	微电子制造先进封装进展	著	中南大学出版社	2012
杨襄璧	液压破碎锤：设计理论、计算方法与应用	著	合肥工业大学出版社	2012

续表 6-1

作（译）者	书名	编撰情况	出版单位	出版时间
蔺永诚 陈明松	高性能大锻件控形控性理论及应用	著	科学出版社	2013
周恩浦	选矿机械	编著	中南大学出版社	2014
蔺永诚 陈明松	典型航空铝合金塑性成形与蠕变时效成形的工艺基础	著	科学出版社	2014
李涵雄 陆新江	System Design and Control Integration for Advanced Manufacturing	著	威利 IEEE 出版社	2014
帅词俊 刘德福 刘景琳 高成德	光纤器件制造理论与技术	著	科学出版社	2014
帅词俊 彭淑平 高成德 冯　佩	激光快速成型骨支架进展	著	科学出版社	2014
柳波	汽车液压与气压传动	主编	人民交通出版社	2014
韩　雷 王福亮 李军辉	微电子封装超声键合机理与技术	著	科学出版社	2014
蔡小华	地下无轨车辆	副主编	中南大学出版社	2014
刘少军 李　艳	中国海洋工程与科技发展战略研究——海洋探测与装备卷	编著	海洋出版社	2014
何玉辉 舒金波 蔡小华	制造工程训练教程	主编	中南大学出版社	2015
帅词俊	Artificail Bonemicro-Nanofabrica-Tiontechnology（人工骨微纳制造技术）	著	中南大学出版社	2015
蔡小华	机械制造工艺学	副主编	中南大学出版社	2015

续表 6-1

作(译)者	书名	编撰情况	出版单位	出版时间
帅词俊 刘景琳	3D 打印人工骨原理与技术	著	中南大学出版社	2016
帅词俊 彭淑平	Laser Additive Manufacturing Principle and Technology of Biomaterials	著	西安交通大学出版社	2016
夏建芳 杨放琼	现代设计方法及应用	主编	北京邮电大学出版社	2017
尹海斌 钟国梁 李军锋	机器人刚柔耦合动力学	著	华中科技大学出版社	2017
杨放琼 赵先琼	机械产品测绘与三维设计	主编	机械工业出版社	2018
汤晓燕	工程制图习题集	主编	中南大学出版社	2018
杨放琼 云　忠	工程制图	主编	中南大学出版社	2018
王青山	功能梯度碳纳米管增强复合材料结构振动特性分析	著	中南大学出版社	2018
罗春雷	液压振动锤耦合系统同步理论研究	著	中南大学出版社	2018
喻海良	金属板带塑性成形有限元分析	著	科学出版社	2018
郑煜	阵列波导器件耦合封装机理及其关键技术研究	著	美国科研出版社	2018
郑煜	保偏光纤耦合器制造理论与技术	著	科学出版社	2018
陆新江 黄明辉	Modeling Analysis and Control of Hydraulic Actuator for Forging	著	施普林格出版社	2018
谢习华	无人机技术概论	副主编	机械工业出版社	2018

续表 6-1

作(译)者	书名	编撰情况	出版单位	出版时间
何清华 朱建新 龚艳玲 邓曦明 赵宏强	工程机械手册——桩工机械	主编	清华大学出版社	2018
张怀亮 杨忠炯	TBM 液压系统典型元件动力学行为与抗振设计	著	中南大学出版社	2019
杨忠炯	矿井运输与提升	副主编	中南大学出版社	2019

7.1 国家级科技成果奖

本学科共获得国家级科学成果奖 12 项, 具体获奖情况见第 5 章科学研究。

7.2 省部级科技成果奖

本学科先后获得省部级科技成果奖 140 项, 具体获奖情况见第 5 章科学研究。

7.3 省部级及以上教学成果奖

本学科获得国家级及省部级教学成果奖 34 项, 具体获奖情况见第 5 章科学研究。

7.4 部分其他奖项及荣誉

表7-1 为部分其他奖项及荣誉详情。

表7-1 本学科获其他奖项及荣誉汇总表

序号	奖项	获得者(年份)
1	湖南省科学大会表彰先进集体	中南矿冶学院全液压机械化作业线设计研究组(1978)
2	全国高校实验室系统先进集体	机械原理零件实验室(1986)
3	国家级有突出贡献的中青专家	古可(1984) 钟掘(1988)

续表7-1

序号	奖项	获得者(年份)
4	中国有色金属工业总公司先进工作者	钟掘(1985)
5	全国先进教育工作者	古可(1987)
6	湖南省优秀科技工作者	钟掘(1987) 杨襄璧(1989)
7	湖南省优秀教师	李仪钰(1988)
8	全国高校先进科技工作者	古可(1990)
9	湖南省有突出贡献的专利发明家	张智铁(1992)
10	全国有色系统高校实验室工作先进个人	沈玲隶(1992)
11	湖南省高校实验室工作先进个人	杨务滋(1992)
12	湖南省"三八红旗手""巾帼十杰"	钟掘(1996)
13	973项目首席科学家	钟掘(1999) 李晓谦(2009)
14	湖南省普通高等学校科技工作先进集体	冶金机械研究所(1999)
15	湖南省普通高等学校科技工作先进工作者	何清华(1999)
16	湖南省青年科技奖	黄明辉(1999) 郭勇(2005)
17	全国先进工作者	钟掘(2000)
18	湖南省劳动模范	钟掘(2000) 何清华(2004)
19	全国"十佳女职工"	钟掘(2001)
20	中国大洋"十五"深海技术发展项目首席科学家	刘少军(2001)
21	湖南省光召科技奖	钟掘(2002) 何清华(2004)
22	全国首届"新世纪巾帼发明家"	钟掘(2002)
23	何梁何利基金"科学与技术进步奖"	钟掘(2003)
24	湖南省第三届青科技创新杰出奖	朱建新(2004)
25	湖南省优秀专利发明人	何清华(2005)
26	湖南省优秀专家	何清华(2006)

续表 7-1

序号	奖项	获得者(年份)
27	湖南省技术创新先进个人	朱建新(2006)　贺继林(2006)
28	湖南省科学技术杰出贡献奖	何清华(2007)
29	湖南省科技领军人才	何清华(2007)　黄明辉(2011)
30	湖南省普通高校青教师教学能手	颜海燕(2010)
31	"十一五"国家科技计划执行突出贡献奖	钟掘(2011)　何清华(2011)
32	中国大洋协会成立二十周突出贡献奖	刘少军(2011)
33	湖南省"十一五"优秀研究生指导教师	钟掘(2011)
34	"十二五"863 计划先进制造技术领域主题专家	黄明辉(2012)
35	全国优秀科技工作者	何清华(2014)
36	全国优秀教育工作者	刘义伦(2014)
37	第七届"中国侨届贡献奖"	朱文辉(2017)
38	第五届全国非公有制经济人士优秀中国特色社会主义事业建设者	何清华(2019)
39	CASA 第三代半导体"卓越创新青年"	汪炼成(2019)
40	湖南省高校军事教师授课竞赛一等奖	周芳(2019)
41	湖南省青年志愿服务项目大赛金奖	周芳(2019)
42	优秀中国特色社会主义事业建设者	何清华(2019)
43	获颁"庆祝中华人民共和国成立 70 周年"纪念章	何清华(2019)　朱建新(2019)

8.1 机电学院深藏在我的记忆中

(一)

已经退休十多年了，很多往事仍留在我的记忆中。从学习工作到退休及随后的几十年里，除了出国进修一年半载之外，其余的全部时间我都围着机电运转。我曾全面主持矿山机电教研室的工作，曾代表教研室申述、申请，并多次参加当时学校组建机械系的讨论，曾是系领导班子成员并连续 12 年担任机械系党总支书记，曾为机电工程学院的建设和发展效力……我的成长与机电学院(机电工程学院简称)的发展密切相关，我对机电学院怀有深厚情感，机电学院取得的每一项成就都会使我深受鼓舞并感到由衷的高兴。

我常常在回忆中情不自禁地感谢我的老师、同学、同事和朋友，在以往长期的学习和工作中，我们携手前行，共同分享着那份辛苦、快乐和幸福。

(二)

1958 年，我高中毕业参加全国统考，被当时的中南矿冶学院录取到冶金系的有色冶金专业。然而，按时到学院报到后，发现我们已被转到矿冶机电系的冶金机械设备专业，我们班简称冶机 631 班，同样转换的还有冶机 632 班，同时进校的还有矿山机电设备(矿机) 631、632 班；工业企业自动化 631、632 班等。

那是一个特殊的年代，"大跃进"的浪潮席卷各行各业，矿冶机电系就是在这种浪潮下催生的，而又被这种浪潮推着向前狂奔。

矿冶机电系由机械原理及零件(含热工)、机械制图、金属工艺、电类基础课组和矿山机电专业教研室及 1955、1956、1957 年连续三年招收的 6 个班的学生组成。1958 年又招收了前面所述的 6 个班学生，1959 年，又增设了工业电子学、高温高真空、超常量测量、自动远动等多个新专业，并在 1960 年招生，如此大步招生既在客观上反映了国家对相关技术人才的迫切需要，也显现了领导的雄心壮志，然而，这种大踏步发展并没有良好的基础。财政困难、专业师资的极度短缺、新专业的实验条件基本处于零状态，特别又处在十分严重的自然灾害时期，致使教学建设上的任何措施都举步艰难。

1961 年，学院贯彻中央"调整、巩固、充实、提高"的八字方针，那些新专业如同昙花一现纷纷下马。冶金机械教研室解散，矿山机电教研室回到采矿系，已进校的新专业学生做专业调整，几乎 100% 转到矿山机电专业。于是我们冶机 631、632 班变为矿机 633、634 班，冶机 641、642 班变为矿机 643、644 班，同样，矿机 1965 级由 2 个班变成了 6 个班，还有后续正常招生的 1966 级、1967 级各 2 个班的学生，随同矿山机电教研室回归采矿系。至此矿冶机电系送走 1960 级、1961 级、1962 级，共 6 个班的学生后，就再没有机类专业的学生了，很自然矿冶机电系在 1963 年后逐步就被工业自动化系所取代。

（三）

1963 年，我大学毕业后留校任教，成为矿山机电专业的一名新教师。

与现在不同，新教师第一年的任务是给主讲教师助课，负责学生的课后辅导和答疑，上实验课和批改作业，指导学生到厂矿的认识实习和生产实习；第二年或许有指导学生做专业课程设计的任务及指导学生的毕业实习和毕业设计。在上述各教学环节经历一个轮回后，才开始承担专业课程的授课任务（含专业外语）。

矿山机电教研室在教学建设和专业建设上还是卓有成效的，这也是后来机械系重新组建的重要的专业基础。

矿山机电专业始于 1955 年，留学日本的白玉衡教授、朱承宗等一大批老教师在专业建设上不遗余力地倾注心血，组建了一个完整的矿山机电设备门类齐全的教学体系。早在20 世纪 50 年代末至 60 年代初，矿山机电教研室组织老师翻译俄文教材、编写讲义，先后编写有《采掘机械》《凿岩机械》《矿通风排水设备》《矿山运输》《矿山机械制造工艺学》《矿山机械设备修理与安装》等教材或讲义，供学生学习，其中《凿岩机械》《矿山运输》《矿山机械设备修理与安装》教材也供外校使用。

为解决教学实验急需，教研室组织教师和实验人员，绘制矿山设备的结构图纸，主管实验室的夏纪顺老师组织木工制作木质矿山设备及其零部件，如刮板运输机、扒斗式装岩斗、电铲、电动装岩机、提升井架、箕斗、索道架等非常直观的实物模型近百种，对专业课教学提供了极大的帮助。由于专业的发展，至 1965 年矿山机电专业已建成了凿岩机械、提升运输、通风机排水压气、矿山电工等多个实验室，以采掘机械为主的木制设备也逐步退出，但至今仍有极少台件保留在中南矿冶学院的校史馆中。

1965 年，因为教学改革，老师带领 1965 级 6 个班的学生分别到多个矿山，结合当年正在展开的"矿山机械化"课题进行真刀真枪的毕业设计。从 3 月到 7 月一直在矿山完成调研设计，并参与加工、试验的全过程，最后在矿山进行毕业答辩。同学们收获很大，也为矿山生产做了实实在在的贡献。

1966 年只有 2 个班的毕业生，根据上一年的经验，两个班一起到山西中条山胡家裕铜矿结合矿山机械化课题做毕业设计，各项工作正进行到高潮时，学校通知返校——"文化大革命"开始了，这两个班的毕业设计就此停止，但 1967—1970 级各年级的学生也都按时依次毕业了。

1970 年，重新组建机械系又提了出来，自动化系非常支持，采矿系有不同意见，校革委主任、军代表王志遥亲自听取意见并多次主持召开了相关人员代表的讨论会，终于达成一致意见，毕竟组建机械系已成为学校发展中的大事。

（四）

1970 年，隶属自动化系的机械原理及零件（包括热工组）、机械制图、金属工艺等基础课组和隶属采矿系的矿山机电专业教研室，以及校机械厂聚集到一起，组建成机械系，首任系主任是石来马。

机械系组建后首先恢复了冶金机械专业及其教研室，从而机械系承担了矿山机械和冶金机械两个专业及全校机械公共基础课的教学。全系教职工以连队的形式参加集体活动，这是当时的"风气"，不太长的时间后就恢复到原来的教研室体系。根据当时的情况，机械系首先抓了教学计划的制订和基础课教材的编写，为招收工农兵大学生做好准备，与此同时还连续举办了一些短期培训班以适应社会的需求。1972 年起连续五年招收了冶机、矿机两专业三年制工农兵学生，每年 3 个班，首届工农兵学生于 1975 年毕业，称 75 级，最后一届工农兵学生于 1976 年进校，1979 年毕业，称为 79 级，共计培养工农兵学生 500 余人。1977 年国家恢复高考，从此矿机、冶机两专业开始招收四年制本科大学生，其后，专业名称有几次调整，但招生延续不断。

"文化大革命"后的机械系，与以往最大的不同是逐步解除了思想禁锢，不仅重视教学工作，而且开始重视结合生产的科学研究。最先开始的是矿机教研室的"激光破碎岩石"项目，从无到有，从不知到少知做了一段探索。由于破碎岩石的高能激光器需要大量的经费支撑，学校科研处不予支持并建议转向，因而不得不停止激光器的研究而转为"矿山平卷掘进机械化"研究，其经费支持来自湖南省冶金局科技处。该研究以矿机杨襄壁老师等 4 人为主，从始到终坚守在湘东钨矿，曾参与此项工作的还有 6 人。经过几年的拼搏终于完成了全国第一台三机全液压凿岩台车的设计研究制造和试验，并通过了省部级技术鉴定，获得部级科技进步三等奖。而以中南矿冶学院湘东科研组和湘东钨矿机械化办公室联名发表的《液压台车支臂自动平行机理的研究》一文得到同行的高度认同并被引用。

与此同时，冶机教研室古可、钟掘科研组在科研中深入进行了轧机驱动理论与实践研究，提出了变相单辊驱动理论，指导轧机正常运行操作，并分析论证了高速轧机中存在机电耦合振动和产品质量问题，解决了武钢1700薄板轧机弧齿部件易损，导致设备不能连续工作的难题，创造了上亿元的经济效益，于1985年荣获国家首次颁发的科技进步一等奖。

在其他科研课题上，如小马力低污染内燃机实验研究、辉光离子氮化炉的理论与应用、破磨设备、耐磨材料等也都取得了成效。教学方面，突出抓了几门基础技术课的改革和实验室建设，取得了一批教学成果，其中梁镇淞老师等几位承担的"机械原理及机械零件教学内容、方法改革的探索与实践"做了大量工作，实践效果明显。"机械原理零件实物教材及实物实验室建设"于1985年获得中国有色金属工业总公司教改成果特等奖，该课程组于1986年被国家教委及全国总工会授予全国教育系统"先进集体"称号。1989年该项目又获国家级优秀教学成果奖。"金工课程的建设与改革"也获湖南省教学成果二等奖。教材方面，1970年至1981年间受冶金部教材工作会议的委托，编写并公开出版的教材有《选矿机械》(周恩浦主编)、《提升机械》(李仪钰主编)、《液压传动与液力传动》(齐任贤主编)、《装载机械》(吴建南参编)，除此之外，还有十多名老师，参加了多种手册、矿山机械使用与维修丛书的编审……这些工作有力地支撑了机械学科的建设和发展，扩大了本学科的知名度。

（五）

1984年，机械系党总支换届选举中出现了意外，一位主要负责人落选了。约三天后学校两位领导找我谈话，说是听取意见。当第二次找我谈话时，明确要我负责党总支的工作，说"你是大家都能接受的人选"，几经推脱无效后我就接受了。回忆领导意见，第一要搞好团结，维护教师队伍的稳定；第二要破除论资排辈的观念，支持有创新能力的中青年教师脱颖而出；第三，你要做点牺牲，在当前把主要精力放在党总支和全系的工作上；第四，多听取老师们的意见……

我有点诚惶诚恐。带着问题拜访多位老师，老师们提示：第一，过去的事已经过去，不再论其是非；第二，以民主促和谐，用实际工作促进队伍的团结；第三，改变机械系面貌大家都有责任。老师们的意见十分中肯，使我感到温暖，我突然觉得机械系的老师有几派的说法是错误的。很多老师从不计较，默默奉献，都在为改变机械系的面貌而尽心尽力。

随着时间的推移，全系老师致力于教学科研，教学秩序稳定，科学研究取得多项成果。1982年后，两专业的研究生数量逐年增加。1984年冶机专业已招有博士生，并着手开始准备申报博士学位授予权的工作。经过大家的共同努力，1986年冶金机械专业获得了博士学位授予权。

全系的研究生导师在研究生培养质量方面做了大量卓有成效的积极研究和探索，通过对研究生培养模式的积极改革、大胆创新，拓宽研究生的理论基础结构，深入实际结合课题加强智能培养，研究生的学位论文质量逐年有了明显提高。如古可、钟掘教授带领研究生在西南铝加工厂解决了多项重大课题，为国家节省了高额外汇，其教学改革成果于1987年获中国有色金属高等教育教改成果一等奖。

与此同时数部学术专著、译著相继公开出版；多位教授在省部级学术团体(学会)中有社会兼职，也扩大了机械系在社会上的影响。1984—1995年，机械系在分期分批解决教职工的技术职称问题方面做了大量工作，促进了教师队伍的稳定，成效明显。1995年机械系为了学科的建设和发展，向学校书面申请更名为机电工程学院，并于当年获得学校批准，这对于机械系的全面建设而言，可以说是机械系的一项集体的标志性成果，为机电工程学院学科建设和发展搭建了一个新平台。

钟掘教授是机电工程学院的第一任院长。

1995年，钟掘教授当选为中国工程院院士，这大大地提升了机电工程学院在全校乃至全国同类学科中的地位和影响力，对机电工程学院的全面建设具有里程碑的意义。

（六）

1996年，机电学院党总支换届，我从党总支工作中退下来。

1998年，我因到退休年龄办了退休。又于2001年受聘于学校本科教学督导专家组和机电学院本科教学督导组，由于多年的课堂听课，对机电学院的教学状态和教学情况有所了解，而且参加了历次对二级学院的教学评估、阅读资料，对学院的建设和发展及工作成就也有较多印象。

我还是学校关工委的成员，担任着机电学院关工委副主任的职务。并且，从2006起被机电学院党委聘为党建组织员，于2012年，又被校组织部和机电学院党委联合聘为党建组织成员。

几十年来我学习、工作在机电学院，退休后仍在为机电学院发挥所剩不多的余热。从1970年算起，机电学院走过了43年，我亲身见证了机电学院的成长和发展变化。

1995年至今的近20年是机电学院发展最快的时期，而最后的15年是机电学院发展最好的时期，在这时期，机电学院的谋略、规划、发展，都是在钟掘教授的强有力的组织与领导下完成的，或者说机电学院今天的成就是在以钟掘教授为领头人的一批中青年科技骨干的奋力拼搏中实现的。我不知道太多的细节，但可借助对二级学院教学评估中的某些状态

数据和文本资料来反映机电工程学院的发展变化,综合以下三点:

(1)教师教学水平不断提升,学生培养质量逐年提高。

①2012 年教师教学工作状态。

课堂教学优良率	96.8%
获各类教学奖人数	29 人(占 23.01%)
获教学优秀奖人数	11 人(占 8.7%)
发表教学论文数	20 篇(人均 0.15 篇)
获国家省、校级教改立项数	9 项
获校级教改成果奖数	1 等奖 2 项、2 等奖 3 项
获湖南省高校课堂教学竞赛一等奖数	2 名
获校精品视频公开课数	1 门
目前有国家精品课数	2 门
湖南省精品课数	3 门
湖南省优秀实习基地数	3 个

②2012 年大学生学业情况与获奖。

毕业生合格率	95.03%
学位证获取率	94.46%
2008 级英语四级通过率(累计)	98.85%
毕业生就业率	98.12%
学生获专利项数	1 项
学生公开发表论文数	13 人共 9 篇,其中 1 篇被 EI 收录
学生在科技竞赛中获奖数	获国家级奖 14 项、省级奖 31 项
校级优秀毕业论文奖数	其中 3 个一等奖,4 个二等奖,3 个优秀奖
湖南省机械创新设计制造大赛获奖数	获一等奖 7 项、二等奖 2 项、三等奖 3 项
全国大学生机械创新设计大赛获奖数	获国家一等奖 3 项、二等奖 2 项

（2）我国机械工程领域的重要力量。

学院以学科建设为基础，以人才培养为核心，以科学研究为支撑，带动了机械学科的建设和发展，成就了一批中青年人才。在 2012 年全国第三轮一级学科评估中，本学科点进入全国排名前 10 的行列，在国内具有重要影响力，已具备向一流学科冲刺的基础和实力。近年来，本学科应邀参与承担了国家部委相关机械装备设计与制造一系列科技规划的制订，是该领域国家计划制订的核心单位之一，服务于国家战略已是本学科的自觉追求和重要职责。

（3）学术成果丰厚，其影响力正在快速提高。

本学科点的建设和科研成果，为国家地区经济建设和社会发展做出了重要贡献。

①具有国际领先水平的快凝铸轧技术、电磁铸轧技术与装备、高强厚板超声搅拌焊接装备的应用，支撑了产业发展与技术升级。

②用现代技术研制了我国最宽厚板热连轧机组、世界最大的 8 万吨重大基础制造设备与技术，极大地提高了国家重大战略基础装备的工作能力和工作精度，引领我国高性能材料与大构件走向现代化，形成了多项有自主产权的核心技术，成果在国际学术界产生重要影响，本学科点在相关研究领域成为国家重要研究的创新基地。

③数控大型螺旋锥齿轮铣齿机和数控磨齿机实现产业化，打破了国外垄断，填补了国内空白。本学科点成为我国螺旋锥齿轮数控装备的主要技术的创新基地。

④全液压驱动凿岩设备、矿山大型自动装卸装备、大型旋挖钻机与潜孔钻机、大型静力压桩机等的集成设计与制造成为 21 世纪主流的先导技术与成套装备，已获多项标志性成果，深海资源勘查装备研制与开发在国际深海矿产资源开发技术及装备领域有重要地位。

⑤从 1995 年科研进校经费不足 500 万元，到 2001 年突破 1000 万元，到 2011 年科研进校经费 3900 万元，充分说明机电学院不仅是承担全校机类基础课和机类专业课的教学大院，也是承担国家、省部级重要课题的科研大院，其科研和学术成果的影响力正在快速提升。

（七）

展望未来，任重道远。

虽然科学建设、科学研究、人才培养与基地建设等各方面成绩显著，但与真正的全国一流、世界一流学科相比差距依然明显。建成高水平学院，还有很长的路要走。祝愿机电学院在漫长的冲刺一流的道路上走得更稳、更好，创造新的辉煌。

（刘世勋　2013 年）

8.2 机械原理及机械零件课程实物教材建设的回顾

1981 年全国机械原理、机械零件教学经验交流会以后，梁镇淞同志从本课程的具体特点和本校的实际情况出发，提出了改革"机械原理"和"机械零件"课程教学方法和教学内容的设想，并在教研室同志们的积极参与和支持下，成功地完成了教改方案的实施工作。现在回头来看，当年我们进行的教学改革方向是正确的，取得的成果符合教学规律和现代教育思想要求，在全国许多高等学校得到了支持和推广应用，促进了教学改革的发展，也得到了上级部门和兄弟院校的充分肯定，并获得了国家级教学成果优秀奖。

在改革"机械原理"和"机械零件"课程教学方法和教学内容的实施过程中，我们做了如下一些工作。

一、改革的基本思路

第一阶段：筹建实物教学室，建设实物教材和电教教材，加强直观教学，提高学生工艺结构设计能力。充分运用现代化教学手段，如幻灯片、电视录像等，开阔学生视野，开发学生智力，提高教学效果，减轻学生学习负担。

第二阶段：充实及健全实验教学，加强学生"实验能力"的培养，同时在教学环节中引入电算，加强解析法，进行教学内容的更新和调整。

第三阶段：编写与实物教材、电教教材紧密配合的文字教材，形成"机械原理"及"机械零件"课程的新型教学体系和方法。

二、实物教室的建立

1982 年 10 月开始，以梁镇淞、唐国民、周明 3 位同志为主，组织了教研室部分教师和实验人员，在总结和吸取校内外教学经验的基础上，进行改革设想的第一阶段的工作，编辑实物教材。

我们按照教学大纲、教材体系，将收集到的或制作的典型实物(机构及零件)编辑成一套实物教学柜，它已不再是单纯的模型陈列柜，而是一套配有简要文字说明、必要的图表和曲线、思考题，以及有"声、光、动"相结合的程序控制录音讲解的实物教学柜，全面系统地把这两门课程中适合于用实物表达的部分组成一套体系完整、形象生动的实物教材，实物教材由"机械原理""机械零件""机械零件课程设计"等 3 个实物教学室构成。其中包括"机械原理"教学柜 13 个、"机械零件"教学柜 39 个、"课程设计"教学柜 6 个，图文解说镜框 85 块。

在完成以上各项工作的基础上，1985 年 5 月成立了机械原理零件教学方法和内容改革小组(成员：梁镇淞、周明、吕志雄、饶自勉、王庆祺、李小阳、贺金友、高爱华、段佩玲、吴波、唐城堤），分别在"机械原理""机械零件"及"机械设计基础"等课程中继续深入教学改革的探索与实践。

三、教学改革及特点

(一)"机械原理"课程改革情况

我们采用"课堂演习—讨论—重点讲授"的方式，对传统课堂教学方法进行变革，将课堂讲授同实物教学、电教教学、课堂演习、课堂讨论、实验教学以及自学指导等各种教学形式有机地结合起来。进行课堂演习是结合机械原理课程特点，体现发现式教学思想的一种新尝试，它把实物教材的运用推向一个新阶段，提高到新的水平。

方法的改革提高了教学效率，赢得了学时，为教学内容调整更新创造了条件。在此基础上，我们在贯彻国家教委机械原理课程指导小组关于机械原理课程教学基本要求的基础上，从两个方面对教学内容的调整更新进行了探索与实践。

一方面，对原有教材某些章节的基本教学内容，在内容处理、扩展、深化和教法上进行研究和改革。例如，澄清了关于机构公共约束的含混概念，提出改善机械自由度计算的新方法；提出杆机构位置综合的运动平面摄像原理；用控制论方法分析混合轮系；在运动分析以及凸轮分析等各部分引进了新的研究成果。另一方面，进行教学内容的调整与更新。如采用解析法与图解法并重，及加强机构结构构思和运动方案选择等。

(二)"机械零件"课程改革情况

我们除充分利用实物设计，进行形象思维训练，加强结构工艺能力培养外，还从以下4个方面采取了改革措施：

(1)增设大型设计作业、增补设计作业模型作为第一次设计实践，以强化对学生工艺设计能力的训练。

(2)强化课堂讨论，促进学生思维能力及智力的发展。

(3)进行教学内容更新，着眼于基础理论和结构设计的内容。在教学中及时注入国内外新信息，对参考价值大的内容都发放原文资料或选编原文教材，以扩展学生视野，激发其学习主动性。

(4)编写与实物教材相结合的机械零件补充教材，并系统编写与学校改革相适应的新教材。

四、初步取得的教学效果

采用"演习—讨论—重点讲授"方法，进行课堂教学，大大地改变了学生在教学过程中的被动状态，较好地调动了他们的学习主动性和热情。课堂上师生感情交融，学生思维活跃，为发展学生思维能力创造了良好气氛和条件。几年来机械原理课的学生到课率很高，未发现学生有无故缺课的现象。学生普遍反映："由衷地欢迎这种教学形式。"

实物教学室建立以后，我们先后在学校冶金 1981 级，机械 1982 级，矿机 1983 级进行了试点教学。学生反映开阔了视野，打开了思路，图、文、实物相结合才弄清了是怎么回事。与课堂教学结合起来，印象比以前深多了。冶金 1981 级同学说："以前不少零件光看书本总想象不出是个啥样子，一看教学柜，对基本的类型、结构、外貌、装配等都有较深的印象。"期末考试有的教师有意识地将陈列的结构设计内容作为考题，部分同学也比较完整地写出了答案，这些都说明以实物教学柜形成的教学在提高学生"能力"上是行之有效的。

由于每个柜子的录音讲解词都控制在 10 分钟左右，如果教学过程组织得好，根据我们试点教学的粗略估计，实物教学室的教学将为"机械原理"及"机械零件"课程中适合实物表达的那部分教学内容减少 1/3~1/2 的课内授课时间。当然这并不等于说，这 10 分钟学生就把实物教学柜中所有的问题都掌握了，但是柜中的资料、图表、设计指导、思考题等已经提供了引导学生彻底掌握教学内容的思路和方法，无形中帮助学生培养了自学能力。我们的实物教学柜建成以后，整天向学生开放，并派了专人值班兼作答疑老师。自向学生开放以来，就给同学们提供了另一个新型的学习天地，各个班级都有三五成群的学生来实物教室观看、学习和讨论，这种学习热情对他们自学能力的提高所起的作用是无法以具体数字来估量的。

附：主要奖励

(1)1983 年 10 月学校授予"机械原理机械零件实物教学室改革优秀奖"。

(2)1989 年学校授予教研室"优秀教学成果奖"。

(3)1985 年 12 月中国有色金属工业总公司授予教研室教学改革成果特等奖。

(4)1990 年 2 月湖南省教委授予梁镇淞、周明、吕志雄等完成的"机械原理及机械零件课程教学内容、方法改革的探索与实践"项目省级教学成果特等奖。

(5)1989 年 11 月国家教委授予梁镇淞、周明、吕志雄等完成的"机械原理及机械零件课程教学内容、方法改革的探索与实践"项目国家级优秀教学成果奖。

(6)1992 年 10 月实物教材主编梁镇淞教授被批准享受国务院政府特殊津贴。

(7)1986 年"机械原理零件教学改革组"被国家教委及全国总工会授予教育系统"先进集体"称号。

（梁镇淞　周明　王艾伦　2013 年）

8.3 机械制造教研室建设初期的科研活动纪实

1970 年中南矿冶学院机械系（机电工程学院前身）成立时，正值"文化大革命"，机械制造教研室（简称机制室）是以原机电系金工教研室为基础组建而成的，共有教职工 20 多人。在当时，除了参加"文化大革命"活动外，全系上下均忙着恢复机械方面的专业建设工作。机制室不是专业教研室，承担的任务是机械制造加工方面的课程建设，如制定教学大纲、编写教材、筹建实验室等。为编写出切合实际的教材，机制室经常组织广大教师下厂矿，边劳动、边调研，从中也了解到生产上存在的一些问题。

为了锻炼教师的科研能力，教研室选择了精密偶件在进行盐浴热处理之后，偶件细孔中熔盐清洗不净，造成腐蚀严重、影响使用这一课题开展科学研究工作。精密偶件是湖南机械行业要提高机械使用寿命的三大基础件之一，为解决偶件细孔中的腐蚀问题，机制室于 1973 年 11 月与长沙拖拉机配件厂签订了科研合同。

当时对机制室而言，这是第一次正式通过签订合同进行科研。教研室的老师，除个别者外，绝大多数是中华人民共和国成立后培养出来的大学生，出来工作后就遇上国家经济困难，后来又是"文化大革命"，搞科研可谓是从头起步。但是在老师们与厂里的工程技术人员和工人的共同努力下，只用了一年多的时间，就研制出了一套自动式保护气氛热处理设备。经生产实践证明，不仅解决了偶件细孔的残盐腐蚀问题，还提高了产品质量，简化了热处理工艺流程，省工省时，获得了好的经济效益。

1975 年 5 月机制室又与长沙有色金属加工厂签订辉光离子氮化热处理拉、挤模具的科研合同。依据热处理工件的特点，设计并制造了两台套当时国内最大功率辉光离子氮化炉。一套用于工厂生产，另一套放在学校实验室开展教学科研实验。因项目科技含量高，工作量大，机制室全体员工克服困难、紧密配合，在厂方的协作下，终于按期把设备制造出来了。该项科研不仅提高了工厂里拉、挤模具的寿命，同时还对热锻模、机车零件、柴油机缸套、各种齿轮等机械零件进行了离子氮化热处理的处理实验研究，这些在生产实践中均收到好的效果。

精密偶件保护气氛热处理与辉光离子氮化热处理拉、挤模具两个项目，因受当时环境的限制，虽未鉴定报奖，但均列为 1977 年全国热处理成果 100 例，1978 年又同列入长沙市科学技术大会"科技成果汇选"册中。

改革开放后，教研室员工向科学技术进军的热情被进一步激发。在搞好教学的前提下，签订的科技合同一个接一个，参加科研的人员涉及教研室的每个员工。获得过省部级科技成果奖励的项目有"提高油隔离活塞泵进出口阀座寿命""硬质合金不重磨刀片周边磨床""2MMB7125 精密半自动周边磨床""φ1500 mm 龙门锯床的改造""耐磨新材料MTCr15MnW 铸铁的研制""高铬铸铁热处理新工艺研究""MTCr15Mn2W 高铬铸铁砂泵耐磨件的研制"等。其他用于生产、未申报奖励的成果有"大型导管半自动数控立式车床""汽车后视镜磨削数控机床一套(包括平面、周边、抛光)共四台""柱齿硬质合金热嵌钎头"等。还有一些研究项目,因不是以机制室为主,故未纳入在内。

上未提及但又特别值得提出来的项目,是"新型抗磨材料的研究开发与推广应用"。该项目从 1979 年起步,至今已有 30 多年的经历,研究出的新型抗磨材料,以"KmTBCr18Mn2W"系列为代表,已有几个牌号的新型抗磨材料。推广应用的企业涉及冶金、矿山、电力、建材等行业,使用过的易磨损零件已有数十种之多。一个新的抗磨材料的研究诞生,从成分的设计,熔炼的工艺技术,材料的力学性能、金相组织、成分分析的测定,直到应用产品的铸造、热处理、机械加工工艺的制定及所用设备的确定,需进行一系列的大量工作。而研究成的新型抗磨材料,多为白口铸铁,硬度都在 HRC50 以上,进行机械切削加工是非常困难的。任立军老师研究出来的独特退火技术,使白口铸铁转变成易于机械切削加工的金相组织,为扩大新材料的使用范围创造了条件。这项退火技术曾被西安交通大学的高铬白口铸铁专著所引用。

"新型抗磨材料的研究开发与推广应用"项目从为企业开发新材料、新产品而发展壮大,以本项目技术为支撑发展起来的湖南红宇耐磨新材料公司,已于 2012 年在创业板上市。它所取得的发明专利已有 5 项,曾获得湖南省科技进步三等奖 1 项,中国有色金属工业总公司科技进步二、三等奖各 1 项。

机制室成立之初,室领导卢达志、钱去泰两位老师不仅自己率先投入科学研究,还组织带领全室年轻老师积极参加科研工作。教研室的员工,虽然分为冷、热加工两个教学小组,辉光离子氮化项目是热加工的课题,可是在设备制造阶段,全室员工不分"冷、热",大家一起出力献策。随着科研项目一个接一个的签订,科研队伍也分成"冷、热"两个方面进行。冷加工方面取得显著成果的有姜文奇、卢达志、余慧安等老师,热加工方面取得显著成果的有钱去泰、胡昭如、任立军、刘舜尧、陈学耀等老师。机制室在开展科研的初期阶段,大家为了国家的四化建设,只讲奉献,不求索取,更不图名利,晚上加班都是自带干粮,更谈不上什么加班费。课题结题后,余下的科研经费,则用来增添实验室的教学仪器设备,改善教学科研条件。

总之,机制室的科研当年是从零开始、白手起家,经过全室教职员工的不断努力,取得了一个又一个成果,也使教研室的科研队伍不断发展壮大,科研实力持续增强,他们为学校机械制造等相关学科及学院的发展做出了自己的贡献。

(胡昭如　2013 年)

8.4　怀念首任机电系主任、恩师白玉衡教授

恩师白玉衡教授原籍山西省清徐。20 世纪 30 年代留学日本帝国大学(现东京大学)研究生院,专攻采矿工程。他怀着热爱祖国、服务中华的强烈愿望,毕业后即回祖国。长时间在广西大学任教,并曾担任矿冶工程系主任、学校总务长等职。他担任总务长时,正值 1949 年新中国成立前夕,他积极护校,迎来桂林市解放。中华人民共和国成立后,他精神振奋,积极学习党的方针政策,协助解放军接管学校。1952 年全国首批院系调整时他来到中南矿冶学院(现中南大学),积极投入建校工作。先后担任采矿系副主任、主任、矿山设备教研室主任、校工会主席、中南矿冶学院院务委员会常委、民盟中南矿冶学院主委、湖南省人民委员会委员、中国金属学会常务理事等职,并担任了机电系的首任系主任。他一贯工作认真负责,爱护学生,为学校的发展和建设做出了较大贡献,曾多次受到学校和上级表彰。"文化大革命"中他蒙受到不公正待遇,落实政策以后他不分昼夜,积极地工作,在凌晨 3 点伏案工作时突发脑出血晕倒,抢救无效,从此离开了他献身的教育科技事业,离开了他的亲人和友好相处的同事,离开了他精心培养的青年教师和学生们。作为采矿界的知名教授和新兴的矿山机械专业方面的著名专家,白教授走得实在太早了。虽然白老师已离去多年,作为他的学生和助手,每每想起他在那个特定的历史环境中戚然而逝,总免不了内心的悲哀和迷惘。感到欣慰的是,恩师在服务党的教育事业中的优秀事迹,热爱青年学生的良师益友精神,忠于祖国、团结同志、为人民服务的高贵品德和艰苦奋斗、俭朴生活的风范却永远留在我的心中。

(一)

白老师一生从事教育工作,直至离开人世,终身无悔。特别是中华人民共和国成立后,他更刻苦钻研、勤奋学习。他曾讲授过采矿专业所有专业课程(包括矿山工程测量、采掘机械、矿山机械、选矿等课程的教学和实习、实验),之后又负责过矿山机电、矿山机械两个专业主要课程的讲授。旧时大学都采用欧美原版教材,课程门类少、线条粗、知识面广,解放初学习苏联,专业设置、课程计划和教学大纲基本照抄苏联的,课程门类增多,各门课程讲授的内容繁细,老师们很不适应,又不懂俄语,困难很大。白教授作为主管教学的副系主任和矿山设备教研室主任,积极主动克服困难,自学俄语,自己带头,与系里老教师一道参考苏联高校采矿专业教材,编写了矿山设计和矿山机械设备(含采掘机械、矿井提升、通风排水压气设备)和矿山运输等课程教材,解决了建校之初没有教材上课的困难,直到 20 世纪 60 年代初统编教材公开出版,才不再组织自编教材,值得指出的是,白教授组织、带领和指导青年教师编写的专业教材,曾受到兄弟院校好评,并多次参加展出,受到学校表扬。

白教授还十分注意改进教学工作，提高教学质量。建校之初，学校缺仪器设备，课堂讲机器缺乏立体感，课后又无实物看，困难很多。他积极鼓励青年教师结合所学及苏联的教学图册进行设计，请技工合作精心制作各种采矿、装载、运输、露天采掘机械和通风、排水、压气设备的木质模型，实行理论部分课堂讲、结构部分在模型室学，大大提高了教学质量，受到师生的普遍欢迎。

（二）

1954 年春重工业部翻译室刘天瑞、王金武等 4 位俄文译员准备翻译苏联莫斯科 1952年出版的俄文《矿山机械》一书，携书来学院寻求翻译的指导和审校人员。该书内容广泛，包括岩石性质、凿岩机械、钎具煅造淬火、电耙、井下装载运输机械、充填机械、露天采掘机械、运输设备及线路机械、水力采矿设备等 8 篇 29 章 40 余万字，要求即译即审校，时间紧迫。当时系里无人能够承担，系主任汪占辛教授征求白教授意见，请白担任指导和书稿审校工作。他二话没说，毅然把组织交给的审校工作接了下来，由于译员是俄专毕业，不懂专业，且当时名词术语尚无统一规范的译法，都需白老师指导。此项工作的困难程度是可以想象的，但该书在翻译人员和白教授的共同努力下，只花半年时间顺利完成翻译审校任务，并于 1954 年 11 月由重工业出版社出版发行，为当时的大中专学校提供了一本很好的参考教材，也是全国出版较早的一本矿山机械参考书，为学校以后的教材建设起到了促进作用，并为老师们更新和充实矿山机械设备的科学知识创造了有利条件。

（三）

我 1948 年秋考进广西大学矿冶工程系学习，迎新会上白老师向新同学提出的"刻苦学习成才"的殷切希望给我留下了深刻的印象。后来在 1949 年"三罢"（罢课、罢教、罢工）期间向国民党政府进行"反饥饿、反内战、反迫害"上街游行请愿的运动中，白教授作为总务长也走在师生员工的队伍里，并在国民党桂林市当局的谈判中争回数万银元，解决了学校"三罢"期间留校师生员工的生活困难问题。

在我与白教授 20 多年的接触中，他艰苦奋斗、联系群众的优良作风给我留下了深刻印象，潜移默化，也对我在待人接物、工作态度和生活作风等方面产生了良好影响。

1953 年起我担任白老师的助教，听课、答疑、改练习题、带实验课，以及假期的认识实习、生产实习、毕业实习、设计论文等项，都是在白教授指导下进行的。我作为他的学生和助教，得到了他无私的指导，1954 年上期他让我讲采矿专科矿山机械课程部分章节，指导我写讲课提纲、课堂讲稿，并在教研室安排试讲，提出改进意见，帮助修改讲稿。正式讲课时他和学生一起认真听课，初上课堂我自感备课充分、讲稿井井有条，但上起课来就有些慌乱，讲时顾不上写黑板，写黑板时又顾不上讲，听课学生难免有意见。白老师一方面鼓励我树立信心，同时又号召大家要支持青年教师的工作，使我感到鼓舞。第二学期他就将采矿专业的采掘机械课程交由我和薛健讲,两人各担任一个班(50余人)的课堂讲授工作,白老师对我俩非常关心,经常到堂听课,并就我俩在课堂表述、板书、课堂艺术等方面以表扬为主地提出看法,帮助我们提高,使我们青年教师受到鼓舞。

白老师在课堂上对学生要求严格,学生无迟到早退现象。白老师讲课生动,举例贴近实际,板书整齐,语言简练。他实行启发式教学,对疑难问题总是以自问自答的形式深入浅出地进行讲解,有时结合疑点难点穿插几句话的典故说明。他也充分利用下课的短暂休息时间征求学生意见,同学们反映白教授没有架子,把白教授视为贴心的良师益友。白教授还是我校首批招收研究生的指导教师,所有毕业研究生和本科生对导师感情很深,白老师去世后,师母健在时他们常到白家探望或书信问候,表示对导师的深切怀念。

(四)

1952年10月他到中南矿冶学院后,建校初期在"艰苦奋斗、团结建校"方针的指引下,作为采矿系教学副主任和矿山设备教研室主任的白玉衡教授密切联系群众,团结四面八方汇合来校的各位老师发奋工作,为顺利完成建校初期的各项任务做出了很大贡献。20世纪50年代后期白老师承担繁重的教学任务还身兼多项社会工作,为了响应党"向科学进军"的号召,他发扬艰苦奋斗的精神主动多承担教学任务,抽出一批青年教师到兄弟单位跟苏联专家进修学习。这种为培养青年教师做出牺牲的精神是很可贵的,作为当时青年教师的我辈,真是没齿难忘,而且认为为学生服务、爱护青年、支持青年学生进步是老师终身光荣的义务。

白老师在兼任校教育工会主席时,很注意学习兄弟院校工会工作的经验,在校教育工会建立了业务工作委员会,协助学校有关部门抓好师资培养和教学业务工作。当时青年教师上讲台的多,为了加快步伐,他经常组织教学经验交流会,组织老师互相听课、相互交流、共同进步,他特别重视邀请有经验的老教授进行示范教学。当年的青年教师现在大多数已离退工作岗位,回忆起20世纪50年代在成长过程中得到老教师的培养指导和全面关心,至今仍难以忘怀。

(夏纪顺　2013年)

8.5　我与足球结缘——在中南学到的东西

2019年10月10日,我收到中南大学机电工程学院组织员何建仁师弟的来信,提及机电学院正在组织修订学院发展史,想请我写一些对学院当年的回忆,紧接着又发来参考模板。我原本是推辞的态度,但11月2日上午,我和蔡国强师兄(深圳校友会会长)在机电学院拜会钟掘老师,肖来荣书记再次提到修订学院学科发展史,期望我和国强师兄写点东西,这时,我才开始认真思考这件事。

　　至于要写点什么内容，我思虑良久。考虑到我在中南求学时已经是 40 年前，自身的经历很多，工作跨度很大，也较为复杂，写出来的东西能否给母校发展史增色添彩？能否为学弟学妹们走入社会提供一点经验启迪？从哪个角度去写？写哪些事？是否能让大家产生共鸣？思来想去，还是从我刚入校园说起，讲讲我在中南与足球结缘的故事吧。

　　这话要从 1978 年说起，这一年是粉碎"四人帮"、恢复高考第二年，当年 9 月我考入了中南矿冶学院(中南大学)机械系冶金机械专业。在之前紧张繁忙的学习过程中，我一直酷爱运动，特别是对羽毛球运动情有独钟，可是当时放眼整个中南矿冶学院，都没有一块可以打羽毛球的地方，更别说专业的场地，导致我有些失落。入校不久的一天，我去食堂吃饭时，冶机 773 班的两个师哥排在我前面，当快排到时，他们班又来了五六个同学要加塞儿(北京方言，指插队)，嗓门儿很大，理直气壮。当时我很恼火，左右环顾发现没有比我个儿高的同学(我当时 177 厘米)，索性就用身体挡着他们，当即发生了摩擦，险些动起手来。这件事经过调解，冶机 773 班提出要以一场足球赛来解决，并以一班之力对抗我们 1978 级四个班。我们当然不服，当即接受了挑战，结果 1978 级的联队果然不敌冶机773 班，最终以 1∶3 输败北。

　　比赛虽然输了，但我却因此与冶机 773 班的李青、李铭远两位师兄结下友谊，并从此与足球结缘。两位师兄在球场上认真、顽强的态度，机智、灵动的技艺，给我留下了深刻印象，后来他们也成为我足球生涯开始的领路人，在两位师兄的推荐下，我进了系、校足球队。进校队后慢慢接触的球友更多了，大家都来自四面八方，各个年龄段，不同的专业，不同的经历，但同处一支球队中，要想踢好球，就要加深对足球的认知和理解，更加强调团队的关心关爱与合作互助。正是由于与足球结缘，足球带来的这种融合的团队精神，使得我更有追求，更坚定勇敢，更拼搏忘我，更加懂得团队的合作、配合与跨团队协作，更加知道幸福快乐需要付出汗水、付诸心血。特别是在团队的合作、配合以及跨团队协作方面

中南矿冶学院校足球队留念 (前排右一李铭远、右三李青)

的理解和认识, 尤其是对如何把"人的态度"与"事的因果"有机结合的理解, 大大弥补了理工科学生情商方面的不足, 使我在以后的学习与工作生涯中一直受益。

中南矿冶学院校足球队再次聚首 (右一李青、右四李铭远)

岁月悠悠，回忆起在中南那段值得怀恋的青春岁月，往事历历在目。到今年为止，我已经参加工作 43 年，从 1976 年开始工作，1978 年考入大学学习 4 年，毕业后工作 37 年。在这 37 年中，我从事钢铁行业 17 年，从技术专业走到领导岗位，接着在北京市委党的工作部门工作 2 年，在北京医药集团担任党委书记、董事长 11 年，最后进入北京汽车集团，用 2 年时间创建了通用航空公司，又用 2 年时间搭建起北汽国际贸易"一带一路"桥梁，近3 年来，领导了北汽农业板块向种植和养殖现代化转型。43 年中，我担任副厅、厅级领导工作 21 年，从大到小，"既炼钢又炼丹"——从铁水奔流的钢铁工业到生物医药的创新开发，"能升天又入地"——从通用航空的广阔蓝天到精准农业的田间地头，所从事的行业领域跨度之大，范围之广，不敢说绝无仅有，但也是寥寥无几的。虽然这些行业领域相互之间没有必然联系，但我个人却乐在其中，也做出了一些成绩。

如何才能统筹好人生与职业，个人有以下几点体会：

一是要有情怀。每个人都有不同的人生际遇、生活经历，也有不同的爱好情趣，而大家可能都萌生过情感，无论是对国家、事业、家庭、朋友，乃至自我，情怀是一种超出了时间空间、超出了功利得失、从心灵深处萌生出来的朴素的情感，当你觉得它很美好、值得向往，那么就要去追求。我十六七岁就参加工作了，恢复高考后，正是带着一种情怀，参加高考进入了中南大学。毕业之后一路走来，无论是从事专业技术，还是在领导岗位，无论是在工业系统、医药系统，还是在农业战线，也都是带着对行业、对事业的情怀。当今的社会越来越物质，越来越浮躁化，大家尤其需要有情怀。

二是持续学习。多年的工作生涯中，我从来没有放松学习，可以说，持续学习是我能够跨界工作且得心应手的法宝。无论是在清华大学、华中科技大学的硕士博士学历学位的深造，还是在中央党校、北京大学的进修，只要有机会我就会主动学习、优先学习，同时，我还注重日常的自学，尽可能参加各种会议和培训。

学习可以使我们紧跟时代潮流，不断开阔视野，不断获取知识，不断超越自我，不断提升改进。

三是融会贯通。记得在学习机电液一体化课程时，我了解到机械、电控、液压三个看似没有联系的学科居然可以融会在一起。学有限单元法时，知道了三角形构网的特点，当互联网被广泛应用时，提到互联网思维，也就是要把链变成网，链是单向的因果，先后高低有序，而互联网则是平面，互相关联，互相作用，互为因果。

20 多年前在校踢球训练全攻全守战术，11 名队员，通过每 3 人三角形站位，构成了整体攻防的基本网络，同时要动态变换，突出变换时的补位，要懂补位，会补位，善补位，互相创造空当和空间，保证整体攻防网络的形态。这种训练和比赛培养的意识，对我其后工作，特别是走到领导岗位建立整体思维、系统思维，启发和指导意义重大。

四是培养毅力。一个人的成长，一份事业的成功，坚持和毅力是非常重要的，否则，再多的梦想、再多的目标都无从实现。今天的师弟师妹们面临更多的机遇、更多的选择，但重要的是一旦选择后坚持做下去，要如何培养坚强的意志和毅力？自中南学生时代开始，我每天黎明即起，坚持有规律的体育锻炼已经几十年了，从中受益匪浅，体育锻炼不仅会提高自己的身体素质，还会磨炼心性，培养意志，强化自己的品格、勇气、力量。大家还可以给自己更多的理由坚持锻炼，比如，多运动会更年轻，多运动可以更好享受生活。

五是团队合作。较之个人项目，我更加喜欢群体性体育活动，还是以足球为例，球场上瞬息万变，每一次攻防都要求团队的精准协作，每一次成功要靠团队的整体能力。领导力的效能需要运用到很多科学和技术，其中哲学和系统工程论必不可少，不会组织，不会综合，不会融合是无法完成领导任务的。在非智能化时代，要想让机械系统"能动性"地发挥作用是很困难的，就是由人组成的组织系统，如果组织"结构"有问题，也是无法实现"能动性"的。有一句老话"火车跑得快，全靠车头带"，而"动车组原理"还未被广泛认知。传统产业"链状"结构，效率效能低下，信息传递慢，失真度大。进入了智能化时代，信息从源头一发出，产业的上下游、消费者需求端就能同时接到、同期处理，没有时差，没有隔阂。信息化、智能化把产业链变成了产业网、产业生态圈，依靠个人能力"单打独斗"的时代一去不返。

现中南大学足球队在北京参加 **2019** 年 **CUFA** 联赛半决赛前，北京校友们为其出征壮行

CUFA 联赛夺冠后，在庆祝会上为表示对球队的贡献和帮助，
球队赠予我带有全队签名的 5 号球衣，5 号球衣为我当年的战袍

　　这就是我和大家分享的体会，可以说，这些体会最初都形成于母校。长期领导岗位的工作经历，使我对网络、系统体会更加深刻，我对网络型组织的认识走过了从朦胧—初识—认知—探索—应用—总结—提升—再指导应用的这样一条道路。而非常重要的奠定基础的朦胧、初识、认知阶段都是在中南大学完成的。足球启蒙了我的网络意识，在中南大学学到的艾思奇的马克思主义哲学、机电液一体化、系统工程和有限单元分析方法奠定了我系统的理论基础。中南大学 4 年为我初步奠定了"学而时习"之"学"，及至走上工作岗位，我开启了"学而时习"之"习"。几十年来，从冶金设备领域里的重大突破(如炼铁场的环形吊车)，到千军万马齐会战中的工程组织(如中华世纪坛的旋转坛)，从生物医药领域里的多学科、多技术联合开发，到汽车、航空、农业等从未接触过领域的探索实践……如果说工作尚能得心应手，如果说个人苟对国家、对行业有所裨益，皆是得益于中南大学的培养。

　　以上回顾反思，谨为修订学院发展史增添一点资料。同时寄语师弟师妹及诸后辈：要有情怀、持续学习、融会贯通、培养毅力、团队合作，希望在你们人生道路上有所帮助。

原中南矿冶学院机械系冶金 783 班　卫华诚

2019 年 11 月 15 日

[1] 院志编写组. 中南矿冶学院院志(1952—1982). 中南矿冶学院, 1983.

[2] 刘运明. 中南工业大学校史[M]. 长沙: 中南工业大学出版社, 1992.

[3] 刘运明. 中南工业大学校史[M]. 长沙: 中南大学出版社, 2012.

[4] 毛杰, 贺芝臣. 前进的历程——中南工业大学研究生教育发展史[M]. 长沙: 中南大学出版社, 2001.

[5] 校长办公室. 中南工业大学统计年鉴(1989—1994). 中南工业大学, 1994.

图书在版编目（CIP）数据

中南大学机械工程学科发展史（1952—2019）／肖来荣，
段吉安主编. —长沙：中南大学出版社，2020.1
（中南大学"双一流"学科发展史）
ISBN 978-7-5487-4081-0

Ⅰ.①中… Ⅱ.①肖… ②段… Ⅲ.①中南大学－机械工
程－学科发展－概况 Ⅳ.①TH-40

中国版本图书馆 CIP 数据核字（2020）第 135967 号

中南大学机械工程学科发展史（1952—2019）
ZHONGNAN DAXUE JIXIE GONGCHENG XUEKE FAZHANSHI（1952—2019）

主编　肖来荣　段吉安

□**责任编辑**	谢金伶	
□**责任印制**	易红卫	
□**出版发行**	中南大学出版社	
	社址：长沙市麓山南路	邮编：410083
	发行科电话：0731-88876770	传真：0731-88710482
□**印　　装**	湖南省众鑫印务有限公司	

□**开　　本**	889 mm×1194 mm 1/16 □**印张** 15.75 □**字数** 339 千字	
□**版　　次**	2020 年 1 月第 1 版 □2020 年 1 月第 1 次印刷	
□**书　　号**	ISBN 978-7-5487-4081-0	
□**定　　价**	128.00 元